国家示范性高职院校建设项目成果系列

微生物实用技能训练

主 编 李双石

中国轻工业出版社

图书在版编目（CIP）数据

微生物实用技能训练/李双石主编 . —北京：中国轻工业出版社，2014.8

国家示范性高职院校建设项目成果系列

ISBN 978 – 7 –5019 –7532 –7

Ⅰ.①微⋯　Ⅱ.①李⋯　Ⅲ.①微生物学—高等职业教育—教材　Ⅳ.①Q93

中国版本图书馆 CIP 数据核字（2014）第 085824 号

责任编辑：张　靓　贾　磊

策划编辑：张　靓　责任终审：张乃柬　封面设计：锋尚设计

版式设计：王超男　责任校对：晋　洁　责任监印：张　可

出版发行：中国轻工业出版社（北京东长安街 6 号，邮编：100740）

印　　刷：北京君升印刷有限公司

经　　销：各地新华书店

版　　次：2014 年 8 月第 1 版第 1 次印刷

开　　本：720×1000　1/16　印张：20.5

字　　数：410 千字

书　　号：ISBN 978-7-5019-7532-7　定价：39.00 元

邮购电话：010 – 65241695　传真：65128352

发行电话：010 – 85119835　85119793　传真：85113293

网　　址：http://www.chlip.com.cn

Email：club@chlip.com.cn

如发现图书残缺请直接与我社邮购联系调换

091110J2X101ZBW

本书编写人员

主　编：李双石（北京电子科技职业学院）

参　编：李向东（北京光明健能乳业有限公司）

梁恒宇（中粮营养健康研究院）

严寅卓（中国食品发酵工业研究院）

吴小禾（中山职业技术学院）

兰　蓉（北京电子科技职业学院）

李　浡（北京电子科技职业学院）

张虎成（北京电子科技职业学院）

宋金慧（北京电子科技职业学院）

前　言

　　微生物技术是生物及其相关专业（如食品专业、环境专业、医药专业和生物技术专业）的一门必修专业基础课，课程主要培养学生完成微生物分离培养、微生物检测与鉴定、微生物选育与保藏、消毒与灭菌等工作任务所必备的基础理论、专业技能和职业素养。教材编写总体思路紧紧围绕高职高专层次应用型人才的培养目标，力求将理论、技术和方法融为一体，以企业人才岗位技能需求为依托，按"工学结合"的要求设计教材内容，将企业岗位标准操作规程引入教材，兼顾学生自学、教师教学和企业微生物技术工作人员培训等各方面需求，注重学生实践能力和全面素质的培养，以符合社会对高等技术应用型人才的需求。本教材创新了编写模式，课程内容职业化、项目化，选用项目的适用性、典型性和可操作性较强，体现了行动导向的实践教学模式，便于学生和教师有效利用。

　　本教材共分13个项目，内容分为基础部分和应用部分。基础部分包括微生物技术基础认知训练，微生物显微形态观察技能训练，微生物制片与染色技能训练，消毒灭菌技能训练，培养基选择与制备、分装技能训练，微生物接种、分离纯化与培养技能训练，微生物菌株保藏技能训练，微生物生长量测定技能训练，微生物分类与鉴定技能训练，微生物选育技能训练10个项目；应用部分包括微生物技能在食品行业的应用，微生物技能在环保行业的应用，微生物技能在医药行业的应用3方面内容。教师在教学过程中可根据不同专业的培养目标和实验实训条件，有针对性地进行项目选择。每个项目均设有项目介绍（含项目背景、项目任务和项目目标）、背景知识、项目实施和项目思考，使学生在项目任务完成过程中构建和完善自己的知识体系。正文内还穿插有"拓展知识窗"，用于加深学生对项目的理解。

　　本教材是校企合作共建教材，由北京电子科技职业学院、中山职业技术学院的多名教师和北京光明健能乳业有限公司、中粮营养健康研究院、中国食品发酵工业研究院的多位微生物工作者共同完成。

本教材适合生物专业、食品专业、医药专业和环境专业的高职高专师生用作微生物学的理论和实训教材，也可供从事微生物发酵生产、微生物检验和研究工作的科技人员作为培训教材或参考书使用。

限于编者的学识和水平，书中有不当甚至错漏之处，殷切希望读者和同行给予批评指正。

李双石

2014 年 2 月

目 录

项目一　微生物技术基础认知训练

项目介绍

项目背景

　　微生物是存在于自然界的一大群体形微小、结构简单的生物群体，是生物界中一支数量无比庞大的队伍，它们所起作用的大小、对人们有利或有害，与人们对其活动规律的认识和掌握程度有很大关系。

　　只有人类认识微生物并逐步掌握其活动规律后，才可能做到使原来无利的微生物变为有利，小利者变大利，有害者变小害、无害甚至有利，从而大大地推动了人类的进步，这就是我们学习微生物学及其技术的根本目的。

　　微生物实验室是进行微生物实验的重要场所，所有参与微生物实验的人员都必须在健康和安全的环境中从事实验工作，在进行实验之前应当接受安全操作的宣传和培训。每一名从事微生物实验的人员都有对自己和他人的健康安全负责的义务。因此，掌握微生物实验安全知识与技能是每一名微生物实验工作者必须具有的基本素质。

项目任务

　　任务一　微生物实验室安全隐患排查
　　任务二　微生物实验室建设

项目目标

知识目标

1. 能理解微生物的基本概念、在自然界的分类地位和重要性。
2. 能理解并举例描述微生物的基本特征。
3. 能理解微生物实验室的工作规则和安全要求。
4. 能阐述微生物实验室所需的设施与设备要求。

能力目标

1. 树立安全防范意识。
2. 能识别微生物实验室常用仪器和器皿，熟悉其功能。

背景知识

一、微生物的概念

微生物（microorganism，microbe）是包括所有形体微小的单细胞，或个体结构简单的多细胞，或没有细胞结构的低等生物的通称。

微生物并不是生物分类学上的名词，它是一群进化地位较低的简单生物，因其个体微小，通常需借助光学显微镜甚至电子显微镜才能观察其形态结构和大小，故俗称为"微生物"。但随着科学技术的发展和微生物新物种的发现，微生物也不仅指在显微镜下才可见的生物了，因为近年来已经发现有少数微生物是肉眼可见的。例如，德国科学家在非洲纳米比亚海岸的海床沉积物中发现接近于肉眼可见的世界上最大的细菌，这种球状细菌直径有 0.1~0.3mm，有的可达 0.75mm，它们比一般细菌大 1000 倍以上；另外，一些真核微生物的个体也是肉眼可见的，有些甚至很大，如木耳、蘑菇等担子菌。

在生物发展的历史上，曾把所有的生物分为动物界和植物界两大类。而微生物不仅形体微小、结构简单，而且它们中间有些类型像动物，有些类型像植物，还有些类型既有动物的某些特征，又具有植物的某些特征，因而归于动物或植物都不合适。随着科学技术的发展，根据生物的细胞核结构和遗传学性质，我国学者王大耜于 1977 年提出六界分类系统，将生物分类如下：动物界、植物界、原生生物界（原生动物、大部分藻类及黏菌）、真菌界（酵母菌、霉菌）、原核生物界（细菌、放线菌、蓝细菌等）和病毒界，微生物在该系统中分别属于病毒界、原核生物界、原生生物界和真菌界。

二、微生物的生物学特性

（一）个体小，结构简单

微生物个体微小，通常必须借助于显微镜才能观察到。细菌通常以微米（μm）为计量单位，病毒用纳米（nm）为计量单位，类病毒和朊病毒个体最小，大约是病毒的 1/100。微生物个体微小，因而比表面积（表面积/体积）大，具有一个巨大的营养吸收、代谢废物排泄和环境信息接受面。如乳酸杆菌的比表面积是 12000、鸡蛋的比表面积为 1.5、体重 80kg 的人体比表面积则仅为 0.3。这一特点也是微生物与其他生物相区别的关键所在，是微生物最大的特点。

微生物的结构都很简单，多数为单细胞生物，如细菌、酵母菌、原生动物、单细胞藻类等，就算结构较复杂的霉菌也只是多细胞的简单排列，并无组织器官的分化。

（二）吸收多，转化快

由于微生物具有较大比表面积，因而能与环境之间进行迅速的物质能量交换，吸收和转化营养物质。例如，地鼠每天消耗与体重等重的粮食，乳酸杆菌在1h内可分解比自身重 1000～10000 倍的乳糖，而人要代谢自身体重 1000 倍的糖则需要 250 多万小时（约 280 多年）；某些酵母菌合成蛋白质的能力比大豆强 100 倍，比食用牛强 10 万倍。这一特性为微生物高速生长繁殖和产生大量代谢物提供了充分的物质基础。

（三）生长旺，繁殖快

微生物的生长繁殖速度快得惊人，是其他生物所不能比拟的。例如，有的细菌每隔 20min 即可分裂一次，一天时间内即可繁殖 72 代，如果不发生细胞死亡且生长不受任何限制，一个细菌则可繁殖成为 2^{72} 个细菌，总质量将达到4722t。当然这种情况是不会出现的，因为营养的限制、空间限制等因素同时也在起作用。

微生物这种惊人的繁殖速度，使我们可以在短时间内获得大量菌体，利用微生物的这一特性就可以实现发酵工业的短周期、高效率生产。例如用酵母生产单细胞蛋白质，每隔 8～12h 就可以收获一次，如果建一个年产量 10^5 t 酵母菌的工厂，且酵母菌的蛋白质含量按 45% 计算，则相当于 56 万亩（$1hm^2 = 15$ 亩）农田所生产的大豆蛋白质的量，并且不受气候和季节的影响，这将对缓解全球面临的粮食匮乏有着非常重大的现实意义。

当然，这种快速繁殖的特点也给人类带来了极大的危害，例如病原菌和腐败微生物的快速繁殖极易引起人类发生食物感染或食物中毒。

（四）易变异，适应强

微生物个体微小，对外界环境很敏感，很容易受到各种外界环境的诱导引发变异；另外，微生物的结构简单，缺乏免疫监控系统，很容易变异。正由于微生物的遗传物质易变异，使微生物在长期进化过程中产生了许多灵活的代谢调控机制。为了适应各种各样的污染环境，不仅不同种类的微生物有不同的代谢方式，而且有的同种微生物在不同环境中也具有不同的代谢方式，如酵母菌等兼性厌氧菌有好氧、厌氧和兼性厌氧三种类型。微生物比其他任何生物对环境的变化更敏感，对于变化的环境具有惊人的适应性，甚至能在严酷的外界环境中随机应变，对极端环境具有惊人的适应力。在任何有其他生物生存的环境中，都能找到微生物，而在其他生物不可能生存的极端环境中也可能有微生物存在。

此外，微生物的遗传稳定性差，其遗传的保守性低，因而容易得到微生物突变株，给人类利用与开发微生物带来广阔契机，使得微生物菌种培育相对容易得多。通过育种工作，可大幅度地提高菌种的生产性能，其产量性状提高幅度是高等动、植物所难以实现的。所以，几乎所有微生物发酵工厂都十分重视菌种选育工作。但是易变异也是导致菌种衰退的内在原因，给微生物菌种保藏工作带来一些不便，此外，微生物还容易由此产生抗药性。

（五）分布广，种类多

微生物因其体积小、重量轻和数量多等原因，故可借助空气、水、动植物等作媒介而到处散播，只要条件适宜，它们就可"随遇而安"，因此无论是土壤、水体和空气，还是动物、植物和人体内外，甚至在高山、深海、冰川、沙漠和盐湖等恶劣环境中也有相适应的微生物存在。

微生物的物种多，据估计，微生物的种数有 50 万 ~ 600 万之多，其中已记载的有 20 多万种，包括真菌 9 万种，原生动物和藻类 10 万种，原核生物及病毒等约 1 万种，并不断有新物种被发现，这些数字也在急剧增长过程中。

三、微生物学的发展

因为微生物用肉眼难以看见，使得这类生物一直具有很多的神秘色彩，所以人们认识它并发展成为一门学科，相比其他学科还是很晚的。

微生物学的发展可以划分为以下几个时期。

（一）微生物学的史前时期——经验应用

在人类没有发现微生物之前，就已经开始利用微生物为生产和生活服务了。考古发现史前人类已经在很多方面利用了微生物，世界各国人民在自己的生产实践中都积累了很多利用有益微生物和防治有害微生物的经验。公元 6 世纪（北魏时期），我国的贾思勰在《齐民要术》一书中就详细记载了制醋、酿酒、制酱和制曲的方法。我国古代劳动人民利用盐腌、糖渍、烟熏、风干等方法来保藏和加工食物。但是这个时期，人们并没有理论上的认识，对微生物的应用还只是经验性的，带有浓重的盲目色彩。

（二）微生物的发现与微生物学启蒙时期——微生物的形态学研究

17 世纪，荷兰人列文虎克（Antonie van Leeuwenhoek，1632—1723）用自制的简易显微镜（50 ~ 300 倍）观察牙垢、雨水、植物浸液等，发现其中有许多运动着的"微小动物"，并用文字和图画科学地记载下来（图 1 - 1）。列文虎克首次提示了一个崭新的生物世界——微生物界，具有划时代的意义。由于他的划时代贡献，1680 年他被选为英国皇家学会会员。

随后在近 200 年的时期，随着显微镜的不断改进、分辨率的提高，人们对微生物的认识由粗略的形态描述逐步发展到对微生物进行详细的观察和根据形态进行分类研究，形成了启蒙的微生物学。

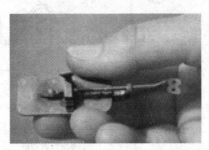

列文·虎克
(1632—1723)

图 1-1　列文·虎克及其自制的显微镜和自绘的微生物图像

（三）微生物学的形成时期——微生物的生理学水平研究

　　列文·虎克发现微生物 200 年后，通过许多科学家的努力，人们才开始认识到微生物与人类有着十分密切的关系。如今，我们将研究微生物的学科称为微生物学，巴斯德和科赫是公认的微生物学奠基人，他们的工作为微生物学确定了科学理论和基本方法。

　　法国化学家巴斯德（Louis Pasteur，1822—1895）论证了酒和醋的酿造以及一些物质的腐败都是由一定种类的微生物引起的发酵过程，并不是发酵或腐败产生微生物，从根本上否定了"微生物自然发生说"，这一研究成果把对微生物的研究由形态学转向生理生化研究水平，为微生物学的形成和发展奠定了基础（图 1-2）。他还提出了防止酒变质的加热灭菌法，后人将其称为"巴斯德灭菌法"。

　　微生物学的另一位奠基人是与巴斯德同时代的德国医生科赫（Robert Koch，1843—1910）（图 1-3），他首先证明病原体、机体和疾病三者之间的关系，证明了微生物是传染病的致病因子，找到了炭疽、结核病菌和霍乱的元凶，并总结出鉴定病原菌的方法和步骤，提出著名的"科赫法则"（Koch's postulates），其主要内容为：病原微生物总是在患传染病的动物中发现而不存在于健康个体中；这一微生物可以离开动物体，并被培养为纯种培养物；这种纯培养物接种到敏感动物体后，应当出现特有的病症；该微生物可以从患病的实验动物中重新分离出来，并可在实验室中再次培养，此后它仍然应该与原始病原微生物相同。在这一原则指导下，使得 19 世纪 70 年代到 20 世纪 20 年代成为病原菌发现的黄金时代，在此期间先后发现了不下百种病原微生物。科赫除了在病原体确证方面作出了奠基性工作外，他创立的微生物学操作技术和研究方法一直沿用至今，如微生物分离和纯培养技术、培养基技术、染色技术等。1905 年，科赫获得了诺贝尔医学和生理学奖，主要是为了表彰他在肺结核研究方面的贡献。

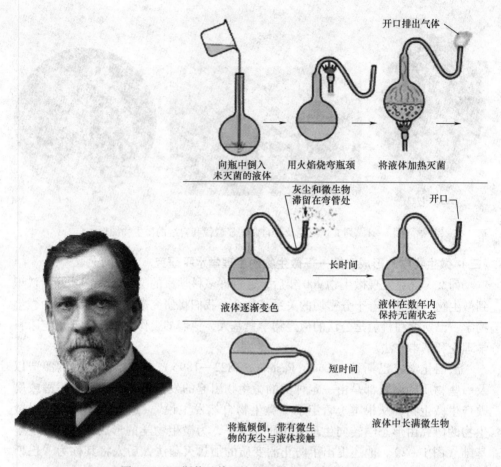

开口排出气体

向瓶中倒入　　　用火焰烧弯瓶颈　　　将液体加热灭菌
未灭菌的液体

灰尘和微生物　　　　　　　　开口
滞留在弯管处

长时间

液体逐渐变色　　　　　　　　液体在数年内
　　　　　　　　　　　　　保持无菌状态

短时间

将瓶倾倒，带有微生　　　液体中长满微生物
物的灰尘与液体接触

图 1 - 2　巴斯德及其否认微生物自然发生说的实验

图 1 - 3　科赫

（四）微生物学的发展时期——微生物分子水平的研究

　　20 世纪以来，生物化学和生物物理学向微生物学渗透，再加上电子显微镜的发明和同位素示踪法的应用，推动了微生物学向生物化学阶段的发展，将研究的视角从细胞水平转向了生物分子间的变化上来。

　　1897 年德国化学家毕希纳（Eduard Büchner，1860—1917）（图 1 - 4）发现酵母菌细胞的提取液能与酵母细胞一样具有发酵糖液产生乙醇的作用，从而认识了酵母菌酒精发酵的酶促过程，将微生物细胞的生命活动与酶化学结合起来，由于这项发现，毕希纳获得了 1907 年诺贝尔化学奖。

微生物实用技能训练

此后，许多人以大肠杆菌为材料所进行的一系列基本生理和代谢途径的研究，对细胞的代谢规律和控制原理进行了阐述，并且在控制微生物代谢的基础上扩大利用微生物，推动了生物化学的发展。从 20 世纪 30 年代起，人们利用微生物进行乙醇、丙酮、丁醇、甘油、各种有机酸、氨基酸、蛋白质、油脂等的工业化生产。

20 世纪 50 年代 DNA 双螺旋解密后，微生物又成了分子生物学的主要研究材料。微生物学、遗传学和生物化学的相互渗透与作用导致了现代分子遗传学、分子微生物学的诞生与发展，在短短的时间内取得了一系列进展，并出现了一些新的概念，较突出的有细菌染色体结构和全基因组测序、细菌基因表达的整体

图 1-4　毕希纳

调控和对环境变化的适应机制、细菌的发育及其分子机理、细菌细胞之间和细菌同动植物之间的信号传递、分子微生物生态学、基因组学、蛋白质组学和代谢组学等。

经历约 150 年成长起来的微生物学，在 21 世纪将作为生物学的重要内容而继续向分子、单分子研究等更微观的领域和微生物分子生态学、宏基因组学等更宏观的领域快速深入发展。

四、微生物实验室基本要求

微生物实验室是进行微生物实验的重要场所，应当设有准备室、灭菌室、无菌室、恒温培养室和普通实验室等场所。但由于微生物室所属单位的工作性质差异，可依据其具体情况，酌情设立适用于自己工作的微生物实验室格局。这些房间的共同特点是地板和墙壁的质地光滑坚硬，仪器和设备的陈设简洁，便于打扫卫生。

微生物实验室基本要求如下。

（一）准备室

准备室用于配制培养基和样品处理等。室内设有试剂柜、存放器具或材料的专柜、实验台、电炉、冰箱和上下水道、电源等。准备室还要用于洗刷器皿等。室内应备有加热器、蒸锅、洗刷器皿用的盆、桶等，还应有各种瓶刷、去污粉、肥皂、洗衣粉等。

（二）灭菌室

灭菌室主要用于培养基的灭菌和各种器具的灭菌，室内应备有高压蒸汽灭菌器、烘箱等灭菌设备及设施。

（三）无菌室

无菌室，又称无菌接种室，是进行微生物接种、菌种纯化等无菌操作的专用实验室。在微生物实验工作中，菌种的接种移植是一项主要操作，这项操作的特点就是要保证菌种纯种，防止杂菌的污染。在一般环境的空气中，由于存在许多尘埃和杂菌，很易造成污染，对接种工作干扰很大。

1. 无菌室的设置

无菌室应根据既经济又科学的原则来设置。其基本要求有以下几点。

无菌室应有内、外两间，内间是无菌室，外间是缓冲室。房间容积不宜过大，以便于空气灭菌。内间应当设拉门，以减少空气的波动，门应设在离工作台最远的位置上；外间的门最好也用拉门，要设在距内间最远的位置上。

在分隔内间与外间的墙壁或"隔扇"上，应开一个小窗，作接种过程中必要的内外传递物品的通道，以减少人员进出内间的次数，降低污染程度。

无菌室容积小而严密，使用一段时间后，室内温度很高，故应设置通气窗。通气窗应设在内室进门处的顶棚上（即离工作台最远的位置），最好为双层结构，外层为百叶窗，内层可用抽板式窗扇。通气窗可在内室使用后、灭菌前开启，以流通空气。有条件可安装恒温恒湿机。

2. 无菌室内设备和用具

无菌室内的工作台，不论是什么材质、用途的，都要求表面光滑和台面水平。

在内室和外室各安装一个紫外灯，内室的紫外线灯应安装在经常工作的座位正上方，外室的紫外线灯可安装在外室中央。

外室应有专用的工作服、鞋、帽、口罩、盛有来苏尔水的瓷盆和毛巾、手持喷雾器和5%石炭酸溶液等。

内室应有酒精灯、常用接种工具、不锈钢制的刀、剪、镊子、70%的酒精棉球、工业酒精、载玻璃片、特种蜡笔、记录本、铅笔、标签纸、胶水、废物筐等。

3. 无菌室的灭菌消毒

（1）熏蒸　无菌室使用了较长时间，污染比较严重时，应进行熏蒸灭菌，可用甲醛、乳酸或硫黄熏蒸，此法是无菌室彻底灭菌的措施。

（2）喷雾　在每次使用无菌室前进行。喷雾可促使空气中微粒及微生物沉降，防止桌面、地面上的微尘飞扬，并有杀菌作用，可用5%石炭酸喷雾。

（3）紫外线照射　在每次使用无菌室前进行。紫外线有较好的杀菌效果。通常应开启紫外线灯照射30~60min。

4. 无菌室工作规程

无菌室灭菌。每次使用前开启紫外线灯照射30min以上，或在使用前30min，对内外室用5%石炭酸喷雾。

用肥皂洗手后，把所需器材搬入外室；在外室换上已灭菌的工作服、工作帽和工作鞋，戴好口罩，然后用2%皂液将手浸洗2min。

将各种需用物品搬进内室清点、就位，用5%石炭酸溶液在工作台面上方和操作员站位空间喷雾，返回外室，5～10min后再进内室工作。

接种操作前，用70%酒精棉球擦手；进行无菌操作时，动作要轻缓，尽量减少空气波动和地面扬尘。

工作结束，立即将台面收拾干净，将不应在无菌室存放的物品和废弃物全部拿出无菌室后，对无菌室用5%石炭酸溶液喷雾，或开紫外线灯照射30min。

（四）恒温培养室

1. 培养室的设置

培养室应有内、外两间，内室是培养室，外室是缓冲室。房间容积不宜大，以利于空气灭菌。内外室都应在室中央安装紫外线灯，以供灭菌用。为满足微生物对温度的需要，需安装恒温恒湿机。

2. 培养室内设备及用具

内室通常配备培养箱和摇床，外室应有专用的工作服、鞋、帽、口罩、手持喷雾器和5%石炭酸溶液、70%酒精棉球等。

3. 培养室的灭菌、消毒

同无菌室的灭菌、消毒措施。小规模的培养可不启用恒温培养室，而在恒温培养箱中进行。

（五）普通实验室

进行微生物的观察、计数和生理生化测定工作的场所。室内的陈设因工作侧重点不同而有很大的差异。一般均配备实验台、显微镜、柜子及凳子。实验台要求平整、光滑，实验柜中有日常使用的用具及药品等。

五、微生物实验室工作规则

（1）进入微生物实验室应当穿着实验衣，以避免受化学药品侵蚀或微生物污染。

（2）为了保证微生物实验的顺利进行和实验人员的自身安全，非必要的物品和食物请勿带入实验室内。进入实验室后，请将书包置于隐蔽处（抽屉或柜中），在实验桌面只留有必要物品（如实验教材等）。

（3）在实验室工作时，切忌打开紫外灯，避免紫外灯直射造成的危害。

（4）严防微生物污染环境和危害身体健康，严禁在微生物实验室内吸烟、饮食、嬉戏等。

（5）小心使用玻璃器皿，远离危险存放地，防止割伤。

（6）凡实验用过的菌种和装有活菌的各种器皿，应先经高压灭菌后才能洗涤。

（7）切勿将微生物培养物、未凝固的培养基或其他固体物、强酸、强碱直接倒入水池。

（8）实验过程中，如不慎烫伤或皮肤破伤，应立即报告指导老师，及时处理，切勿隐瞒。

（9）高压蒸汽灭菌锅为高温高压设备，存在安全隐患，进行高压蒸汽灭菌时，应严格遵守操作规程，负责灭菌的人在灭菌过程中切忌离开。

（10）实验过程中，配制的溶液和培养的微生物材料，应注明班级、名称和处理时间，放于指定位置。无任何标记的物品，实验室管理人员或其他授课教师有权自由处置。

（11）节约水、电，适量取用药品等耗材。

（12）实验完毕，认真清洗器皿，实验材料放回指定位置，实验结束后请保持桌面干净整洁，不摆放任何物品。

（13）离开实验室前，注意关闭门窗、灯、电等。

（14）离开微生物实验室前，一定要用肥皂或洗手液将手洗净，必要时应该用75%乙醇擦手来清除污染。

（15）未经允许不能动用实验室中的仪器和药品，不能私自进行未经教师许可的实验，须在教师讲解后才可操作。

（16）实验室内各种实验样品和微生物培养物未经教师允许禁止携出实验室。

六、微生物实验室意外事故的处理

进行微生物实验过程中，如果不慎发生意外事故，可采用如下措施。

（一）火险

立刻关闭电源、火源，使用湿布覆盖隔绝空气灭火，必要时灭火器灭火。衣服着火时可就地或靠墙滚转。如果酒精、乙醚、汽油等着火，切勿用水灭火。

（二）触电

触电时可先切断电源，后用木棒使导线与受害者分开，急救者须做好绝缘处理。

（三）微生物培养物外溢

如遇有菌培养物洒落或打碎有菌容器时，应用浸润5%石炭酸溶液的抹布包裹后，并用浸润5%石炭酸溶液的抹布擦拭台面或地面，用酒精棉球擦手后再继续操作。

（四）伤口紧急处理

（1）玻璃割伤　先检查伤口内有无玻璃碎片，除尽外物后，用蒸馏水洗净，再用2%碘酒等消毒药水擦拭消毒。如果伤口过大或血流过多，应及时送医院诊治。

（2）火伤　可涂5%鞣酸、2%苦味酸或苦味酸铵苯甲酸丁酯油膏，或龙胆紫液等。

（3）皮肤灼烧伤　先用干布擦去药品，再用大量清水冲洗，涂以凡士林油。

（4）眼灼伤　先用大量清水冲洗。若为碱伤，以5%硼酸溶液冲洗，然后再滴入橄榄油或液体石蜡1~2滴以滋润。若为酸伤，以5%碳酸氢钠溶液冲洗，然后再滴入橄榄油或液体石蜡1~2滴以滋润。

七、微生物实验室常用仪器和设备

（一）显微镜（microscope）

显微镜主要用于放大微小物体使其成为人的肉眼所能看到的仪器。

显微镜的种类很多，根据其结构，可以分为光学显微镜和非光学显微镜两大类。光学显微镜又可分为单式显微镜和复式显微镜。最简单的单式显微镜即放大镜（放大倍数常在 10 倍左右），构造复杂的单式显微镜为解剖显微镜（放大倍数在 200 左右）。在微生物学的研究中，主要是复式显微镜。其中以普通光学显微镜（明视野显微镜）最为常用。此外，还有暗视野显微镜、相差显微镜、荧光显微镜、偏光显微镜、紫外光显微镜和倒置显微镜等。非光学显微镜为电子显微镜。

光学显微镜通常由光学部分、照明部分和机械部分组成，如图 1 - 5（a）所示。现在的光学显微镜可把物体放大 1600 倍，分辨的最小极限达 0.1μm。

电子显微镜通常由镜筒、真空系统和电源柜三部分组成，如图 1 - 5（b）所示，它对物体的放大及分辨本领要比光学显微镜高得多，它是将电子流作为一种新的光源，使物体成像。电子显微镜可把物体放大到 200 万倍。

(a) 普通光学显微镜   (b) 电子显微镜

图 1 - 5　显微镜

（二）培养箱（incubator）

培养箱，又称保温箱、孵育箱，主要用于微生物的培养，其作用原理是应用人工的方法在培养箱内造成适宜微生物生长繁殖的人工环境，如控制一定的温度、湿度、气体等。目前使用的培养箱可分为普通恒温培养箱、生化培养箱、恒温恒湿培养箱（常用作霉菌培养）、二氧化碳培养箱、厌氧培养箱等，如图 1-6 所示。

1. 普通恒温培养箱（constant temperature incubator）

普通恒温培养箱可分隔水式电热恒温培养箱和电热式恒温培养箱两种。电热式和隔水式培养箱的外壳通常用石棉板或铁皮喷漆制成，隔水式培养箱内层为紫

(a) 普通恒温培养箱   (b) 恒温恒湿培养箱   (c) 厌氧培养箱

图1-6　培养箱

铜皮制的贮水夹层,电热式培养箱的夹层是用石棉或玻璃棉等绝热材料制成,以增强保温效果。培养箱的顶部均设有温度计,用温度控制器自动控制,使箱内温度恒定。隔水式培养箱采用电热管加热水的方式加温,电热式培养箱采用的是用电热丝直接加热,利用空气对流,使箱内温度均匀。隔水式培养箱的特点是断电时水套仍能较好地恒温。恒温培养箱的温控范围为室温+(5~60)℃,此类培养箱只能把温度稳定在室温以上,不带制冷。

2. 生化培养箱(biochemical incubator)

生化培养箱同时装有电热丝加热和压缩机制冷功能,一年四季均可保持在恒定温度,因而应用最为普遍。

3. 厌氧培养箱(anaerobic incubator)

厌氧培养箱,也称厌氧工作站或厌氧手套箱。厌氧培养箱是一种在无氧环境条件下进行细菌培养及操作的专用装置。它能提供严格的厌氧环境、恒定温度的培养条件和具有一个系统化、科学化的工作区域。厌氧培养箱可用于培养最难生长的厌氧微生物,又能避免以往厌氧生物在大气中操作时接触氧气而死亡的危险性。厌氧培养箱一般由恒温培养室、厌氧操作室、取样室、气路及电路控制系统、除氧催化器、消毒器等部分组成。

(三) 电热恒温鼓风干燥箱(electric heating constant temperature drying box)

电热恒温鼓风干燥箱,简称为烘箱,常用于玻璃器皿、金属制品的干燥与灭菌,但橡胶、塑料、培养基等不能采用此设备灭菌,如图1-7所示。

图1-7　电热恒温鼓风干燥箱

微生物实用技能训练

（四）恒温振荡培养箱（constant temperature oscillator）

恒温振荡培养箱，又名摇床（incubator shaker），它是培养好气性微生物的小型试验设备或作为种子扩大培养之用，如图1-8所示。常用的摇床有往复式和旋转式两种。

(a) 立式摇床　　　　　　　　　　　　　　　　(b) 卧式摇床

图1-8　恒温振荡培养箱

往复式摇床是利用曲柄原理带动摇床作往复运动，机身为铁制或木制的长方框子，有一层至三层托盘，托盘上有圆孔备放培养瓶，孔中凸出一个三角形橡皮，用以固定培养瓶并减少瓶的振动，传动机构一般采用二级皮带轮减速，调换调速皮带轮可改变往复频率。偏心轮上开有不同的偏心孔，以便调节偏心距。往复式摇床的频率和偏心距的大小对氧的吸收有明显的影响。往复式摇床的往复频率一般在80～140次/min，冲程一般为5～14cm，如频率过快、冲程过大或瓶内液体装量过多，在摇动时液体会溅到包扎瓶口的纱布或棉塞上，导致杂菌污染，特别是启动时更容易发生这种情况。

旋转式摇床是利用旋转的偏心轴使托盘摆动。这种摇床结构复杂，造价高。其优点是氧的传递较好、功率消耗小、培养基不会溅到瓶口的纱布上。旋转式摇床的偏心距一般在3～6cm之间，旋转次数为60～300r/min。

放在摇床上的培养瓶（一般为三角瓶）中的发酵液所需要的氧是由空气经瓶口包扎的纱布（一般8层）或棉塞通入的，所以氧的传递与瓶口的大小、瓶口的几何形状、棉塞或纱布的厚度和密度有关。在通常情况下，摇瓶的氧吸收系数取决于摇床的特性和三角瓶的装样量。

（五）高压蒸汽灭菌锅（high pressure steam sterilizer）

高压蒸汽灭菌锅是应用最广、效果最好的灭菌器，可用于培养基、生理盐水、废弃培养基、纱布、玻璃、耐高热药品等灭菌。

高压蒸汽灭菌锅是一个密闭的、可以耐受一定压力的双层金属锅。锅底或夹层内盛水，当水在锅内沸腾时由于蒸汽不能逸出，使锅内压力逐渐升高，水的沸点和温度可随之升高，从而达到高温灭菌的目的。一般在 0.1MPa 的压力下，121℃灭菌 20~30min，包括芽孢在内的所有微生物均可被杀死。如果灭菌物品体积较大，蒸汽穿透困难，可以适当提高蒸汽压力或延长灭菌时间。

高压蒸汽灭菌锅种类有手提式、立式、卧式等类别，如图 1-9 所示，它们的构造和灭菌原理基本相同。在微生物学实验室，最为常用的是手提式和立式高压蒸汽灭菌锅。和常压灭菌锅相比，高压灭菌锅的优点是灭菌所需的时间短、节约燃料、灭菌彻底等。

(a) 手提式高压蒸汽灭菌锅　　(b) 立式高压蒸汽灭菌锅　　(c) 卧式高压蒸汽灭菌锅

图 1-9　高压蒸汽灭菌锅

（六）冰箱（refrigerator）

冰箱常用于培养基、微生物、检验标本和某些试剂或药品的低温保存。普通冰箱冷藏室温度保持在 2~8℃的范围，冷冻室温度保持在 -20℃左右。超低温冰箱温度保持在 -70℃左右，如图 1-10 所示。

（七）超净工作台（clean bench）

超净工作台是一种提供局部高洁净度（无尘无菌）工作环境通用性较强的空气净化设备，常用于微生物的接种、分离等无菌操作，如图 1-11 所示。

超净工作台具有紫外线杀菌和输送无菌风装置，此设备通过风机将空气吸入预过滤器，经由静压箱进入高效过滤器过滤，将过滤后的空气以垂直

图 1-10　超低温冰箱

或水平气流的状态送出，使操作区域达到百级洁净度，保证生产对环境洁净度的要求。

超净工作台作为代替无菌室的一种设备，使用简单方便，为实验的开展提供一个相对无菌的操作台。超净工作台按气流流向不同可分为水平流超净工作台和垂直流超净工作台两种；按操作人员数量不同可分为单人工作台和双人工作台。

操作方法：使用前需打开紫外线灯杀菌 20 ~ 30min，对工作区域进行照射；使用前需让风机运行10min；操作前，将紫外灯关闭，然后打开照明灯；操作前用75%乙醇溶液擦拭工作台表面；操作完毕后，整理操作台上物品，然后用75%乙醇擦拭工作台表面，重新开启紫外灯照射15min。

图 1 - 11　超净工作台

（八）生物安全柜（biological safety cabinet）

生物安全柜是用于微生物学、生物医学、生物安全实验室和其他实验室的生物安全防护隔离设备，如图 1 - 12 所示。它采用了先进的空气净化技术和负压箱体设计，实现了对环境、人员和样品的保护，可以防止有害悬浮微粒、气溶胶的扩散；对操作人员、样品及样品间交叉感染和环境提供安全保护，是实验室生物安全一级防护屏障中最基本的安全防护设备。

GB 19489—2008《实验室生物安全通用要求》中明确指出生物安全柜作为一种微生物实验室的主要安全设备，对保护实验室工作人员是必不可少的。规范化、标准化的使用生物安全柜，能对人员、环境、受试样品提供保护。

生物安全柜与超净工作台两者之间是有本质区别的。生物安全柜是一种负压的净化工作台，正确

图 1 - 12　生物安全柜

操作生物安全柜，能够完全保护工作人员、受试样品并防止交叉污染的发生；而超净工作台只是保护操作对象而不保护工作人员和实验室环境的洁净工作台。

八、微生物实验室常用器皿

（一）试管（test tube）

微生物实验室所用玻璃试管以厚管壁为宜，以便加塞时不会破损。试管的形状要求无翻口，否则微生物容易从棉塞与管口的缝隙间进入试管造成污染。试管

的大小可根据用途的不同，准备下列四种型号：

（1）大试管（约 18mm × 180mm） 一般用于存放预分装培养皿用的培养基，也可作制备琼脂斜面用（需要大量菌体时用）。

（2）中试管（约 15mm × 150mm） 一般用于存放液体培养基或做琼脂斜面用。

（3）小试管（约 10mm × 100mm） 一般用于糖发酵等微生物生化试验或血清学试验。

（4）杜汉氏发酵管（Durham's fermentation tube）（约 6mm × 36mm） 也称发酵小套管，一般用于糖发酵试验，在小试管内再套一个倒置的发酵小套管，可观察细菌在糖发酵培养基内的产气情况。

（二）吸管（measuring pipette）和移液管（transfer pipette）

移液管是一根中间有一膨大部分的细长玻璃管，其下端为尖嘴状，上端管颈处刻有一条标线，是所移取的准确体积的标志，它是用来准确移取一定体积的溶液的量器。

吸管的全称是分度吸量管，又称为刻度移液管，它是带有分度线的量出式玻璃量器，用于移取非固定量的溶液。吸管和移液管常用的规格有 1mL、2mL、5mL、10mL 等。有时还需用不计量的毛细吸管，主要用于吸取动物体液、离心上清液以及滴加少量抗原、抗体等。

（三）培养皿（petri dish、culture dish）

微生物实验室常用培养皿的皿底直径 90mm、高 15mm。在培养皿内倒入适量固体培养基制成平板，可用于微生物的分离、纯化、分类、鉴定和计数等。

（四）三角瓶（erlenmeyer flask）

三角瓶常用来盛无菌水、培养基和摇瓶发酵等，常用三角瓶规格有 100mL、250mL、500mL、1000mL 等。

（五）载玻片（glass slide）和盖玻片（cover glass）

载玻片大小为 75mm × 25mm，用于微生物涂片、染色、作形态观察等。盖玻片为 18mm × 18mm，厚 1.7mm。凹玻片是在一块厚玻片的当中有一圆形凹窝，作悬滴观察活细菌以及微室培养用。

（六）其他

常用的玻璃器皿还有烧杯、量筒、漏斗、滴瓶、试剂瓶等。

项目实施

任务一 微生物实验室安全隐患排查

任务要求

1. 通过自学、实地考察和查阅资料等方法，熟悉微生物实验室的布局、设施、设备、器皿的名称和用途。

2. 了解微生物实验室工作规则，并树立安全防范意识。

3. 自由参观实验室，对微生物实验室可能存在的安全隐患进行排查。

操作方法

学生自学教材，参观微生物实验室，寻找微生物实验室可能存在的安全隐患，并提出防护方案。

任务二 微生物实验室建设

任务要求

1. 要求绘制微生物实验室平面布局图（门、窗、水、电、设备、物品）。

2. 要求列出必备的设备和物品清单。

3. 要求有投资预测计算。

操作方法

分组查阅并整理资料、讨论、PPT 汇报。

项目思考

1. 用具体事例说明人类与微生物的关系，为什么说微生物既是人类的敌人，更是我们的朋友？

2. 微生物有哪五大共性？其中最基本的是哪一个？为什么？

3. 为什么微生物能成为生命科学研究的"明星"？

4. 为什么说巴斯德和科赫是微生物学的奠基人？

5. 试列举微生物实验室必备的仪器设备有哪些，并说明它们的用途？

6. 简述当含有微生物，特别是病原微生物的物品破碎或意外泄露造成局部污染时，应如何处理？

项目二　微生物显微形态观察技能训练

项目介绍

项目背景

　　微生物体形微小、结构简单、肉眼直接看不见，必须借助显微镜放大数百倍、数千倍，甚至数万倍才能观察到。熟悉显微镜并掌握其操作技术是研究微生物不可缺少的手段。显微技术是利用光学系统或电子光学系统设备，观察肉眼所不能分辨的微小物体形态结构及其特性的技术。

　　假设你作为某医院的一名检验科人员，接到一项工作任务：用普通光学显微镜观察已获取的微生物标本片，规范绘图，并对微生物的形态和大小作出正确评价。

项目任务

　　任务一　微生物标本片的形态观察

　　任务二　微生物的大小测定

项目目标

知识目标

1. 能正确识别光学显微镜的各部分结构，并熟悉其功能。
2. 能正确识别并区分常见微生物的个体形态。
3. 增强对微生物细胞大小的感性认识。

能力目标

1. 能规范使用和维护普通光学显微镜，重点掌握油镜的使用方法。
2. 能正确使用测微尺测量微生物菌体大小。
3. 能将所观察的微生物形态科学绘图。

一、微生物的种类

微生物的种类繁多，在数十万种以上，按其大小、结构、组成等，可分为如下三大类。

（一）非细胞型微生物

非细胞型微生物是结构最简单和最小的微生物，它体积微小，能通过除菌滤器，无典型的细胞结构，无产生能量的酶系统，只能在宿主活细胞内生长增殖的微生物。

非细胞型微生物仅有一种核酸类型，即由 DNA 或 RNA 构成核心，外"披"蛋白质衣壳，有的甚至仅有一种核酸不含蛋白质，或仅含蛋白质而没有核酸。如病毒、亚病毒、朊粒等。

（二）原核微生物（prokaryotes）

原核微生物是指一大类细胞微小、细胞核无核膜包裹的原始单细胞生物。

原核微生物与真核微生物主要区别有：①基因组由无核膜包裹的双链环状 DNA 组成；②细胞器很不完善，只有核糖体；③原始核中 DNA 和 RNA 同时存在。

原核微生物种类很多，包括细菌、放线菌、蓝细菌、支原体、衣原体、立克次氏体、螺旋体等。

（三）真核微生物（eukaryotes）

凡是细胞核具有核膜、细胞能进行有丝分裂、细胞质中存在线粒体或同时存在叶绿体等细胞器的生物，称为真核微生物。

真核微生物与原核微生物相比，其形态更大、结构更复杂、细胞核分化程度高（有核膜和核仁）、细胞器的功能更专一（如内质网、高尔基体、溶酶体、微体、线粒体、叶绿体等）。

主要的真核微生物有酵母菌（单细胞真菌）、霉菌（丝状真菌）、蕈菌（大型真菌）、显微藻类、原生动物、微型后生动物等。

二、常见微生物类群的形态与大小

（一）细菌（bacteria）

细菌是一类细胞微细、结构简单、胞壁坚韧、多以二分裂方式繁殖的单细胞原核生物。细菌在自然界分布最广，种类最多。

1. 菌体形态

细菌的个体形态多样，如图 2-1 所示，但主要以球状、杆状、螺旋状为主，可分别将其命名为球菌、杆菌和螺旋菌。

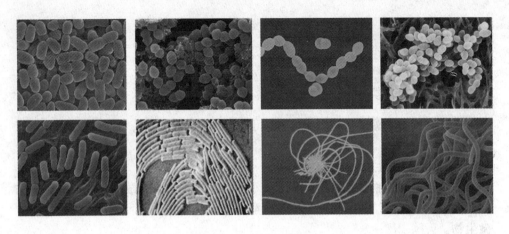

图 2 - 1　细菌的形态

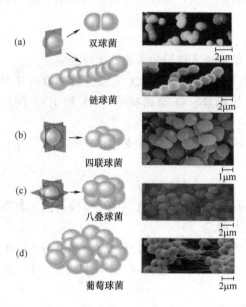

(a) 双球菌　2μm
链球菌　2μm

(b) 四联球菌　1μm

(c) 八叠球菌　2μm

(d) 葡萄球菌　2μm

图 2 - 2　球菌的形态

（1）球菌（coccus）　单个菌体呈球状或近似球状的细菌称为球菌。根据其繁殖时分裂面和分裂方向、分裂后相互间的连接方式和空间排列方式的不同，又可分为 6 种：单球菌、双球菌、链球菌、四联球菌、八叠球菌、葡萄球菌。如图 2 - 2 所示。

（2）杆菌（bacillus）　杆菌的细胞形态比球菌复杂，是细菌中种类最多的。根据分裂后细菌的排列方式，杆菌可分为单杆菌、双杆菌和链杆菌；根据杆菌的长短，可分为长杆菌和短杆菌；根据杆菌两端或一端的形状可分为棒状杆菌、梭杆菌、分枝状杆菌等。同一种杆菌其粗细比较稳定，而长度则常因培养条件和培养时间的不同而变化较大。

（3）螺旋菌（spirillar）　螺旋菌大多是病原菌，细胞呈螺旋状，但不同种的菌体在长度、弯曲度、螺旋数、螺旋形式和螺距等方面有显著差别。

这三大类细菌中，发酵工业上常用的是球菌和杆菌，尤其以杆菌最为重要。螺旋菌主要为病原菌。

除了球菌、杆菌、螺旋菌三种基本形态外，还有少数并不多见的特殊形态细菌，如三角形、圆盘形、星形和方形等。

细菌的个体形态明显地受培养基的组成与浓度、培养时间、培养温度等环境条件的影响。一般而言，处于适宜生长条件的幼龄细菌，细胞形态较正常，表现出特定的形态；处于不正常的环境条件下或较老龄的细菌，细胞常出现异常形态，如杆菌细胞膨大、伸长、分枝，呈梨形、丝状、分枝状等，但如果把它们再转入适宜的环境条件下培养，又可恢复原来正常的形态。

2. 菌体大小

细菌的大小随种类不同差别较大，有的与最大的病毒粒径相近，在光学显微镜下勉强可见；有的则与藻类细胞差不多大小，肉眼就可以看见；但大多数细菌介于二者之间，量度其大小的单位一般用微米（μm）。

球菌大小以其直径表示，大多数球菌的直径为 0.5～2.0 μm；杆菌和螺旋菌大小以其宽度（即直径）×长度表示，多数杆菌的大小为（0.5～1.0）μm×（1～5）μm，多数螺旋菌的大小为（0.25～1.7）μm×（2～60）μm。但应注意的是，螺旋菌的长度一般是指菌体两端点间的距离，并非真正的长度。

由于细菌细胞透明度高，故一般先要经过染色，再用放大 600～1000 倍的光学显微镜才能观察到其个体。采用显微镜测微尺（图 2-3）可较准确地测量出各种细菌的大小。

图 2-3　显微镜测微尺

凡是影响细菌形态变化的各种外界环境因素也同样会影响细菌的大小。细菌大小随菌龄而变化，一般幼龄菌比成熟菌或老龄菌大得多。此外，细菌的大小与所用染色方法也有关，如经固定、染色和干燥过的死菌体一般要比活菌体小 1/4～1/3。

拓展知识窗

最大的细菌和最小的细菌

一、最大的细菌——纳米比亚嗜硫珠菌（*Thiomargarita namibiensis*）

德国海洋微生物研究所的专家在纳米比亚发现了肉眼能看得见的细菌，这是迄今世界上所发现的最大的细菌。

该研究所的科学家海德·舒尔茨在纳米比亚的鲸湾港附近考察时发现了这种细菌，这种细菌属厌氧球菌类，呈球形细胞，它们的大小普遍是 0.1～0.3 mm，其中最大的菌体直径可高达 0.75 mm。它们的数量很多，大量生活在海底的近岸沉积物中，在沉淀物中含有很多硫化氢，细菌利用硝酸盐将硫氧化以获得能量维持生存。

由于这种细菌体内的微小硫颗粒会反射外来光线，且它们又经常聚成一串，在阳光下仿佛一串珍珠，因此德国科学家将其命名为"纳米比亚珍珠硫菌"。

纳米比亚硫细菌的发现为证明地球硫循环和氮循环之间存在耦合作用提供了更确切的证据。

二、最小的细菌——纳米细菌（nanobacteria）

迄今为止发现的最小细菌是纳米细菌，其细胞直径仅有50nm。

1988年芬兰科学家Kajander等进行哺乳动物细胞培养时发现细胞内存在一种原核微生物，能通过100nm的滤菌器，1990年Kajander等将此种微生物命名为纳米细菌。

纳米细菌是革兰阴性菌，呈球状或球杆状，细胞壁厚，无荚膜与鞭毛结构，大小约20~200nm，可通过0.1~0.4μm的滤菌膜，仅能通过电子显微镜观察到。

纳米细菌在pH7.4和生理性钙磷浓度中能形成羟磷灰石碳酸盐结晶，产生坚硬的钙化外壳覆盖于菌体周围，在高温、强酸等条件下仍能存活。纳米细菌不能用普通微生物培养液培养，但能用细胞培养基培养。

在医学界，纳米细菌被认为与肾结石、胆囊结石、动脉粥样硬化等病理性钙化疾病的发生有关系。

3. 常见细菌菌种

（1）大肠埃希氏菌（*Escherichia coli*）　大肠埃希氏菌简称为大肠杆菌，细胞呈直杆状（图2-4），单个或成对，0.5μm×（1.0~3.0）μm。革兰氏阴性，运动或不运动，运动的为周生鞭毛。一般无荚膜，无芽孢。菌落白色到黄白色，光滑、无色、略不透明、边缘光滑、表面湿润、低凸。化能异养型，兼性厌氧。工业上常将大肠杆菌用于生产谷氨酸脱羧酶、天冬酰胺酶和制备天冬氨酸、苏氨酸及缬氨酸等。大肠杆菌也常用作食品和饮用水微生物检验的卫生指示菌，是被粪便或病原菌污染的指示菌种。在分子生物学的研究中，大肠杆菌是常用的外源基因的受体菌。

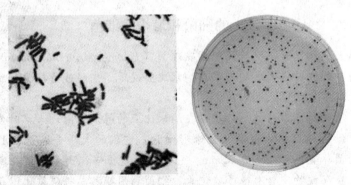

图2-4　大肠埃希氏菌菌体和菌落形态

（2）枯草芽孢杆菌（*Bacillus subtilis*）　枯草芽孢杆菌芽孢杆菌属的一种，单个细胞是一种直的或近乎直的（0.3~2.2）μm×（1.2~7.0）μm的杆菌（图2-5），革兰氏阳性菌，无荚膜，鞭毛周生或端生，能运动。芽孢（0.6~0.9）μm×（1.0~1.5）μm，椭圆到柱状，位于菌体中央或稍偏。菌落是圆的或不规则的，表面粗糙不透明，污白色或微黄色。此菌种广泛分布在土壤及腐败的有机物中，易在枯草浸汁中繁殖，故得名。有的菌株是α-淀粉酶和中性蛋白酶的重要生产菌，有的菌株具有强烈降解核苷酸的酶系，菌体生长过程中产生的枯草菌素、多黏菌素、制霉菌素、短杆菌肽等活性物质，对某些致病菌有明显的抑制作用，同时菌体自身能够合成α-淀粉酶、蛋白酶、脂肪酶、纤维素酶等酶类，在消化道中与动物体内的消化酶类一同发挥作用；常用在饲料、污水处理及生物肥发酵或发酵床制作中。

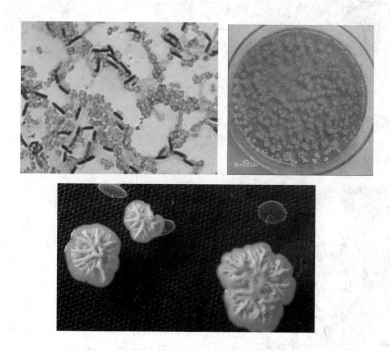

图2-5　枯草芽孢杆菌菌体和菌落形态

（3）金黄色葡萄球菌（*Staphylococcus aureus*）　金黄色葡萄球菌也称"金葡菌"，典型的金葡菌菌体球型（图2-6），直径0.8μm左右，常排列成葡萄串状，无芽孢、鞭毛，大多数无荚膜，革兰氏染色阳性。营养要求不高，在普通培养基上生长良好，需氧或兼性厌氧，最适生长温度37℃，最适生长pH7.4，干燥环境下可存活数周。平板上菌落厚、有光泽、圆形凸起，直径0.5~1.0mm。血平板菌落周围形成透明的溶血环。金黄色葡萄球菌有高度的耐盐性，可在10%~15%NaCl肉汤中生长。金葡菌在自然界中无处不在，空气、水、灰尘及人和动物的排泄物中都可找到。金葡菌是人类最常见的病原菌，可引起局部化脓感染、肺炎、心包炎等。金黄色葡萄球菌的致病力强弱主要取决于其产生的毒素和侵袭性酶。

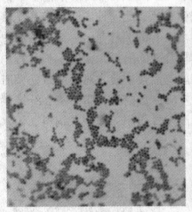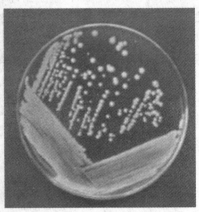

图 2-6　金黄色葡萄球菌菌体和菌落形态

（二）放线菌（actinomycete）

放线菌是一类呈丝状分枝形态和以孢子繁殖的革兰氏阳性原核微生物，因其群体生长呈辐射状而得名。

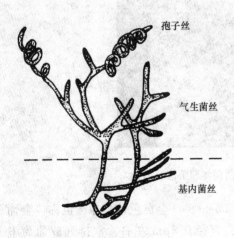

图 2-7　放线菌的菌丝

1. 菌体形态与大小

放线菌种类繁多，形态各异，它的菌体为单细胞，由分枝状菌丝组成。其菌丝依形态和功能的不同，可分为营养菌丝、气生菌丝和孢子丝三种，如图 2-7 所示。

（1）基内菌丝　基内菌丝又称初级菌丝或营养菌丝，生长在培养基内或匍匐生长在培养基表面，其主要功能为吸收营养，直径为 $0.2\sim0.8\,\mu m$。营养菌丝在培养基中可分泌和形成各种具有抗菌作用或特殊生理活性的物质，有的还能产生水溶性或脂溶性的各种色素，使培养基或菌落呈现相应的颜色，成为鉴定菌种的重要依据。

（2）气生菌丝　气生菌丝又称次级菌丝或二级菌丝，较营养菌丝粗，直径为 $1.0\sim1.4\,\mu m$，它是由营养菌丝体发育后，长出培养基外并伸向空间的菌丝。气生菌丝有的也产生色素。

（3）孢子丝 孢子丝又称产孢丝或繁殖菌丝，由气生菌丝逐步成熟分化而成。孢子丝成熟后可形成孢子，孢子成熟后，可从孢子丝中逸出飞散。孢子丝的形态多样，有直形、波曲形、钩形、螺旋形等，孢子丝的排列方式有交替着生、丛生和轮生等，孢子丝在形态与排列上的差异是进行分类鉴定的重要依据，如图2-8和图2-9所示。孢子也具成各种各样不同的形态，如球形、椭圆形、杆状、瓜子状等，孢子表面有光滑、生刺、带小疣或有毛发状等，如图2-10所示。此外，成熟的孢子也呈现出特定的颜色。

图2-8 放线菌孢子丝形态模式图

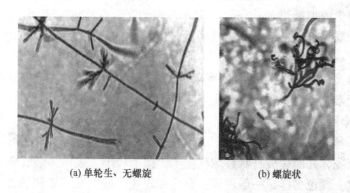

(a) 单轮生、无螺旋　　　　　　(b) 螺旋状

图2-9 放线菌孢子丝的显微形态

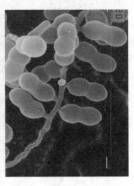

图 2 - 10　放线菌孢子的显微形态

2. 用途

放线菌广泛分布于自然界中，它与人类的生产和生活关系极为密切，绝大多数属于有益菌，它最突出特性是能产生多种抗生素。至今已发现的约 1 万种抗生素中，由放线菌产生的约占 70%。放线菌的次生代谢产物还可用于制备酶抑制剂、抗癌剂、免疫调节剂、受体拮抗剂等药物。因此，放线菌在医药工业上有重要意义。

放线菌能分解许多有机物，如吡啶、甾体、芳香化合物、石蜡、橡胶、纤维素、木质素等，放线菌在污水和固体废物的生物处理中有积极作用。

一些种类的放线菌还能产生各种酶制剂（蛋白酶、淀粉酶、和纤维素酶等）、维生素和有机酸等。

3. 常见放线菌属

（1）链霉菌属（*Streptomyce*）　链霉菌属是放线菌中最大的一个属，种类繁多，大多生长在含水量较低、通气较好的土壤中。其菌丝无隔膜，基内菌丝较细，直径 0.5 ~ 0.8 μm，气生菌丝发达，较基内菌丝粗 1 ~ 2 倍，成熟后分化为呈直形、波曲形或螺旋形的孢子丝，孢子丝发育到一定时期产生出成串的分生孢子。链霉菌属是抗生素工业所用放线菌中最重要的属。已知链霉菌属有 1000 多种，其中有一半以上能产生抗生素，所有由放线菌产生的抗生素中约有 90% 是由链霉菌属产生的，如常用的链霉素、土霉素、井冈霉素、丝裂霉素、博来霉素、制霉菌素、红霉素和卡那霉素等。

（2）诺卡氏菌属（*Nocardia*）　诺卡氏菌属主要分布在土壤中。其菌丝有隔膜，基内菌丝较细，直径 0.2 ~ 0.6 μm。一般无气生菌丝。基内菌丝培养十几个小时形成横隔，并断裂成杆状或球状孢子。菌落较小，表面多皱，致密干燥，边缘呈树根状，颜色多样，一触即碎。有些种能产生抗生素，如利福霉素、蚁霉素等；也可用于石油脱蜡、烃类发酵以及污水净化等。诺卡氏菌属对毒性强的腈类化合物的分解能力较强，可应用于丙烯腈废水的处理。

（3）放线菌属（*Actinomyces*）　放线菌属菌丝较细，直径小于1μm，有隔膜，可断裂呈V形或Y形。不形成气生菌丝，也不产生孢子，一般为厌氧或兼性厌氧菌。本属多为致病菌，如引起牛颚肿病的牛型放线菌，引起人的后颚骨肿瘤病及肺部感染的衣氏放线菌。

（三）酵母菌（yeast）

酵母菌是一类以出芽为主要繁殖方式的单细胞真菌的通称。

酵母菌主要分布在微酸性的含糖类或烃类物质环境中，如在水果、蔬菜和蜜饯的表面、果园和油田的土壤中最为常见。

酵母菌是人类文明史中被应用得最早的微生物，它在食品、医药、石油工业、环境保护等方面都有重要作用，它与人类生活和生产关系十分密切。生活中用于发面；工业上用于酿酒，还可用于生产甘油、甘露醇、有机酸等；医药上用于生产生化制剂，如氨基酸、B族维生素、腺苷酸等。

1. 形态

酵母菌为单细胞真核生物，其细胞形态一般为球形、椭圆形、卵形、圆柱形等，如图2-11所示。

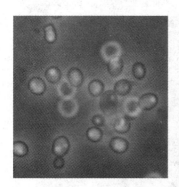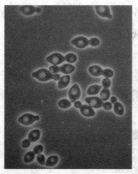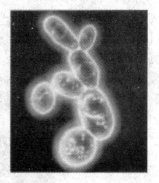

图2-11　酵母菌的形态

不同种类酵母菌的细胞形态不同，如膜毕赤氏酵母呈圆筒形，有孢汉逊酵母可呈柠檬形，而三角酵母则呈三角形。在不同的培养条件下，细胞的形态也会发生某些变化，如假丝酵母在马铃薯琼脂上培养可形成藕节状的假菌丝。

2. 大小

酵母菌细胞大小一般为（3～10）μm×（5～20）μm，最长的可达100μm，其体积约比细菌大二十几倍，用光学显微镜放大400～600倍直接观察酵母菌水浸片，可以较清楚地看到活细胞的个体形态。

3. 常见酵母菌属

（1）酿酒酵母（*Saccharomyces cerevisiae*）　酿酒酵母是与人类关系最广泛的一种酵母，是发酵工业上最常用的菌种之一，不仅因为传统上它用于制作面包、馒头、酒类等食品，在现代分子和细胞生物学中用作真核模式生物，其作用相当于原核的模式生物大肠杆菌。酿酒酵母的细胞为球形或者卵形，直径 5 ~ 10μm，其繁殖的方法为出芽生殖，如图 2-12 所示。

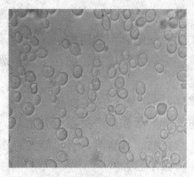
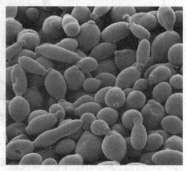

(a) 酿酒酵母的光学显微镜照片　　(b) 酿酒酵母的扫描电镜照片

图 2-12　酿酒酵母的形态

(2) 产甘油假丝酵母（*Candida glycerinogens*）　细胞圆筒形、卵圆形，大小为（2.5~4.4）μm×（4.4~12.0）μm，芽殖，易形成假菌丝，不产生子囊孢子（图 2-13）。菌落为干燥、灰白、平薄。该菌株甘油产率高，工业化生产也已经达到 100~130g/L；耐高渗压，可以在含 500g/L 葡萄糖的培养基中生长，因而发酵过程很少出现染菌，发酵条件粗犷；耗糖转化率达 60% 以上。该菌株具有合成并分泌高浓度甘油的特性，是目前我国用于发酵甘油工业化生产的优良菌株。

图 2-13　产甘油假丝酵母的形态

（四）霉菌（mould）

霉菌也称丝状真菌，是一群低等丝状真菌（不含产生大型子实体的高等真菌）的通称。在分类上霉菌则分属于藻状菌纲、子囊菌纲和半知菌类。

微生物实用技能训练

藻状菌纲（Phycomycetes）是最低级的真菌，在结构和繁殖的方式上像绿藻，但不含叶绿素，以寄生或腐生生活，大多数藻状菌是水生的或栖居在土壤中。一些陆生的藻状菌是农作物上危害性极大的寄生菌，有少数可用于工业发酵。子囊菌纲（Ascomycetae）有时又称为高等真菌。从它们复杂的结构来看，较之藻状菌进化得多，有可能是从藻状菌演变而来的。从经济观点看，子囊菌是一类很重要的真菌。半知菌类（Fungi Imperfecti）也称不完全菌，是一类缺乏有性阶段的真菌。大多数半知菌的分生孢子阶段和某些熟知的子囊菌的分生孢子阶段极其相似，因此可以大体说半知菌代表着子囊菌的一个阶段，是子囊菌的分生孢子阶段（无性阶段），它们的有性阶段未曾发现或已消失。很多半知菌具有重要的经济价值。

霉菌在自然界广为分布，与人类日常生活关系密切。在传统发酵中，霉菌多用于酱与酱油酿造、豆腐乳发酵、酿酒等，在近代发酵工业中，不少霉菌具有较强与较完整的酶系，它们不仅可以直接发酵生产糖化酶和蛋白酶类等，还可以淀粉为直接基质发酵生产柠檬酸等有机酸。此外，青霉素也是用霉菌来生产的。当然霉菌是一类腐生或寄生的微生物，能引起许多基质，如木材、橡胶和食品等发生"霉变"，这也可能是霉菌这一名称的来由；由霉菌引起的动、植物病害为数也不少。

1. 形态与大小

霉菌菌体是由分枝（或不分枝）的菌丝组成，菌丝直径 2 ~ 10μm，许多菌丝交织在一起，成为菌丝体。少数霉菌（如藻状菌纲）的菌丝中间无横膈膜，呈分枝管状多核的单细胞；多数霉菌（如子囊菌纲、半知菌纲）的菌丝中间有横膈膜，菌丝呈分枝成串的多细胞，每个细胞内含有一个或多个细胞核，菌丝的横膈膜上一般有小孔，使核物质和细胞质可以自由流通。霉菌的菌丝类型如图2-14所示。

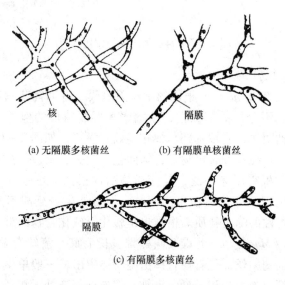

(a) 无隔膜多核菌丝   (b) 有隔膜单核菌丝

(c) 有隔膜多核菌丝

图 2 - 14　霉菌的菌丝类型

霉菌的菌丝依其生理功能的不同，又可分为两种：一种是伸入培养基内负责吸收和输送营养的菌丝，称为基内菌丝或营养菌丝，另一种是与培养基表面相连接的伸向空中生长的菌丝，称为气生菌丝。

霉菌菌丝体因其自身生理功能和对不同环境的高度适应，在长期的进化中已能形成某种特化的构造，如图2-15所示。营养菌丝的特化构造主要有假根、匍匐菌丝、附着枝等；气生菌丝则主要特化成各种形态的子实体，子实体是指在其里面或上面可产无性或有性孢子，有一定形状和构造的各种菌丝体组织，如孢子囊、分生孢子穗、子囊果等。

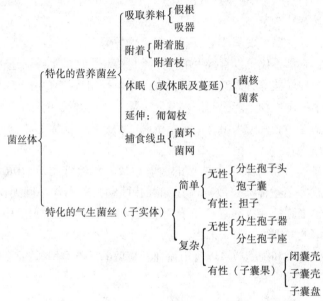

图2-15　霉菌菌丝体的特化结构

2. 常见霉菌菌属

（1）根霉属（*Rhizopus*）　根霉的菌丝无隔膜、有匍匐菌丝和假根，从假根处向上丛生直立、不分枝的孢囊梗，顶端膨大形成球形的孢子囊，内生孢囊孢子，孢子囊内囊轴明显，囊轴基部与梗相连处有囊托，如图2-16所示。根霉在自然界分布很广，长在各种有机物上，除面包、馒头、米饭等淀粉质外，也常长在甜熟的水果上。根霉用途广泛，其淀粉酶活性很强，是酿造工业中常用糖化菌。我国最早利用根霉糖化淀粉生产酒精。根霉能生产延胡索酸、乳酸等有机酸，还能产生芳香性的酯类物质。根霉也是转化甾族化合物的重要菌类。

（2）毛霉属（*Mucor*）　毛霉又叫黑霉、长毛霉，菌丝为无隔膜的单细胞，多核，无假根和匍匐菌丝，孢囊梗直接由菌丝体生出，一般单生，分枝较少或不分枝，分枝顶端都有膨大的孢子囊，囊轴与孢囊梗相连处无囊托，如图2-17所示。毛霉在土壤、粪便、禾草及空气等环境中存在。在高温、高湿度以及通风不

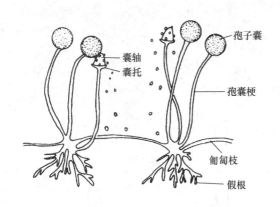

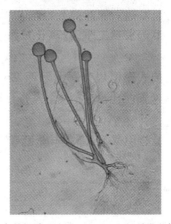

| (a) 根霉形态示意图 | (b) 匍枝根霉（*Rhizopus stolonifer*）显微形态 |

图 2 - 16　根霉的形态

良的条件下生长良好。毛霉的用途很广，能糖化淀粉并能生成少量乙醇，产生蛋白酶，有分解大豆蛋白的能力，我国多用来做豆腐乳、豆豉。许多毛霉能产生草酸、乳酸、琥珀酸及甘油等，有的毛霉能产生脂肪酶、果胶酶、凝乳酶等。常用的毛霉主要有鲁氏毛霉和总状毛霉。

（3）曲霉属（*Aspergillus*）　曲霉的菌丝有隔膜，营养菌丝大多匍匐生长，没有假根，菌丝体通常无色，老熟时渐变为浅黄色至褐色。从特化了的菌丝细胞（足细胞）上形成分生孢子梗，顶端膨大形成顶囊，顶囊有棍棒形、椭圆形、半球形或球形。顶囊表面生单层或双层的辐射状小梗，小梗顶端分生孢子串生。分生孢子具各种形状、颜色和纹

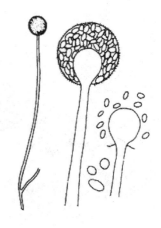

图 2 - 17　毛霉形态示意图

饰。由顶囊、小梗以及分生孢子构成分生孢子头，如图 2 - 18 所示。曲霉可用于生产酶制剂（如淀粉酶、蛋白酶等）和有机酸，有些曲霉能产生毒素，如黄曲霉毒素（aflatoxin，AFT），它是一种很强的致癌物质，能引起人、家禽、家畜中毒以至死亡。

（4）青霉属（*Achlya*）　青霉菌属多细胞，营养菌丝体无色、淡色或具鲜明颜色。菌丝有横隔，分生孢子梗也有横隔，光滑或粗糙。基部无足细胞，顶端不形成膨大的顶囊，其分生孢子梗经过多次分枝，产生几轮对称或不对称的小梗，形如扫帚，称为帚状体，如图 2 - 19 所示。青霉因生产青霉素而著名，有些种还可用于生产柠檬酸、延胡索酸等有机酸和酶制剂。

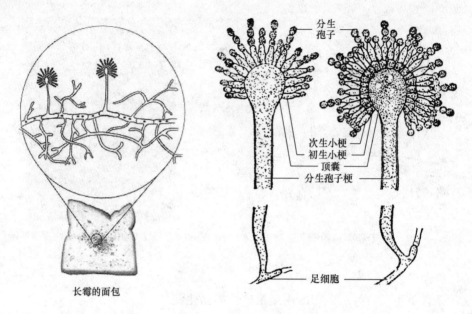

图 2 - 18 曲霉的形态

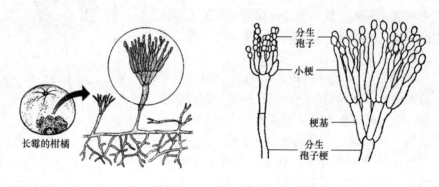

图 2 - 19 青霉的形态

拓展知识窗

黄曲霉毒素简介

一、黄曲霉毒素的发现

20 世纪 60 年代，英国东南部的农村发现有 10 万只火鸡死于一种以前没见过的病，被称为"火鸡 X 病"，再后来鸭子也被波及。追根溯源，最大的嫌疑是饲料。这些可怜的火鸡和鸭子吃的是花生饼。花生饼是花生榨油之后剩下的残渣富含蛋白质，是很好的禽畜饲料。科学家们很快从花生饼中找到了罪魁祸首，从巴西进口的花生饼粉中污染有大量黄曲霉（*Aspergillus flavus*），由它所分泌的黄曲霉毒素（AFT）才是"火鸡X病"的祸根。自那以后，黄曲霉毒素就获得了科学家们的特别关注，对它的研究可能是所有的真菌毒素中最深入和最广泛的。

二、黄曲霉毒素的类型

黄曲霉毒素是由黄曲霉和寄生曲霉产生的杂环化合物，是一类化学结构类似的化合物，均为二氢呋喃香豆素的衍生物。它们在紫外线照射下能产生荧光，根据荧光颜色不同，将其分为B族和G族两大类及其衍生物。AFT目前已发现20余种，主要有B_1、B_2、G_1、G_2、M_1和M_2等类型。

三、黄曲霉毒素的危害

黄曲霉毒素的毒性极强，远远高于氰化物、砷化物和有机农药的毒性。当人摄入量大时，可发生急性中毒，出现急性肝炎、出血性坏死、肝细胞脂肪变性和胆管增生。当微量持续摄入，可造成慢性中毒，生长障碍，引起纤维性病变，致使纤维组织增生。

黄曲霉毒素是目前已知最强致癌物之一。1993年黄曲霉毒素被世界卫生组织（WHO）的癌症研究机构划定为一类致癌物。黄曲霉毒素的危害性在于对人及动物肝脏组织有破坏作用，严重时可导致肝癌甚至死亡。

在天然污染的食品中以黄曲霉毒素B_1最为多见，其毒性和致癌性也最强。

四、黄曲霉毒素对食品的污染

黄曲霉毒素主要污染粮油食品、动植物食品等，如花生、玉米，大米、小麦、豆类、坚果类、肉类、乳及乳制品、水产品等均有黄曲霉毒素污染。其中以花生和玉米污染最严重。家庭自制发酵食品也能检出黄曲霉毒素，尤其是高温高湿地区的粮油及其制品中检出率更高。

（五）病毒（virus）

病毒是一类由核酸（只含DNA或RNA）和蛋白质等少数几种成分组成的、超显微的、专性活细胞内寄生的、非细胞型微生物。

病毒与人类、动植物的关系十分密切。一方面，许多疑难疾病和重大传染病几乎都是病毒病，在人类的传染病中约80%是由病毒引起的，工业发酵生产中所出现的严重污染是细菌病毒（噬菌体）所为；另一方面，许多病毒则可制成生物制品用于预防疾病，制成生物防治剂用于生产实践；此外，有些病毒，如λ噬菌体，还是生物学基础研究和基因工程技术中的重要材料。可以认为，凡是有细胞生物生存之处，就有其相应的专性病毒存在。在自然界中存在的病毒的总数甚至大大高于一切细胞型生物的总和。

1. 病毒的主要特征

病毒区别于其他细胞型微生物的主要特征可归纳为下面几点。

（1）个体极小　个体极其微小，必须借助电子显微镜才看得见，其大小常以 nm 表示，一般可通过细菌滤器。

（2）无细胞结构，化学组成简单　病毒为非细胞结构型微生物，其化学组成简单。病毒可分成真病毒和亚病毒两类：真病毒，简称病毒，一般情况下仅由核酸和蛋白质构成，且每一种病毒只含有单一类型核酸（DNA 或 RNA）；亚病毒包括类病毒和拟病毒，类病毒只含单独侵染性的 RNA 组分，拟病毒只含不具单独侵染性的 RNA 组分。

（3）专性寄生　病毒不含独立代谢的酶系，没有独立的代谢活动，它们只能专性寄生于特定的活体细胞内，必须依赖宿生细胞才能形成子代，它们在宿主细胞内才具有生命特征，在离体时只具有一般化学大分子的特征。

（4）对抗生素不敏感，但对干扰素敏感。

2. 病毒的形态和大小

病毒的形态多样，有球状、杆状、蝌蚪状、丝状、海胆状等，以近球形的多面体和杆状为多。侵染人和动物的病毒大多为球形或砖形，侵染植物的病毒多为杆状或丝状，侵染细菌的病毒多为蝌蚪形，如图 2-20 所示。各种病毒的大小相差很大，最大的病毒直径为 200～300nm，如痘病毒，最小的病毒仅为 20～30nm，如脊髓灰质炎病毒。病毒形体极其微小，其直径通常为 100nm 左右。

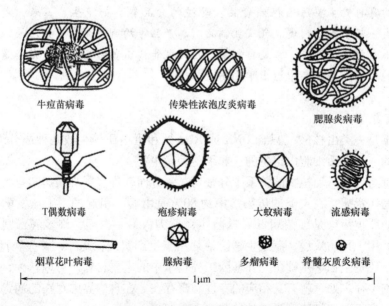

图 2-20　常见病毒的形态与大小

正常人体体内的微生物

凡是人体体表皮肤和体腔（与外界相通的腔道如口腔、鼻咽腔、肠道、眼结膜、泌尿生殖道）均存在一定数量和不同种类的微生物，其中有些微生物可以长期寄居在人的体表、皮肤和黏膜上。人体正常微生物与人体之间表现出互生关系，即人体为微生物提供了良好的生态环境，使微生物得以生长和繁殖，微生物也为人体提供了多种营养物质，如肠道细菌可以合成人体所需要的硫胺素、核黄素、烟酸，维生素 B_{12}、维生素 K 等，还可合成氨基酸，抑制其他微生物生长繁殖。这些微生物群正常情况下不侵害人体，与宿主、体外环境构成相互依赖、相互制约的生态学体系，这类微生物称为"正常菌群"，这种生态环境称为"微生态平衡"。

①皮肤：主要是葡萄糖球菌，各种好气杆菌，如微球菌、链球菌、肠杆菌、霉菌等。

②口腔：温度适宜，营养丰富（唾液、食物残渣等）口腔中存在着大量球菌、乳酸杆菌、芽孢杆菌、螺旋体等。

③呼吸道：常有类白喉杆菌、葡萄球菌、甲链球菌，有致病菌如肺炎球菌、流感球菌、腺病毒等，肺内基本无菌。

④胃：呈酸性（pH2），可杀菌，故基本无菌。胃壁上常有乳酸菌、链球菌等。

⑤肠：呈碱性，适于微生物生长，营养物质丰富，有大量细菌。常见的微生物有大肠杆菌、产气杆菌、变形杆菌、粪产碱杆菌、产气荚膜梭菌、乳酸杆菌、螺旋体等。

⑥生殖泌尿道：常见的有嗜酸乳杆菌、类白喉杆菌、葡萄球菌、链球菌、大肠杆菌等。

（六）其他

1. 蓝细菌（cyanobacteria）

蓝细菌，曾被称为蓝藻或蓝绿藻，但它与高等藻类却有本质上的不同。蓝细菌实际上是一类含有色素、革兰氏染色阴性、能进行放氧性光合作用的原核微生物。

蓝细菌约有 2000 种，常见的蓝细菌类群有微囊藻属（*Microcystis*）、颤藻属（*Oscillatoria*）、鱼腥藻属（*Anabaena*）、螺旋藻属（*Spirulina*）等。它在自然界中分布极广，甚至在温泉、盐湖、或其他极端环境中都可以找到它们的踪迹。

蓝细菌具有以下特征。

（1）形态多样，大小差异大　不同种的蓝细菌的细胞大小差异很大，有的直径小到 $0.5 \sim 1 \mu m$，与一般细菌细胞相近，有的直径则可达到 $60 \mu m$，如巨颤蓝细菌（*Oscillatoria princeps*），它是迄今已知最大的原核生物细胞。形态各异，多为球状或杆状；细胞排列方式多各样，有单细胞体、群体、丝状体，如图 2-21 所示。

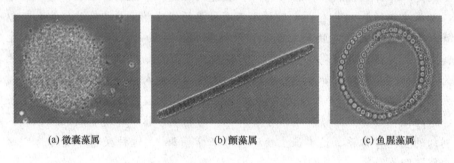

(a) 微囊藻属　　　　　　　(b) 颤藻属　　　　　　　(c) 鱼腥藻属

图 2-21　常见蓝细菌的显微形态图

（2）结构简单　蓝细菌细胞结构简单，只具原始核，无核膜和核仁，只有染色质，只具叶绿素，没有叶绿体。蓝细菌含多种色素，如叶绿素 a、脂环族类胡萝卜素、藻胆素和叶黄素。藻体通常呈蓝、绿、红等颜色。蓝细菌没有鞭毛，借助于粘液在固体基质表面滑行。有些蓝细菌能形成较营养细胞稍大、壁厚、色浅的异形胞，内有固氮酶，能固定大气中的游离氮。

（3）光能自养　蓝细胞含有光合色素，能进行光合作用产氧。

蓝细菌在生产生活实践中有如下作用。

①固氮作用：固氮蓝细菌能保持水体和土壤氮素营养，目前已知有 120 多种蓝细菌具有固氮作用。

②作为食物和营养品：蓝细菌营养丰富，具有重要的经济价值，如最大螺旋蓝细菌（*S. maxima*）和盘状螺旋蓝细菌（*S. platensis*）已被开发成各种螺旋藻产品，被称为人类"未来食品"，含有丰富的蛋白质、维生素、矿物质等营养素，具有很高的营养价值。

③用于医药行业：蓝细菌中富含活性多糖和不饱和脂肪酸等生理活性物质，在医学上的应用越来越广泛，临床治疗效果也越来越肯定，因而吸引了很多学者对其生理活性物质进行了大量的研究开发工作。如螺旋藻多糖具有抗病毒、抗肿瘤、抗凝血、抗炎症、降血糖以及调节机体免疫功能等重要药理作用，临床上可用于治疗肝硬化、贫血、糖尿病、肝炎、白内障、青光眼和胰腺炎等疾病。

④用于环保行业：某些种属的蓝细菌（如微囊藻、腔球藻、鱼腥藻、颤藻等）大量繁殖会引起"水华"（淡水水体）或"赤潮"（海水），导致水质恶化，引起一系列环境问题，因此说蓝细菌可用作水污染的指示生物。某些种属的蓝细菌在水体自净、污水处理中起到积极作用，如颤蓝细菌有强的抗污能力和净化高

有机质含量废水的能力。

2. 立克次氏体、支原体和衣原体

立克次氏体、支原体和衣原体是介于细菌和病毒之间的三类原核微生物（表2-1）。

表2-1　　　　立克次氏体、支原体、衣原体与细菌、病毒的比较

特征	细菌	支原体	立克次氏体	衣原体	病毒
直径/μm	0.5~2.0	0.2~0.25	0.2~0.5	0.2~0.3	<0.25
可见性	光镜可见	光镜勉强可见	光镜可见	光镜勉强可见	电镜可见
细菌滤器	不能滤过	能滤过	不能滤过	能滤过	能滤过
革兰氏染色	阳性或阴性	阴性	阴性	阴性	无
细胞壁	有	无	有	有	无
繁殖方式	二分裂	二分裂	二分裂	二分裂	复制
培养方法	人工培养基	人工培养基	宿主细胞	宿主细胞	宿主细胞
核酸种类	DNA 和 RNA	DNA 和 RNA	DNA 和 RNA	DNA 和 RNA	DNA 或 RNA
核糖体	有	有	有	有	无
产生 ATP 系统	有	有	有	无	无
增殖过程中结构的完整性	保持	保持	保持	保持	失去
入侵方式	多样	直接	昆虫媒介	不清楚	复杂
对抗生素	敏感	敏感（除青霉素）	敏感	敏感	不敏感
对干扰素	某些菌敏感	不敏感	有的敏感	有的敏感	敏感

（1）立克次氏体（*Rickettsia*）　一类介于细菌和病毒之间，又接近于细菌的原核微生物。它具以下特点：个体大小介于细菌和病毒之间；细胞结构像细菌，革兰氏阴性；专性活细胞内寄生；裂殖为主；有的立克次氏体不致病，而有的则会引发严重疾病，它是流行性斑疹伤寒、恙虫病的病原体。克次氏体主要以节肢动物（虱子、蚤）为媒介，寄生在它们的消化道表皮细胞中，然后通过节肢动物叮咬和排泄物传播给人和其他动物。

（2）支原体（*Mycoplasma*）　支原体是介于细菌和立克次氏体之间的一类原核微生物。它具有以下特点：已知可自由生活的最小生物；无细胞壁，只有细胞膜，细胞柔软，形态多变，可以通过细菌滤器；广泛分布于土壤、污水、温泉或其他温热的环境以及昆虫、脊椎动物和人体内，大多腐生，极少数是致病菌。

（3）衣原体（*Chlamydia*）　衣原体是介于立克次氏体和病毒之间、能通过细菌滤器、专性活细胞寄生的一类原核微生物。

它们的特点分述如下：衣原体的个体比立克次氏体稍小，但形态相似，球形，光显微镜下勉强可见；具有细胞壁，其中含胞壁酸和二氨基庚二酸，革兰氏阴性；专性活细胞内寄生；衣原体不需媒介直接侵染鸟类、哺乳动物和人类。如

鹦鹉热衣原体（*Chlamydia psittaci*）、沙眼衣原体（*Chlamydia trachomatis*）等。

3. 担子菌（basidiomycetes）

担子菌纲是真菌中最高级的一个纲，包括人们熟悉的灵芝、木耳、猴头、银耳等，它的特征是形成特殊的产孢器——"担子"（basidium），产生"担孢子"（basidiospore）。常见担子菌形态见图2-22。

(a) 灵芝（*Ganoderma lucidum*） (b) 猴头菇（*Hericium erinaceus*） (c) 木耳（*Auricularia auricula*）

图2-22　常见担子菌形态

担子菌没有明显的生殖器官，两性的接合是由未经分化的菌丝接合，或孢子接合，而且接合时，只进行质配，并不立即发生核配，以锁状联合的方式形成新的双核细胞。两性细胞核在形成担孢子之前才发生核配，随即进行减数分裂，产生单倍体的担孢子。

担子菌营养体均为有隔菌丝，并有初生菌丝体、次生菌丝体和子实体之分。初生菌丝体是由担孢子萌发产生的单核单倍体菌丝组成，生活时间短；次生菌丝体是由初生菌丝体经质配的双核（$n+n$）菌丝组成，可生活数年乃至数百年；子实体又称为担子果，细胞中仍具双核，担子果的形状、大小、质地多种多样。

担子菌纲约有1100余属，16000余种，全为陆生，有多种是食用和药用菌，毒菌也不少。

4. 微型藻类（microalgae）

微型藻类是一类能进行光合作用的真核低等生物。

微型藻类具有一些共同的特征：个体微小，结构简单，无根、茎、叶、花的分化；主要生活在水中；含有光合色素，能利用光能把无机物合成有机物，产生氧气；生殖方式低级，生殖器官多数为单细胞，合子（受精卵）发育不形成多细胞的胚。

根据微型藻类形态、结构及生理特征的差异（图2-23），可将其分为裸藻门（Euglenophyta）、甲藻门（Pyrrophyta）、硅藻门（Bacillariophyta）等。硅藻和甲藻是海洋中最常见的微藻。

微型藻类具有以下作用：①微型藻类是自然界中重要的氧气来源，是水生食物链中的关键环节；②自然界光合作用制造的有机物中，有近一半是由藻类等微生物所生产的；③一些藻类对环境变化非常敏感或具有耐受力，人们常常将微型

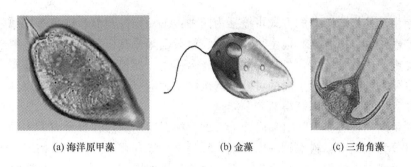

(a) 海洋原甲藻　　　　　　　(b) 金藻　　　　　　　(c) 三角角藻

图 2 - 23　常见微型藻类显微形态

藻类作为监测水体环境的指示生物，根据水体中藻类的种类及数量变化，判断水质是否受到污染及污染的程度；④有些藻类可吸收和积累有害元素，有些藻类可在体内外将有害物质降解或转化，因此说某些微型藻类也可作为污染水体的净化生物；⑤在特定条件下，藻类可恶性增殖，造成水体污染，水质恶化，最终使鱼虾大量死亡，某些藻类还会产生毒素，危害水生动物、禽鸟和人类。

5. 原生动物

原生动物是结构最简单、最原始、最低等的单细胞动物。

原生动物的共同特征：体形微小，大小在 10 ~ 300μm 之间，肉眼不可见；单细胞生物，无细胞壁，具有细胞膜、细胞质、分化的细胞器和发育良好的细胞核；摄取营养方式多样。

细胞内已分化出能行使各种生理功能的细胞器，能和多细胞动物一样行使营养、呼吸、排泄、生殖等功能。常见的细胞器有消化营养细胞器、排泄细胞器、运动细胞器、感觉细胞器等。如胞口、胞咽、食物泡、吸管负责摄食、消化和营养；收集管、伸缩泡、胞肛负责排泄；鞭毛、纤毛、伪足负责运动和捕食；感觉胞器最典型的代表是眼点，具有感光和识别方向的能力等。典型原生动物草履虫的形态与结构如图 2 - 24 所示。

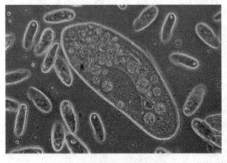

(a) 草履虫的显微形态

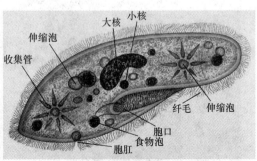

(b) 草履虫的细胞结构示意图

图 2 - 24　草履虫的形态与结构

原生动物摄取营养的方式可概括为四种：①动物性营养：绝大多数原生动物为动物性营养，以吞食其他生物如细菌、放线菌等或有机颗粒为生；②植物性营养：此类原生动物体内含色素，能进行光合作用，如植物性鞭毛虫；③腐生性营养：以死亡的机体或无生命的可溶性有机物质为主；④寄生性营养：以其他活的生物体为生存场所，以获得营养和能量。

原生动物种类繁多，目前已知上万种，根据运动胞器和摄食方式不同，原生动物可分为五个纲：鞭毛纲、肉足纲、纤毛纲、吸管纲、孢子纲。前四个纲的原生动物生活在水体中，在污水生物系统中起重要作用，如夜光虫、绿眼虫、变形虫、钟虫等，见图2-25。最常见的植物性鞭毛虫为绿眼虫，也称绿色裸藻，它最适宜的环境是中污或多污性水体，在寡污性的静水或流水中则极少。

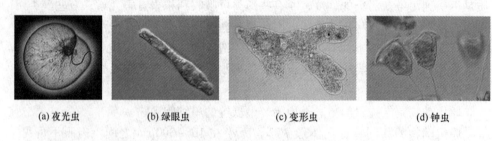

(a) 夜光虫　　　(b) 绿眼虫　　　(c) 变形虫　　　(d) 钟虫

图2-25　常见原生动物显微形态

6. 微型后生动物

原生动物以外的多细胞动物统称后生动物，但有些后生动物因形体微小，要借助光学显微镜才能看清楚，故称微型后生动物，属微生物的范畴。常见类群有轮虫、线虫、寡毛虫、浮游甲壳动物等，这些动物对水质有一定的净化和指示作用。以轮虫和水蚤为例介绍。

轮虫是最小的后生动物，长度在 $4 \sim 4000\mu m$，多数在 $500\mu m$ 以下，它的特征是身体前端有一个头冠，头冠上有纤毛环，纤毛环为运动和捕食器官，纤毛环摆动时，将细菌和有机颗粒等引入口部。轮虫就是因其纤毛环摆动时形如旋转的车轮而得名，如图2-26（a）所示。在废水的生物处理过程中，轮虫可作为指示生物。轮虫要求较高的溶解氧环境，是河流寡污带及污水处理效果良好的指示性生物，但如数量太多，则有可能破坏活性污泥的结构，使污泥松散而上浮。

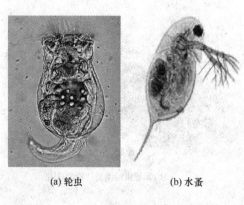

(a) 轮虫　　　　　(b) 水蚤

图2-26　常见微型后生动物显微形态

水蚤属于浮游甲壳类动物，其形态如图2-26（b）所示。其血液中含血红素，俗称红虫，血红素的含量与水蚤生存环境中溶解氧量的高低有关。当水体中溶解氧量低时，水蚤体内的血红素含量高，体色加深，水体中溶解氧高时，血红素的含量低，体色变浅。所以，污染水体中水蚤的颜色比在清水中的红些，利用水蚤的这个特点可判断水体的清洁程度。

三、普通光学显微镜的结构和使用

（一）普通光学显微镜的结构

普通光学显微镜是利用目镜和物镜两组透镜系统来放大成像的，故又称复式显微镜，它主要由机械装置和光学系统两部分组成，详细构造如图2-27所示。

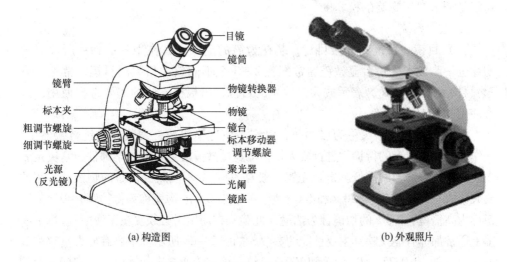

(a) 构造图　　　　　　　　　(b) 外观照片

图2-27　普通光学显微镜的结构

1. 机械装置

（1）镜筒　镜筒上端装接目镜，下端接物镜转换器。镜筒有单筒和双筒两种。单筒有直立式和后倾式两种。双筒全是倾斜式的，其中一个筒有屈光度调节装置，以备两眼视力不同者调节使用，两筒之间可调距离，以适应两眼宽度不同者调节使用。镜筒的长度一般为160mm。

（2）物镜转换器　物镜转换器又称物镜转换盘。物镜转换器装在镜筒的下方，其上可安装3~5个接物镜。转动物镜转换盘可使不同放大倍数的物镜到达工作位置（即与光路合轴）。

（3）载物台　载物台又称镜台，多数为方形和圆形的平台，中央有一光孔，为光线通路。载物台上还安装有标本夹和标本移动器（也称标本推进器），其作用为固定或移动标本的位置。

（4）镜臂　镜臂是支持镜筒、载物台、聚光器和调节器的弯曲状构造，是取用显微镜时握拿的部位。

（5）镜座　镜座位于显微镜最底部的构造，为整个显微镜的基座，用于支持和稳定镜体。有的显微镜在镜座内装有照明光源等构造。

（6）调焦螺旋　调焦螺旋又称调焦器，为调节焦距的装置，分粗调螺旋（大螺旋）和细调螺旋（小螺旋）两种。粗调螺旋可使镜筒或载物台以较快速度或较大幅度的升降，能迅速调节好焦距，适于低倍镜观察时的调焦。而细调螺旋只能使镜筒或载物台缓慢或较小幅度的升降（不易被肉眼观察到），适用于高倍镜和油镜的聚焦或观察标本的不同层次。一般在粗调螺旋调焦的基础上再使用细调焦螺旋，精细调节焦距。有些类型的光镜，粗调螺旋和细调螺旋重合在一起，安装在镜柱的两侧。左右侧粗调螺旋的内侧有一窄环，称为粗调松紧调节轮，其功能是调节粗调螺旋的松紧度。

2. 光学系统

（1）目镜　目镜又称接目镜，装在镜筒的上端，其作用将由物镜所放大的物像进一步放大。每台显微镜通常配置 2～3 个不同放大倍数的目镜，常见的有 5×、10× 和 15×（× 表示放大倍数）的目镜，可根据不同的需要选择使用，最常使用的是 10× 目镜。

（2）物镜　物镜又称为接物镜，由许多块透镜组成，安装在物镜转换器上，其作用是将标本上的待检物进行放大。物镜是显微镜最主要的光学部件，它决定着光学显微镜分辨力的高低。每台光镜一般有 3～4 个不同放大倍数的物镜，常用的放大倍数有 4×、10×、40× 和 100× 等。4× 或 10× 的物镜称为低倍镜，40× 的物镜称为高倍镜，100× 的物镜称为油镜（此镜头在使用时必须浸在镜油中）。每个物镜上通常都标有能反映其主要性能的参数，如图 2-28 所示。主要有放大倍数和数值孔径（如 10/0.25、40/0.65 和 100/1.25），该物镜所要求的镜筒长度和标本上的盖玻片厚度（160/0.17，单位 mm）等，另外，在油镜上还常标有"油"或"oil"的字样。不同放大倍数的物镜也可从外形上加以区别，一般来说，物镜的长度与放大倍数成正比，低倍镜最短，油镜最长，而高倍镜的长度介于两者之间。

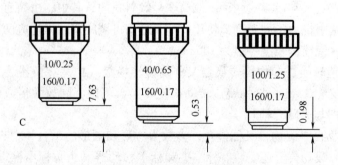

图 2-28　物镜的标识和工作距离

C 表示盖玻片的上表面；10/0.25、40/0.65、100/1.25 表示镜头的放大倍数和数字孔径；

160/0.17 表示显微镜的镜筒长度（标本至目镜的距离）和盖玻片的厚度，单位为 mm；

7.63、0.53、0.198 表示物镜的工作距离，单位为 mm。

（3）聚光器　聚光器位于载物台通光孔的下方，由聚光镜和光圈构成，其主要功能是将光线集中到所要观察的标本上。聚光镜由 2 ~ 3 个透镜组合而成，可将光线汇集成束。在聚光器的左下方有一调节螺旋可使其上升或下降，从而调节光线的强弱，升高聚光器可使光线增强，反之则光线变弱。光圈，也称为虹彩光圈或孔径光阑，位于聚光器的下端，是一种能控制进入聚光器光束大小的可变光阑。它由十几张金属薄片组合排列而成，其外侧有一小柄，可使光圈的孔径开大或缩小，以调节光线的强弱。

（4）反光镜　安装在镜座上，可向各方向转动，能将来自不同方向的光线反射到聚光器中。反光镜有两个面，一面为平面镜，另一面为凹面镜。凹面镜有聚光作用，适于较弱光和散射光下使用，光线较强时则选用平面镜。使用内光源的新型光学显微镜无需安装反光镜。

（5）滤光片　在光圈的下方常装有滤光片框，可放置不同颜色的滤光片。自然光是由各种波长的光组成的，不同颜色的光线波长不一样。如只需某一波长的光线，可选用合适的滤光片，以提高分辨率，增加反差和清晰度。滤光片有紫、青、蓝、绿、黄、橙、红等颜色。

（二）普通光学显微镜的光学原理

显微镜的放大作用是由物镜和目镜共同完成的。标本经物镜放大后，在目镜的焦平面上形成一个倒立实像，再经目镜进一步放大形成一个虚像，被人眼所观察到，如图 2 - 29 所示。

使用油镜时需要用香柏油或石蜡油作为介质，这是因为油镜的透镜和镜孔较小，而光线要通过载玻片和空气才能进入物镜中，玻璃与空气的折射率不同，使部分光线产生折射而损失掉，导致进入物镜的光线减少，而使视野暗淡，物像不清。在玻片标本和油镜之间填充折射率与玻璃近似的香柏油或石蜡油时（玻璃、香柏油和石蜡油的折射率分别为 1.52、1.51、1.46，空气为 1），可减少光线的折射，增加视野亮度，提高分辨率。两组物镜光线通路的区别如图 2 - 30 所示。

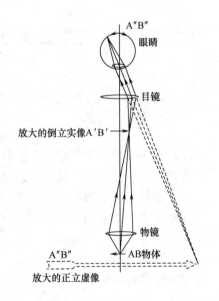

图 2 - 29　显微镜的成像光路图

（三）显微镜的性能

显微镜的光学性能参数包括数值孔径、分辨率、放大倍数、工作距离、视场亮度等，这些参数之间是相互联系又相互制约的，并不是每个参数越高越好，使用时应选择及调节好显微镜各个部件，才能充分发挥显微镜应有的性能，获得满意效果。

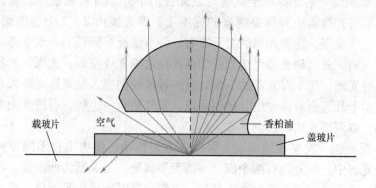

图 2-30　物镜光线通路

载玻片　空气　香柏油　盖玻片

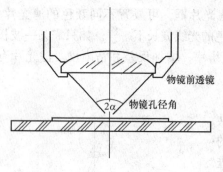

物镜前透镜

2α　物镜孔径角

图 2-31　物镜的孔径角

1. 数值孔径（numberical aperture, N. A.）

数值孔径又称镜口率，物镜的数值孔径表示从聚光镜发出的锥形光柱照射在观察标本上，能被物镜所聚集的量。物镜的数值孔径大小是判断显微镜性能高低的重要标志。物镜的数值孔径（N. A.）是物镜与被检物体之间介质的折射率（n）和物镜孔径角（2α，如图 2-31 所示）半数的正弦之乘积，用公式表示为：

$$N. A. = n\sin\alpha$$

光线投射到物镜的角度越大，数值孔径就越大。如果采用一些高折射率的物质作介质，如使用油镜时采用香柏油作介质，则数值孔径增大，从而提高分辨能力。物镜镜筒上标有数值孔径，低倍镜为 0.25，高倍镜为 0.65，油浸镜为 1.25。这些数值是在其他条件都适宜的情况下的最高值，实际使用时，往往低于所标的值。

2. 分辨率（resolving power）

显微镜的性能还依赖于物镜的分辨率，分辨率即是能分辨两点之间的最小距离的能力。分辨率常用 δ 表示。分辨率与数值孔径（N. A.）成正比，与波长（λ，可见光平均波长约 550nm）成反比。因此，分辨率可表示为：

$$\delta = 0.61 \times \frac{\lambda}{N. A.}$$

由式中可知，对于一定波长的入射光，物镜的分辨率完全取决于物镜的数值孔径。数值孔径越大，分辨率越高。为了提高分辨率，即减少 R 值，根据数值孔径及分辨率公式可采用：①降低波长值，使用短波长光源；②使用折射率较大的介质；③消色差；④增加明暗反差。

微生物实用技能训练

3. 放大倍数（magnification）

放大倍数是指被检物体经物镜放大再经目镜放大后，人眼所看到的最终图像的大小与物体原大小的比值，是物镜和目镜放大倍数的乘积。因此，物像的放大倍数可表示为：

物像的放大倍数 = 物镜放大率 × 目镜放大率

例如，观察时所用接物镜为 40×、接目镜为 10×，则物体放大倍数为 40×10 = 400 倍。

放大倍数一样时，由于目镜和物镜搭配不同，其分辨率也不同。一般来说，增加放大倍数应该是尽量用放大倍数高的物镜。

4. 工作距离（working distance）

工作距离指显微镜准确聚焦后物镜前透镜的表面到被检物体之间的距离。不同的物镜有不同的工作距离。物镜的放大倍数与其工作距离成反比。

当低倍镜被调节到合适的工作距离后，可直接转换高倍镜或油镜，只需要用细调螺旋稍加调节，便可见到清晰的物像，这种情况称为物镜同焦现象。

（四）普通光学显微镜的使用和维护

普通光学显微镜的使用流程：显微镜安置→视野亮度调节→目镜调节→低倍镜观察→高倍镜观察→油镜观察→擦拭镜头→显微镜各部分复原。

1. 观察前的准备

（1）显微镜的安置 取放显微镜时应一手握住镜臂、一手托住底座，使显微镜保持直立、平稳。置显微镜于平整的实验台上，镜座距实验台边缘 3~4cm。镜检时姿势要端正。

（2）调节视野亮度 接通电源，根据所用物镜的放大倍数，调节光源亮度调节钮、聚光器的高度和彩虹光圈的大小，使视野内的光线均匀、亮度适宜。安装在镜座内的光源灯可通过调节电压以获得适当的照明亮度。凡检查染色标本时，光线应强；检查未染色标本时，光线不宜太强，可通过光源、光圈和聚光器，调节适宜的光线。如显微镜没有配有电光源，而是采用反光镜采集自然光或灯光作为照明光源时，则较强的自然光源用平面镜采集，较弱的照明光源用凹面镜采集，并调节反光镜角度，使视野内的亮度适宜。

（3）双目显微镜的目镜调节 根据使用者的个人情况，双目显微镜的目镜间距可以适当调节，而左目镜上一般还配有屈光度调节环，可以适应眼距不同或两眼视力有差异的不同观察者。

2. 显微观察

接通电源，采用白炽灯为光源时，应在聚光镜下加一蓝色的滤色片，除去黄光。

一般情况下，对于初学者，进行显微观察时应遵从低倍镜到高倍镜再到油浸镜的观察程序，因为低倍镜视野较大，易发现目标及确定检查的位置。

（1）低倍镜观察 将标本片置于载物台上，用弹簧夹固定，移动标本移动器，使观察对象处于物镜正下方。旋动粗调螺旋，使物镜与标本片距离约 1cm（单目显微镜）或 0.5cm（双目显微镜），此时眼睛注视物镜，以防物镜和载玻片相碰。左眼向目镜里观察，再以粗螺旋调节，使镜头缓慢升起（单目显微镜）或使载物台缓慢下降（双目显微镜），直到物像出现后，再用微调螺旋调节，至目的物清晰为止。利用标本移动器移动寻找需要观察的目标物，并移至视野中心，准备用高倍镜观察。

（2）高倍镜观察　由低倍镜直接转换成高倍镜至正下方。转换时，需用眼睛于侧面观察，避免镜头与玻片相撞。调节聚光器和光圈使视野亮度适宜，而后调节微调螺旋使物像清晰。

（3）油镜观察　先将光圈开至最大，集光器升至最高位，调节好光源，使照明亮度最强。在高倍镜或低倍镜下找到要观察目标后，用物镜转换器将物镜移出工作位置，然后在标本上滴加 1 滴香柏油（切勿过多，否则视野模糊），转换油镜头至工作位置，从侧面注视，小心上升载物台，将油镜头浸入油滴中并几乎与标本片相接（注意：切不可将油镜镜头压到标本，否则不仅压碎玻片，还会损坏镜头）。用微调节螺旋缓慢升起镜筒（单目显微镜）或下降载物台（双目显微镜），至视野中出现清晰图像为止。如果油镜已离开油面而仍未见物像，可再将镜头浸入油中，重复以上操作。

3. 显微镜用后的处理

（1）观察结束后，先降载物台，取下载玻片。

（2）用绸布清洁显微镜的金属部件，用擦镜纸分别擦拭物镜和目镜。严禁用手或其他纸擦镜头，以免损坏镜头。

（3）油镜清理方法（三步法）：用擦镜纸拭去镜头上的油，然后用擦镜纸蘸少许二甲苯（或乙醚乙醇混合液）擦去镜头上残留的油迹，最后再用干净的擦镜纸擦去残留的二甲苯。

（4）将各部分还原，将物镜转成"八"字形，同时把载物台和聚光镜降至最低。

（5）把显微镜罩上防护罩放回原处。

四、生物绘图的基本要求

（一）科学性和准确性

生物绘图不同于一般的美术创作，它必须具有高度的科学性和准确性。这就要求我们必须认真观察要画的对象（切片或标本等），学习与之有关的文字记载及描述，正确理解各部分的特征，然后还要选出正常的典型材料，才能在绘图时保证形态结构的准确性。

（二）点、线要清晰流畅

生物绘图与一般美术绘图有所不同，它要求用真实、准确、明了的图像表示生物的形状与构造，所以一般不涂阴影，只用清晰、均匀的点和线表示。线条要一笔画出，粗细均匀，光滑清晰，接头处无分叉和重线条痕迹，切忌重复描绘。

（三）比例要正确

绘图要按生物体各器官、组织以及细胞等各部构造原有比例绘出，绘放大的解剖图或形态图时，最好要注明放大的倍数，如 15×40 等，也可以用单位短线表示出长度，如"$\overline{}_{1cm}$"等（倍数一般以长度的比例为准）。

（四）突出主要特征

生物绘图中允许重点描绘生物的主要形态特征，而其他部分可仅绘出轮廓，以表示其完整性。

（五）准确的标注

图注一律用正楷书写，应尽量详细，并要求用水平的直线引出，最好在图的右侧，必须整齐一致。作为实验报告，图及图注一律要求用铅笔，通常用2H或3H铅笔，不要用钢笔、有色水笔或圆珠笔。图的标题应写在图的下方。

五、微生物显微测微技术

（一）显微镜测微尺的构造

显微镜测微尺是由目镜测微尺和镜台测微尺组成，目镜测微尺用来测量视野中的物体长度，镜台测微尺是标准长度，用来标定目镜测微尺。

1. 目镜测微尺

目镜测微尺是一圆形玻片，其中央刻有5mm长的、等分为50格的标尺［图2-32（a）］。目镜测微尺每格实际代表的长度随使用接目镜和接物镜的放大倍数而改变，因此在使用前必须用镜台测微尺进行标定。

2. 物镜测微尺

镜台测微尺是一厚玻片，中央有一圆形盖玻片，中央刻有1mm长的标尺，等分为100格［图2-32（b）］，每格为0.01mm即$10\mu m$，用以校正目镜测微尺在不同放大倍数下每格的实际长度。

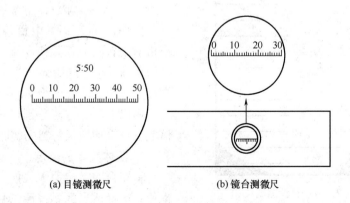

(a) 目镜测微尺　　　　　(b) 镜台测微尺

图2-32　目镜测微尺和镜台测微尺

（二）显微测微尺使用方法

1. 显微测微尺的安装

（1）安装目镜测微尺　把目镜上的上透镜旋下，将目镜测微尺的刻度朝下轻轻地装入目镜的隔板上，如图 2－33（a）所示。

（2）安装镜台测微尺　把镜台测微尺置于载物台上，刻度朝上，如图 2－33（b）所示。

(a) 安装目镜测微尺　　　　　　　　(b) 安装镜台测微尺

图 2－33　目镜测微尺及镜台测微尺的安装

2. 目镜测微尺的校正

先用低倍镜观察，对准焦距，在视野中看清镜台测微尺上的刻度后，转动目镜，使目镜测微尺的刻度与镜台测微尺的刻度平行。移动推动器使两尺"0"刻度完全重合，再顺着刻度找出另一条重合线，记录两个重叠刻度之间目镜测微尺的格数和镜台测微尺的格数。

根据两个重叠刻度之间目镜测微尺与镜台测微尺的格数，计算不同放大倍数下目镜测微尺每小格所代表的实际长度。计算公式如下：

目镜测微尺每格长度 = 两条重合线间镜台测微尺的格数×10/两条重合线间目镜测微尺的格数

例如，图 2－34 中目镜测微尺 36 小格对准镜台测微尺 5 小格，已知镜台测微尺每小格为 10μm，相应的目镜测微尺上每小格的长度为 1.4μm。

用以上计算方法分别校正不同放大倍数下目镜测微尺每格的实际长度。

3. 菌体大小的测定

将镜台测微尺取下，换上微生物标本片，选择适当的物镜测量目标物的大小，量出菌体直径（或长和宽）占目镜

图 2－34　目镜测微尺和镜台测微尺两者的重叠

微生物实用技能训练

测微尺的格数，再以目镜测微尺每格的长度计算出菌体的大小。

一般测量菌体的大小，应测定 10～20 个菌体，求出平均值，才能代表该菌的大小。

项目实施

任务一　微生物标本片的形态观察

器材准备

1. 微生物标本片。
2. 试剂

香柏油、二甲苯或乙醚－乙醇混合液（V/V，7/3）。

3. 仪器及相关用品

普通光学显微镜、擦镜纸、铅笔等。

操作方法

参见"项目二"的"背景知识三"。

结果报告

分别绘制显微镜下细菌、放线菌、酵母菌、霉菌的形态图，注意观察它们的个体形态和排列方式。

注意事项

1. 使用双目显微镜时，切忌用眼睛对着目镜，边观察边上升载物台的错误操作，以免压碎玻片而损坏镜头。
2. 使用油镜必须按先用低倍镜和高倍镜观察，再用油镜观察。
3. 使用二甲苯擦镜头时，注意二甲苯不能过多，以防溶解固定透镜的树脂。
4. 高倍镜切勿被香柏油污染。

任务二　微生物大小的测定

器材准备

1. 酵母菌标本片。
2. 仪器及相关用品

显微镜、擦镜纸、目镜测微尺、镜台测微尺等。

操作方法

参见"项目二"的"背景知识五"。

结果报告

1. 分别求出不同放大倍数下目镜测微尺每一小格所代表的实际长度，完成表 4－2 填写。

表 4-2		微生物大小测定结果		
物镜（倍数）	重合线内目镜测微尺格数	重合线内镜台测微尺格数	目镜测微尺每格代表的长度/μm
低倍镜（4×）			
低倍镜（10×）			
高倍镜（10×）			
油镜（40×）			

目镜放大倍数：＿＿＿＿＿＿×

2. 测量出酵母菌菌体的大小（10次重复，求平均值）。

注意事项

1. 放大倍数改变时，目镜测微尺需用镜台测微尺重新校正。

2. 正确表示微生物菌体的大小。

项目思考

1. 请解释下列专业词汇：细菌、放线菌、酵母、霉菌、病毒、分辨率、数值孔径、放大倍数、工作距离。

2. 常见的微生物类群有哪些？它们各自的典型特征是什么？各个类群中的代表性微生物有哪些？（可列表说明）

3. 试述细菌、放线菌、酵母菌、霉菌个体形态的异同点？

4. 放线菌由分枝状菌丝组成，其菌丝依形态和功能的不同，可分为哪些类型？各有何特点？

5. 试指出图2-35中普通光学显微镜各部分构造的名称。

6. 使用显微镜观察时，如何计算所观察图像的放大倍数？

7. 有哪些方法可以提高光学显微镜的分辨率？

8. 使用普通光学显微镜时，随着放大倍数的增加，视野亮度、视野范围、工作距离、数值孔径、分辨率都有什么变化？

9. 使用普通光学显微镜时，应如何调节视野亮度？

10. 为什么在用高倍镜和油镜观察标本之前，要先用低倍镜进行观察？

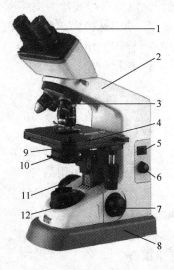

图2-35

微生物实用技能训练

11. 试述使用显微镜时应注意哪些问题？
12. 试述使用油镜时应注意哪些问题？
13. 显微测微尺包括哪两个部件？它们各起到什么作用？
14. 测定微生物大小时需注意哪些问题？

项目三　微生物制片与染色技能训练

项目介绍

项目背景

　　绝大多数微生物的机体几乎是无色透明的，微生物体与其背景反差小，用光学显微镜不易看清微生物的形态和结构。通常用染料将菌体染上颜色以增加颜色反差，便于观察。微生物染色方法一般分为单染色法和复染色法两种。前者用一种染料使微生物染色，但不能鉴别微生物；复染色法是用两种或两种以上染料，有协助鉴别微生物的作用，故也称鉴别染色法。常用的复染色法有革兰氏染色法等，此外，还有鉴别微生物细胞结构（如芽孢、鞭毛、细胞核等）的特殊染色法。

项目任务

　　任务一　细菌的简单染色
　　任务二　细菌的革兰氏染色
　　任务三　细菌芽孢、荚膜和鞭毛染色
　　任务四　放线菌、酵母菌、霉菌的制片和染色

项目目标

知识目标

1. 能正确识别微生物的结构特点。
2. 能阐述微生物染色的基本原理。
3. 能阐述常见微生物的结构特点。
4. 能阐述细菌特殊构造的形态特征和功能。
5. 能阐述革兰氏染色的原理。

能力目标

1. 具备微生物染色基本技术操作技能，尤其是细菌的简单染色法和革兰氏染色法。

2. 具备微生物无菌操作基本技能。
3. 巩固普通光学显微镜的规范使用和科学绘图的能力。

背景知识

一、常见微生物的细胞结构

（一）细菌的细胞结构

细菌细胞的结构可分为一般构造和特殊构造，如图 3 - 1 所示。

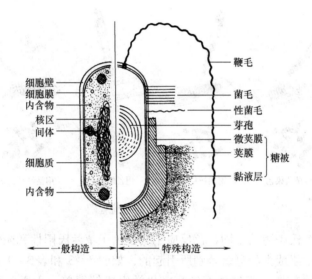

图 3 - 1　细菌细胞结构模式图

一般构造是指一般细菌细胞共同具有的结构，包括细胞壁、细胞质膜、核质体和细胞质等；特殊构造是指仅在某些细菌细胞才具有的或仅在特殊条件下才能形成的结构，包括糖被、鞭毛、菌毛和芽孢等，这些特殊构造具有某些特定的功能。

1. 细胞壁 (cell wall)

细胞壁位于细菌细胞最外面，是一层较坚韧、厚实、略有弹性的无生命活性的结构，约占细胞干重的 10% ~ 25% 。

细胞壁的主要功能是：①维持细胞外形，保护细胞免受外力（机械性或渗透压）的损伤；②作为鞭毛运动的支点；③为细胞的正常分裂增殖所必需；④具有一定屏障作用，对大分子或有害物质起阻拦作用；⑤与细菌的抗原性、致病性及对抗生素、噬菌体的敏感性密切相关。

1884 年丹麦人 Christian Gram 发明了一套用于对细菌进行简单分类鉴别的染色方法，称为 Gram 法，即革兰氏染色法。利用此法可将细菌分为革兰氏阳性菌

（G⁺）和称革兰氏阴性菌（G⁻）两大类：被染成紫色的细菌为革兰氏阳性菌（G⁺），被染成红色的细菌为革兰氏阴性菌（G⁻）。金黄色葡萄球菌、绿色溶血性链球菌、肺炎球菌、白喉杆菌、炭疽杆菌等属革兰氏染色阳性菌，百日咳杆菌、大肠杆菌、伤寒杆菌、痢疾杆菌、霍乱弧菌、流行性脑膜炎双球菌、淋病双球菌等属革兰氏阴性。所以根据细菌的革兰氏染色性质，可以缩小细菌鉴定范围，有利于进一步分离鉴定，并对疾病做出诊断，又由于各种抗生素的抗菌谱不同，革兰氏染色尚可作为选用抗生素的参考。

革兰氏染色步骤是：细菌涂片→结晶紫初染→碘液媒染→95%乙醇脱色→番红复染，如图3-2所示。

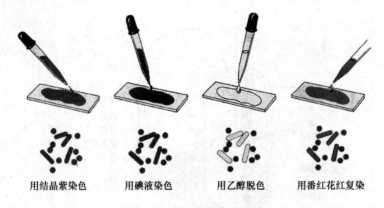

| 用结晶紫染色 | 用碘液染色 | 用乙醇脱色 | 用番红花红复染 |

图3-2　革兰氏染色流程图

细菌对革兰氏染色的不同显色反应主要是由于革兰氏阳性和阴性细菌在细胞壁的结构和化学组成上的显著差别所引起的，如图3-3和表3-1所示。革兰氏阳性细菌细胞壁较厚，机械强度较高，化学组成较简单，主要含肽聚糖和磷壁酸；革兰氏阴性细菌细胞壁较薄，机械强度较低，但层次较多，成分较复杂，主要成分除蛋白质、肽聚糖和脂多糖外，还有磷脂质、脂蛋白等。

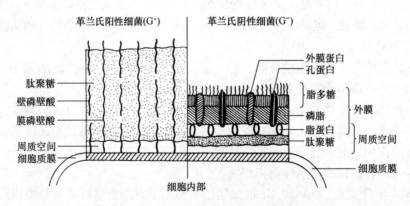

图3-3　革兰氏阳性菌和阴性菌细胞壁结构和组成的比较

微生物实用技能训练

表 3-1　　　　　　　　　革兰氏阳性菌和阴性菌细胞壁的主要区别

	区别	革兰氏阳性菌（G+）	革兰氏阴性菌（G-）
结构	厚度（nm）	20～80	10
	层次	单层	多层
	肽聚糖结构	75%亚单位交联，网格紧密	30%亚单位交联，网格疏松
	与细胞膜的结合	不紧密	紧密
组成	肽聚糖	40%～90%	5%～10%
	磷壁酸	有	无
	蛋白质	10%或无	60%
	脂多糖	无	有
	脂蛋白	无	有

　　革兰氏鉴别染色的原理：革兰氏阳性细菌细胞壁较厚而紧密，肽聚糖网较厚，交联致密。当用乙醇脱色时，因失水而引起肽聚糖层网格结构的孔径缩小乃至关闭，阻止了结晶紫－碘复合物的洗脱，故菌体用番红复染后仍呈紫色或紫红色；相反，革兰氏阴性细菌因其细胞壁薄，外膜层的类脂含量高，肽聚糖层薄，且交联度差，当乙醇脱色时，外膜层的脂类物质迅速被溶解，通透性增大，结晶紫－碘复合物被抽提洗脱，细胞褪成无色，再经番红复染，结果阴性，菌体呈现红色。

　　2. 细胞膜（cell-membrance）

　　细胞膜是围绕在细胞质外面的一层柔软而具有弹性的半透性薄膜，是重要的代谢活动中心，对于细菌的呼吸、运动、生物合成、物质交换，能量生成等均有重要作用。细胞质膜厚 7～8nm，约占细胞干重的 10%。其化学组成主要是蛋白质（50%～70%）和脂类（20%～30%，以磷脂为主），还有少量的核酸和糖类。

　　细胞膜的结构可表述为液态镶嵌模型，如图 3-4 所示，即在具有高度定向性的磷脂双分子层中无规则地镶嵌或表面结合着可移动的膜蛋白。

　　细胞膜的生理功能主要是：①具有高度的选择透性，控制营养物质的吸收及代谢产物的排除，是维持细胞内正常渗透压的结构屏障；②含有各种呼吸酶系，是氧化磷酸化或光合磷酸化

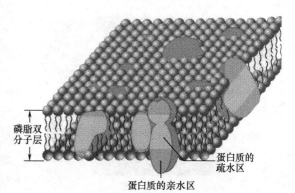

磷脂双分子层

蛋白质的疏水区

蛋白质的亲水区

图 3-4　细菌细胞膜结构模式图

产生 ATP 的部位，用于调节能量供给；③是细胞壁和糖被的各种组分生物合成的场所；④是鞭毛的着生点，并为其运动提供能量。

3. 细胞质（cytoplasm）

细胞质是细胞膜内除核质体外的所有半透明、胶体状和颗粒状的细胞物质，其主要化学成分是水（约80%）、蛋白质、核酸、脂类，少量糖类及无机盐类。由于富含核酸，因而嗜碱性强，易被碱性和中性染料染色。

通常情况下，细胞质为无色透明黏液，有时也会形成有形内含物，不同微生物含有的内含物不同，常见内含物有核糖体、贮藏颗粒、酶类、中间代谢物、质粒、各种营养物质和大分子的单体等，少数细菌还含有磁小体、羧酶体、气泡等组分。其中，核糖体也称核蛋白体，是由核糖核酸和蛋白质组成的微粒，由50S大亚基和30S小亚基组成，每个细菌细胞约含1万个，是多肽和蛋白质的合成场所。贮藏颗粒是一类由不同化学成分累积而成的不溶性颗粒，主要功能是贮存营养物和提供碳源、能源、氮源和磷源等，其种类主要有：糖原颗粒、聚 β - 羟基丁酸颗粒、硫粒、异染颗粒、肝糖粒、淀粉粒等。

4. 拟核（nucleoid）

拟核是原核生物所特有的无核膜、核仁和典型染色体结构的原始细胞核，又称原始核（prokaryon）、核区（nuclear region or area）、核质体（nuclear body）、类核等。它是由一条大型的环状双链 DNA 分子高度折叠缠绕而成，其功能是起贮存和传递遗传信息的重要作用。

在正常情况下，一个菌体细胞内只有一个核质体，但处于快速生长繁殖的细菌，一个菌体内往往有2~4个核质体。

在很多细菌染色体外，还存在一种共价闭合环状双链的小型 DNA 分子，称为质粒，如图 3-5 所示。质粒的分子质量较细菌染色体小得多，每个菌体内有一个或多个质粒，每个质粒上有几十个基因。质粒对细菌的生存并不是必需的，它可以自主复制，也可与插入其中的外源 DNA 片段共同复制增殖，还可通过转化作用转移到受体细胞。质粒已作为基因工程中的目的基因载体，是重要的运载工具。不同的质粒分别含有使细菌具有某些特殊性状的基因，如致育性、抗药性，降解性等。其中降解性质粒与环境保护密切相关，此类型质粒可编码分解化学物质的酶，从而使具有降解性质粒的细菌能分解一般细菌难以分解的复杂物质，常见的降解性质粒有 OCT（辛烷）质粒、XYL（二甲

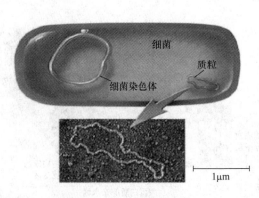

图 3-5　细菌的染色体和质粒

苯）质粒、SAL（水杨酸）质粒、NAP（萘）质粒、TOL（甲苯）质粒等。

5. 糖被

某些细菌在新陈代谢过程中，会形成一层包被在细胞壁表面的透明胶状或黏液状的物质，因其化学组成以水和多糖为主，因此称为糖被。

糖被很难着色，用负染色法可在光学显微镜下观察到，即背景和细胞着色，荚膜不着色。根据糖被的厚度、可溶性及其在细胞表面的存在状况不同，可将它们分为荚膜（capsule）、黏液层（slime layer）、菌胶团（zoogloea），如图 3 - 6 所示。

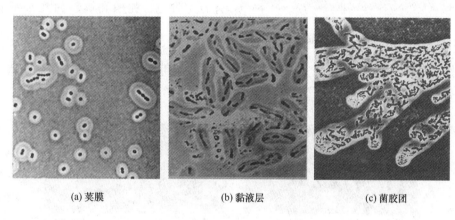

(a) 荚膜   (b) 黏液层   (c) 菌胶团

图 3 - 6   细菌的糖被

如果糖被物质黏滞性较大，相对稳定地附着在细胞壁外，具一定外形，则称为荚膜［图 3 - 6（a）］。黏液层［图 3 - 6（b）］比荚膜疏松，无明显形状，悬浮在基质中更易溶解，并能增加培养基黏度。通常情况下，每个菌体外面包围一层荚膜。但有的细菌，它们的荚膜物质互相融合在一起，形成一团胶状物，则称为菌胶团［图 3 - 6（c）］，其内常包含有多个菌体。

糖被产生受遗传特性控制，并非是细胞绝对必要的结构，失去糖被的菌株同样正常生长。产糖被的细菌菌落通常光滑透明，称光滑型（S 型）菌落；不产糖被细菌菌落表面粗糙，称粗糙型（R 型）菌落。

糖被的主要作用是作为细胞外碳源和能源性贮藏物质，保护细胞免受干燥的影响，同时能增强某些病原菌的致病能力，使之抵抗宿主吞噬细胞的吞噬。有些产荚膜细菌，如肠膜明串珠菌（*Leuconostoc mesenteroides*），可用于葡聚糖的工业生产，葡聚糖已被用来治疗失血性休克的血浆代用品。菌胶团则在污水生物处理中对活性污泥的形成、作用与沉降性能等均具有重要影响。有些细菌能借糖被牢固地黏附在牙齿表面引起龋齿。能引起肺炎的肺炎双球菌Ⅲ型，如果失去了荚膜，则成为非致病菌。产糖被细菌常常给生产带来麻烦，牛奶、蜜糖、面包和其他含糖液变得"黏胶状"就是由于受了某些产糖被细菌的污染。

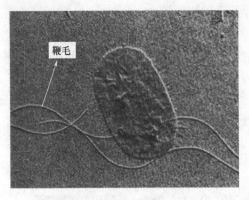

图 3 - 7　细菌的鞭毛

6. 鞭毛（flagella）

鞭毛是从细胞质膜和细胞壁伸出细胞外面的蛋白质组成丝状体结构，使细菌具有运动性。鞭毛纤细而具刚韧性，其数目为一条至几十条，长度可达菌体的数倍，一般长约 15～20μm，直径约为 0.01～0.02μm，如图 3 - 7 所示。大多数球菌不生鞭毛，杆菌中有的有鞭毛有的无鞭毛，弧菌和螺旋菌几乎都有鞭毛。

鞭毛的有无、着生位置、数目、排列情况可作为细菌分类鉴定的重要依据之一，一般可分为一端单毛菌、一端丛毛菌、两端单毛菌、两端丛毛菌和周毛菌等数种，如图 3 - 8 所示。

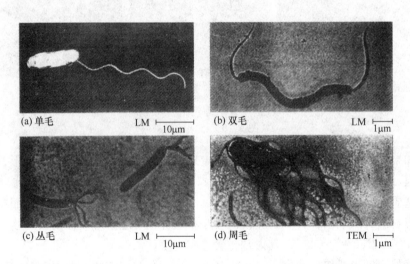

(a) 单毛　　　　　LM ├─10μm─┤　　(b) 双毛　　　　　LM ├─1μm─┤

(c) 丛毛　　　　　LM ├─10μm─┤　　(d) 周毛　　　　　TEM ├─1μm─┤

图 3 - 8　细菌鞭毛的类型

7. 菌毛（fimbria）

许多革兰氏阴性菌及少数阳性菌的细胞表面有一些比鞭毛更细短、更直硬的蛋白质类中空附属物，称为菌毛，又称纤毛、线毛、伞毛。

菌毛不具运动功能，根据其功能不同又可细分为普通菌毛和性菌毛两类，如图 3 - 9 所示。

普通菌毛的主要功能是使细菌较牢固地黏附在动植物细胞或组织的表面，即作为细

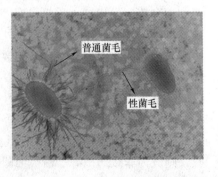

图 3 - 9　细菌的普通菌毛和性菌毛

微生物实用技能训练

菌感染动植物组织（如呼吸道、消化道和泌尿生殖道等的粘膜）的黏附器官，它多见于革兰氏阳性致病菌，一般长约数微米，直径约为 3 ~ 10nm。

性菌毛又称性纤毛，是供体菌在有性接合过程中，向受体菌传递遗传物质的通道，它比普通菌毛长，较粗（直径约为 9 ~ 10nm），每个细胞只有 1 ~ 4 根，性菌毛一般见于革兰氏阴性细菌的雄性菌株。

8. 芽孢（spore）

某些细菌在生长发育后期由于环境中营养的缺乏及有害代谢产物的积累，就会在细胞内形成一个圆形或椭圆形、厚壁、含水量极低、抗逆性极强的休眠体，称为芽孢，也被称为内生孢子。

产芽孢的细菌当其细胞停止生长即环境中缺乏营养及有害代谢产物积累过多时，就开始形成芽孢。芽孢成熟后可脱落出来，当外界条件适宜时，芽孢又可萌发成新菌体。由于一个芽孢只能萌发成一个细胞，故它无繁殖功能。

芽孢有比较厚的壁和高度的折光性，普通碱性染料不易使芽孢着色，因而在光学显微镜下观察芽孢为一透明小体。利用电子显微镜，不仅可观察到芽孢的表面特征，还可观察到一个成熟的芽孢具有核心、内膜、初生细胞壁、皮层、外膜、外壳层及外孢子囊等多层结构，如图 3 - 10 所示。

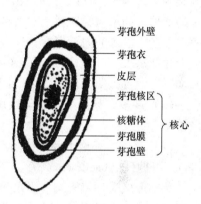

图 3 - 10　芽孢结构

芽孢的壁厚而致密，通透性差，含水量低，含酶量少，代谢活力低，含有耐热物质，因而芽孢对高温、干燥、毒物等不良环境有极强的抵抗能力。芽孢是整个生物界中抗逆性最强的生命体之一。芽孢对细菌抵抗外界不良环境，保持其生命状态，保留其遗传物质有重要意义。

芽孢具有重要的实践意义。

（1）芽孢是细菌分类鉴定中一项重要的形态特征　芽孢是少数细菌所特有的形态构造，它的存在和特点成了细菌分类鉴定中的重要形态学指标。能产芽孢的细菌属不多，生成芽孢的细菌多为杆菌，最主要的是属于革兰氏阳性杆菌的两个属——好氧性的芽孢杆菌属（*Bacillus*）和厌氧性的梭菌属（*Clostridium*）。能否形成芽孢，芽孢的形状（圆、椭圆、圆柱形）、大小（小于或大于细胞宽度）和在细胞中的位置（中央、近中央、末端）依不同细菌而异，都可作为细菌分类鉴定的重要依据之一。由于芽孢着生的位置不同，细菌可能呈现出梭状、鼓槌状、保持原状等形态，如图 3 - 11 所示。

（2）杀灭芽孢是制定灭菌标准的主要依据　由于芽孢具有高度耐热性和其他抗逆性，因此是否能消灭一些代表性菌种的芽孢就成了衡量各种消毒灭菌手段

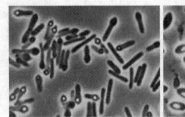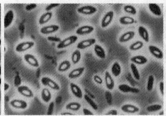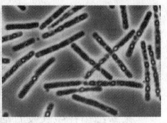

图 3 - 11　细菌芽孢的类型

的最重要的指标。例如外科器材灭菌时，常以有代表性的产芽孢菌 - 破伤风梭菌
（*C. tetani*）和产气荚膜梭菌（*C. perfringens*）这两种严重致病菌的芽孢耐热性作
为灭菌程度的依据，即要在 121℃灭菌 10min 或 115℃灭菌 30min 才可以。又如
肉类罐头灭菌时，常以肉毒梭菌（*C. botulinum*）芽孢的耐热性作为灭菌参数设
定的依据，如果肉类原料上的肉毒梭菌灭菌不彻底，它就会在成品罐头中生长繁
殖，并产生极毒的肉毒毒素，危害人体健康，已知此菌芽孢在 100℃要煮沸 5.0h
以上才能杀灭，115℃则需 10 ~ 40min 才能杀灭，121℃仅需 10min，因为肉类罐
头加工厂设置灭菌条件为 121℃维持 20min 以上。

　　（3）许多产芽孢细菌是强致病菌　例如，炭疽芽孢杆菌、肉毒梭菌和破伤
风梭菌等。

　　（4）有些产芽孢细菌可伴随产生有用的产物　如抗生素短杆菌肽（gramici-
din）、杆菌肽（bacitracin）等。

　　芽孢形成受环境影响，当水分缺乏或营养物质不足，特别是碳源、氮源或磷
酸盐不足时，容易形成芽孢。菌种不同其形成条件亦不同。例如，炭疽杆菌需要
温度适宜（30 ~ 32℃），厌氧芽孢杆菌需严格厌氧和营养丰富环境中才能形成
芽孢。

　　目前一般认为芽孢的形成是通过以下几个阶段。

　　（1）脱水浓缩　菌体内细胞质在一定的生活阶段或由于环境条件的变化，
大量失去水分，细胞内细胞质变得浓缩而集中在菌体的局部。芽孢形成过程中的
吡啶 - 2，6 - 二甲酸含量高达芽孢干重的 5% ~ 15%，它以钙盐的形式存在。

　　（2）芽孢膜形成　菌体内浓缩的细胞质周围形成两层膜，即内膜和外膜。
外膜结构比较紧密而坚硬，含有拟脂质，它能阻止菌体外面水溶性物质及热力渗
透进去；内膜在芽孢发芽时即形成繁殖体的细胞壁。

　　（3）芽孢游离　形成了芽孢的菌体不再繁殖，且处于休眠状态，之后菌体
破裂，芽孢即游离出来。

　　由上可知，芽孢是细菌处于代谢相对静止的休眠状态，以维持细菌生存的持
久体。当环境条件适宜时，成熟的芽孢可被许多正常代谢物如丙氨酸、腺苷、葡
萄糖、乳酸等激活而发芽，先是芽孢酶活化，皮质层及外壳迅速解聚，水分进

入，在合适的营养和温度条件下，芽孢的核心向外生长成繁殖体，开始发育和分裂繁殖。

（二）酵母菌的细胞结构

酵母菌的细胞主要由细胞壁、细胞膜、细胞质、细胞核、液泡和线粒体等构成，如图3-12所示。

1. 细胞壁

酵母菌细胞壁约占细胞干重的25%，其结构和组成成分与细菌的细胞壁大不相同。酵母细胞壁可分三层：外层主要由甘露聚糖和磷酸甘露聚糖组成；中间层是蛋白质，其中有些是与甘露聚糖相结合的各种酶类（如葡聚糖酶、蔗糖酶、脂酶等）；内层的组成成分是葡聚糖，是维持细胞壁机械强度的主要成分。此外，细胞壁中还含有酯类、少量几丁质和灰分。

2. 细胞膜

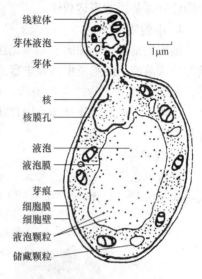

图3-12 酵母细胞结构的模式图

酵母菌的细胞膜与细菌细胞质膜的结构基本相同，都是由两层磷脂分子所组成。磷脂双分子层中除镶嵌有球状蛋白质外，还含有固醇类。细胞膜中含固醇的性质是真核生物与原核生物的重要区别之一。酵母菌细胞膜的主要成分为蛋白质（包括酶类，约占干重50%），类脂（包括固醇，约占40%）和少量糖类（甘露聚糖等）。酵母菌细胞膜的主要生理功能是吸收养分，分泌代谢产物，调节渗透压和作为某些大分子物质（如细胞壁成分、部分酶）合成或作用的场所。

3. 细胞核

酵母菌为真核微生物，具有用多孔核膜包裹着的细胞核，如图3-13所示。膜孔用以增大膜的透性和膜内外的物质交换。酵母细胞核是其遗传信息的主要贮存库，是生化、代谢和遗传过程的调控中心，核内含有由DNA和组蛋白结合而成的线状典型染色体和一个或几个核仁，核仁是合成核糖体的场所。除酵母菌细胞核含有DNA外，在线粒体及酵母质粒中，也都含有DNA，如酿酒酵母每

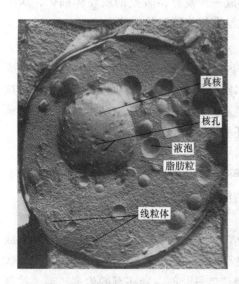

图3-13 酵母细胞结构的电镜照片

个细胞含有 60～100 个质粒，是一种超螺旋的闭合环状 DNA 分子，约占细胞总 DNA 量的 3%。每个质粒 DNA 长约 2μm（6kb），故称之为 "2μm 质粒"，可用于构建外源基因的表达载体。

4. 细胞质

细胞质是指位于细胞膜和细胞核之间，除细胞器以外的透明、黏稠、不断流动的胶状溶液。细胞质中含有丰富的酶等蛋白质、各种内含物以及中间代谢产物等，是细胞代谢活动的重要场所。幼龄酵母的细胞质稠密且均匀，含有多种酶系、核糖体、可溶性物质和小颗粒状物；成熟和老龄细胞质则出现较大的液泡和各种贮藏物。

5. 线粒体

在有氧条件下生长的酵母细胞质中，分布有一种数目较多，棒状或圆筒状，大小为（0.3～1）μm×（0.5～3）μm 的细胞器——线粒体，它由双层膜包裹，

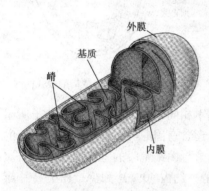

图 3-14　真核细胞线粒体的模式图

如图 3-14 所示，内膜向内陷形成嵴，嵴间充满液体的空隙为基质，它含有电子传递的载体，氧化磷酸化的酶类和三羧酸循环的酶系，是细胞进行能量代谢的场所，是细胞的能量仓库。酵母线粒体内还含有环状 DNA 结构，它可自体复制，不受核 DNA 的控制，决定着线粒体某些性状的遗传。酵母细胞的线粒体是适应有氧环境而形成的，在厌氧或高糖（葡萄糖 5%～10%）条件下，酵母菌只能形成一种发育得较差的线粒体前体，这种细胞没有氧化磷酸化的能力。

6. 液泡

在老龄的酵母细胞质中出现一个被单层膜包围的液泡。液泡中含有多种成分，有蛋白酶、脂肪酶、核糖核酸酶等水解酶类，有氨基酸和核苷酸等生物合成素材，也有作为能源的聚磷酸颗粒和脂类。因此，液泡的功能是作为细胞的贮藏库，并能与细胞质进行物质交换，同时还有调节细胞渗透压的作用。

（三）病毒的结构

病毒的基本结构为核衣壳，主要包括两部分，即核心与衣壳。除此之外，有些较为复杂的病毒还具有包膜、刺突等结构，如图 3-15 所示。

1. 核心

病毒的核心是病毒粒子的内部中心结构。核心内有单一类型核酸（DNA 或 RNA），还有少量功能蛋白质（病毒核酸多聚酶和转录酶）。DNA 或 RNA 构成病毒的基因组，包含着该病毒编码的全部遗传信息，能主导病毒的生命活动，控制病毒增殖、遗传、变异、传染致病等作用。

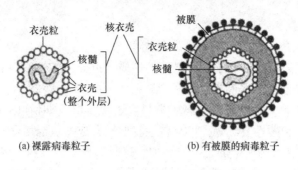

(a) 裸露病毒粒子　　　　　　(b) 有被膜的病毒粒子

图 3 – 15　病毒结构模式图

2. 衣壳

病毒的衣壳是包围在病毒核心外面的一层蛋白质结构，由数目众多的蛋白质亚单位（多肽）按一定排列程序组合而成，这些亚单位称为衣壳粒，彼此呈对称形排列。衣壳的功能除能保护核心内的病毒核酸免受外界环境中不良因素（如 DNA 酶和 RNA 酶）的破坏外，还具有对宿主细胞特别的亲和力，又是该病毒的特异性抗原。

3. 包膜和刺突

有些病毒在衣壳外面附有一种双层膜，称为包膜或囊膜，它的主要成分是蛋白质、多糖和脂类。其成分主要来自宿主细胞，是病毒在感染宿主细胞"出芽"时从细胞膜或核膜处获得的。病毒包膜有维系病毒粒结构，保护病毒核衣壳的作用。特别是病毒的包膜糖蛋白，具有多种生物学活性，是启动病毒感染所必需的。某些病毒如腺病毒在病毒体外壳上有触须样纤维突起，顶端膨大，能凝集某些动物的红细胞和毒害宿主细胞，这些突起与病毒的包膜粒一起称作刺突。

二、微生物制片与染色简介

（一）微生物染色的基本原理

微生物染色是借助物理因素和化学因素的作用而进行的。物理因素如细胞及细胞物质对染料的毛细现象、渗透、吸附作用等，化学因素则是根据细胞物质和染料的不同性质而发生的各种化学反应。酸性物质对于碱性染料较易吸附，且吸附作用稳固；同样，碱性物质对酸性染料较易于吸附。如细菌的等电点较低，pH 在 2 ~ 5，故在中性、碱性或弱酸性溶液中，菌体蛋白质电离后带负电，而碱性染料电离时染料离子带正电。因此，带负电的菌体常和带正电的碱性染料较易结合，所以在细菌学上常用碱性染料进行染色。

影响染色的其他因素还有菌体细胞的构造和其外膜的通透性，如细胞膜的通透性、膜孔大小和细胞结构完整与否，在染色上都起一定作用。此外，培养基的组成、菌龄、染色液中的电介质含量和 pH、温度、药物的作用等，也都能影响菌体的染色结果。

（二）染料的种类和选择

1. 依据染料离子所带电荷的性质分类

染料按其电离后染料离子所带电荷的性质，可分为酸性染料、碱性染料、中性（复合）染料和单纯染料四大类。

（1）酸性染料　酸性染料电离后染料离子带负电，如伊红、刚果红、藻红、苯胺黑、苦味酸和酸性复红等，可与碱性物质结合成盐。当培养基因糖类分解产酸使 pH 下降时，细菌所带的正电荷增加，这时选择酸性染料，易被染色。

（2）碱性染料　碱性染料电离后染料离子带正电，可与酸性物质结合成盐。微生物实验室一般常用的碱性染料有美兰、甲基紫、结晶紫、碱性复红、中性红、孔雀绿和番红等，在一般的情况下，细菌易被碱性染料染色。

（3）中性（复合）染料　酸性染料与碱性染料的结合物叫做中性（复合）染料，如瑞脱氏（Wright）染料和基姆萨氏（Gimsa）染料等，后者常用于细胞核的染色。

（4）单纯染料　单纯染料的化学亲和力低，不能和被染的物质生成盐，其染色能力视其是否溶于被染物而定，因为它们大多数都属于偶氮化合物，不溶于水，但溶于脂肪溶剂中，如紫丹类。

2. 依据染料来源分类

染料分为天然染料和人工染料两种。

（1）天然染料　多从植物体中提取得到，其成分复杂，有些至今还未搞清楚。

①苏木精：苏木精是从南美的苏木（热带豆科植物）干枝中用浸制出来的一种色素，是最常用的染料之一。苏木精不能直接染色，必须暴露在通气的地方，使他变成氧化苏木精（又叫苏木素）后才能使用，这叫做"成熟"。苏木精的"成熟"过程需时较长，配制后时间越久，染色力越强。被染材料必须经金属盐作媒剂作用后才有着色力。所以在配制苏木精染剂时都要用媒染剂。常用的媒染剂有硫酸铝铵、钾明矾和铁明矾等。苏木精是淡黄色到锈紫色的结晶体，易溶于酒精，微溶于水和甘油，是染细胞核的优良材料，它能把细胞中不同的结构分化出各种不同的颜色。分化时组织所染的颜色因处理的情况而异，用酸性溶液（如盐酸－酒精）分化后呈红色，水洗后仍恢复青蓝色，用碱性溶液（如氨水）分化后呈蓝色，水洗后呈蓝黑色。

②胭脂红：又称洋红或卡红。一种热带产的雌性胭脂虫干燥后，磨成粉末，提取出虫红，再用明矾处理，除去其中杂质，就制成洋红。单纯的胭脂红不能染色，要经酸性或碱性溶液溶解后才能染色。常用的酸性溶液有冰醋酸或苦味酸，碱性溶液有氨水、硼砂等。胭脂红是细胞核的优良染料，染的标本不易褪色。用作切片或组织块染都适宜，尤其适宜于小型材料的整体染色。用胭脂红配成的

溶液染色后能保持几年。洋红溶液出现浑浊时要过滤后再用。

（2）人工染料　也称煤焦油染料，多从煤焦油中提取获得，是苯的衍生物。目前主要采用人工染料，种类很多，应用极广。多数染料为带色的有机酸或碱类，难溶于水，而易溶于有机溶剂中，为使它们易溶于水，通常制成盐类。此类染料的缺点是经日光照射容易褪色，苯胺蓝、亮绿、甲基绿等更易褪色。在制片中注意掌握酸碱度，并避免日光直射，也能经几年不褪色。

①甲基蓝：甲基蓝是弱酸性染料，能溶于水和酒精。甲基蓝在动植物的制片技术方面应用极广。它跟伊红合用能染神经细胞，也是细菌制片中不可缺少的染料。它的水溶液是原生动物的活体染色剂。甲基蓝极易氧化，因此用它染色后不能长久保存。

②亚甲蓝或美蓝：亚甲蓝或美蓝是碱性染料，呈蓝色粉末状，能溶于水（溶解度9.5%）和酒精（溶解度6%）。亚甲蓝是动物学和细胞学染色上十分重要的细胞核染料，其优点是染色不会过深。

③番红：番红是碱性染料，能溶于水和酒精。番红是细胞学和动植物组织学常用的染料，能染细胞核、染色体和植物蛋白质，是维管束植物木质化、木栓化和角质化的组织，还能染孢子囊。

④酸性品红：酸性品红是酸性染料，呈红色粉末状，能容于水，略溶于酒精（0.3%）。它是良好的细胞制染色剂，在动物制片上应用很广，在植物制片上用来染皮层、髓部等薄壁细胞和纤维素壁。它跟甲基绿同染，能显示线粒体。组织切片在染色前先浸在带酸性的水中，可增强它的染色力。酸性品红容易跟碱起作用，所以染色过度，易在自来水中褪色。

⑤碱性品（复）红：碱性品红是碱性染料，呈暗红色粉末或结晶状，能溶于水（溶解度1%）和酒精（溶解度8%）。碱性品红在生物学制片中用途很广，可用来染色胶原纤维、弹性纤维、嗜复红性颗粒和中枢神经组织的核质。在生物学制片中用来染维管束植物的木质化壁，又作为原球藻、轮藻的整体染色。在细菌学制片中，常用来鉴别结核杆菌。

⑥结晶紫：结晶紫是碱性染料，能溶于水（溶解度9%）和酒精（溶解度8.75%）。结晶紫在细胞学、组织学和细菌学等方面应用极广，是一种优良的染色剂。它是细胞核染色常用的，用来显示染色体的中心体，并可染淀粉、纤维蛋白、神经胶质等。凡是用番红和苏木精或其他染料染细胞核不能成功时，用它能得到良好的结果。用番红和结晶紫作染色体的二重染色，染色体染成红色，纺锤丝染成紫色，所以也是一种显示细胞分裂的优良染色剂。用结晶紫染纤毛，效果也很好。用结晶紫染色的切片，缺点是不易长久保存。

⑦龙胆紫：龙胆紫是混合的碱性染料，主要是结晶紫和甲基紫的混合物。必要时，龙胆紫能跟结晶紫互相替用。医药上用的紫药水，主要成分是甲基紫，需要时能代替龙胆紫和结晶紫。

⑧伊红：这类染料种类很多。常用的伊红 Y，是酸性染料，呈红色带蓝的小结晶或棕色粉末状，溶于水（15℃时溶解度达44%）和酒精（溶于无水酒精的溶解度为2%）。伊红在动物制片中广泛应用，是很好的细胞质染料，常用作苏木精的衬染剂。

⑨刚果红：刚果红是酸性染料，呈枣红色粉末状，能溶于水和酒精，遇酸呈蓝色。它能作染料，也用作指示剂。它在植物制片中常作为苏木精或其他细胞染料的衬垫剂。它用来染细胞质时，能把胶制或纤维素染成红色。在动物组织制片中用来染神经轴、弹性纤维、胚胎材料等。刚果红可以跟苏木精作二重染色，也可用作类淀粉染色，由于它能溶于水和酒精，所以洗涤和脱水处理要迅速。

⑩固绿：固绿是酸性染料，能溶于水（溶解度为4%）和酒精（溶解度为9%）。固绿是一种染含有浆质的纤维素细胞组织的染色剂，在染细胞和植物组织上应用极广。它和苏木精、番红并列为植物组织学上三种最常用的染料。

⑪苏丹Ⅲ：苏丹Ⅲ是弱酸性染料，呈红色粉末状，易溶于脂肪和酒精（溶解度为0.15%）。苏丹Ⅲ是脂肪染色剂。

⑫中性红：中性红是弱碱性染料，呈红色粉末状，能溶于水（溶解度4%）和酒精（溶解度1.8%）。它的碱性溶液中呈现黄色，在强碱性溶液中呈蓝色，而在弱酸性溶液中呈红色，所以能用作指示剂。中性红无毒，常做活体染色的染料，用来染原生动物和显示动植物组织中活细胞的内含物等。陈久的中性红水溶液，用作显示尼尔体的常用染料。

⑬甲基绿：甲基绿是碱性染料。它是绿色粉末状，能溶于水（溶解度8%）和酒精（溶解度3%）。甲基绿是最有价值的细胞和染色剂，细胞学上常用来染色质，跟酸性品红一起可作植物木质部的染色。

（三）微生物的染色方法

微生物染色方法一般分为单染色法和复染色法两种。单染色法是用一种染料使微生物染色，用于微生物形态或结构的观察；复染色法是用两种或两种以上染料，有协助鉴别微生物的作用，故又称鉴别染色法，常用的复染色法有革兰氏染色法和抗酸性染色法。此外，还有鉴别细胞各部分结构的（如芽孢、鞭毛、细胞核等）特殊染色法。

1. 单染色法

单染色法指用一种染料使微生物染色，简便易行，适于进行微生物的形态观察。在一般情况下，细菌菌体多带负电荷，易于和带正电荷的碱性染料结合而被染色。因此，常用碱性染料进行单染色，如美蓝、孔雀绿、碱性复红、结晶紫和中性红等。若使用酸性染料，多用刚果红、伊红、藻红和酸性品红等。使用酸性染料时，必须降低染液的 pH，使其呈现强酸性（低于细菌菌体等电点），让菌体带正电荷，才易于被酸性染料染色。染色结果依染料不同而不同，如石炭酸复红染色着色快，时间短，菌体呈红色；美兰染色着色慢，时间长，效果清晰，菌体呈蓝色；草酸铵结晶紫染色迅速，着色深，菌体呈紫色。

2. 革兰氏染色法

革兰氏染色法是细菌学中广泛使用的一种鉴别染色法，1884 年由丹麦医师 Gram 创立。细菌先经碱性染料结晶紫染色，而经碘液媒染后，用酒精脱色，在一定条件下有的细菌蓝紫色不被脱去，有的可被脱去，因此可把细菌分为两大类，前者叫做革兰氏阳性菌（G^+），后者为革兰氏阴性菌（G^-）。为观察方便，脱色后再用一种红色染料如碱性番红等进行复染。阳性菌仍带紫色，阴性菌则被染上红色。

绝大多数球菌、有芽孢的杆菌以及所有的放线菌和真菌都呈革兰氏阳性反应；螺旋菌和大多数致病性的无芽孢杆菌都呈现阴性反应。

革兰氏染色步骤：细菌涂片→结晶紫初染→碘液媒染→95% 乙醇脱色→番红复染。

革兰氏阳性菌和革兰氏阴性菌在细胞壁的结构、化学组成和生理性质上有很多差别，这是染色效果不同的主要依据。

革兰氏染色法重要的临床医学意义在于：①鉴别细菌；②选择药物；③与致病性有关（革兰氏阳性菌能产生外毒素，革兰氏阴性菌能产生内毒素，两者的致病作用不同）。

三、细菌染色法

（一）细菌的简单染色

细菌简单染色的基本流程如图 3 - 16 所示，即涂片→自然干燥→固定→染色→水洗→干燥→镜检。

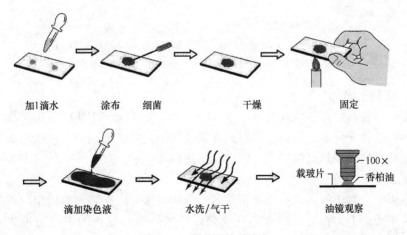

加1滴水　　涂布　细菌　　　干燥　　　　固定

滴加染色液　　　　水洗/气干　　　　载玻片 ⌐100×　香柏油　油镜观察

图 3 - 16　细菌的简单染色

1. 涂片

在干净的载玻片上滴上一滴蒸馏水（或生理盐水），用接种环进行无菌操作（图 3−17）。将接种环在火焰上烧红，待冷却后从斜面挑取少量菌种与载玻片上的水滴混匀后，在载玻片上涂布成一均匀的薄层，涂布面不宜过大。

涂片无菌操作要点：试管在开塞或回塞前，其口部应在火焰上灼烧灭菌；试管或三角瓶开塞后，管口或瓶口应靠近酒精灯火焰，并尽量平置，以防直立时空气中尘埃落入，造成污染；接种环在每次使用前后均应在火焰上彻底烧灼灭菌；接种环取菌前，必须待其冷却后进行；试管塞或三角瓶塞应始终手执，不能置于实验台上，以防交叉污染。

为避免因菌数过多聚成团，不利个体形态观察，也可在载玻片的另一侧再加1 滴水，从已涂布的菌液中再取一环于此水滴中进行稀释，涂布成薄层。

若材料为液体培养物或固体培养物中洗下制备的菌液，则直接涂布于载玻片上即可。

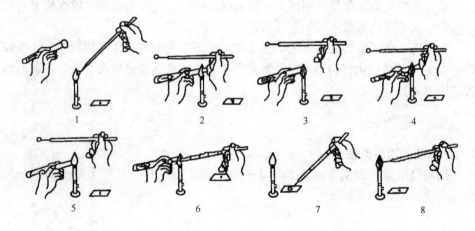

图 3−17 微生物涂片的无菌操作过程
1—烧灼接种环 2—拔去棉塞 3—烘烤试管口 4—挑取少量菌体
5—再烘烤试管口 6—将棉塞塞好 7—做涂片 8—烧去残留的菌体

2. 自然干燥

涂片最好在室温下使其自然干燥，有时为了使之干得更快些，可将标本面向上，手持载玻片一端的两侧，小心地在酒精灯上高处微微加热，使水分蒸发。但切勿紧靠火焰或加热时间过长，以防标本烤枯而变形。

3. 固定

热固定：对于斜面菌苔、平板菌落、菌液等涂片以火焰加热固定。将已干燥的涂片正面向上，在微小的火焰（酒精灯火焰外层）尽快的来回通过 2~3 次，使细胞附着在载玻片上。不时以载玻片背面触及皮肤，不觉过烫为宜（即不超过60℃），放置待冷后，进行染色。

化学固定：对于血液、生物组织等涂片以甲醇固定。将已干燥的涂片浸入甲醇中，2~3min后取出，甲醇自然挥发。

固定的目的有3个：①杀死微生物，固定细胞结构；②保证菌体能更牢的黏附在载玻片上，防止标本被水冲洗掉；③改变染料对细胞的通透性，因为死的原生质比活的原生质易于染色。

但是应当指出，热固定法在研究微生物细胞结构时并不适用，应采用化学固定法。化学固定法最常用的固定剂有甲醇、95%酒精、酒精和醚各50%的混合物、丙酮、1%~2%锇酸等。锇酸能很快固定细胞但不改变其结构，故较常用。应用锇酸固定细胞的技术操作如下：在培养皿中放一玻璃，在玻璃上放置玻璃毛细管，在毛细管中注入少量的1%~2%锇酸溶液，同时在玻璃上再放置湿标本涂片的载玻片，然后把培养皿盖上，经过1~2min后把标本从培养皿中取出，并使之干燥。

4. 染色

滴加染色液（石炭酸复红、草酸铵结晶紫或美蓝任选一种），使染液铺盖涂有细菌的部位并持续约1min。

5. 水洗

染色一定时间后，用细小的水流把多余的染料冲洗掉，被菌体吸附的染料则保留。

注意：水流切勿直接冲刷菌膜，水流切勿过急过猛，水可由玻片上端流入，直至洗下的水呈无色为止。

6. 干燥

自然干燥或用吸水纸覆盖在玻片上吸干水分，注意勿将细菌擦掉。

7. 镜检

干燥后的标本可用显微镜观察，铅笔绘图，并简述其形态特点。

（二）细菌的革兰氏染色

细菌革兰氏染色的基本流程如图3-18所示，即涂片→干燥→固定→结晶紫初染→水洗→碘液媒染→水洗→酒精脱色→水洗→番红复染→水洗→干燥→镜检。

1. 涂片、自然干燥、固定

取某细菌分别做无菌涂片、自然干燥、固定，方法与简单染色相同。注意涂片不宜过厚，以免脱色不完全造成假阳性；火焰固定不宜过热，以载玻片不烫手为宜。

2. 初染

用草酸铵结晶紫1滴染色约1~2min后，水洗。

3. 媒染

用卢戈氏碘液冲去残水，并用碘液覆盖约1min后，水洗，吸干。

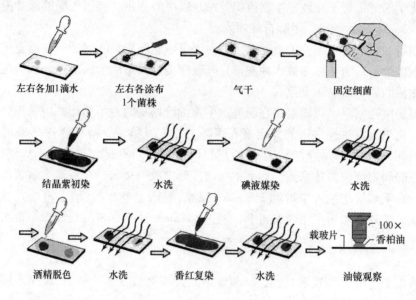

左右各加1滴水 → 左右各涂布1个菌株 → 气干 → 固定细菌

结晶紫初染 → 水洗 → 碘液媒染 → 水洗

酒精脱色 → 水洗 → 番红复染 → 水洗 → 油镜观察

（载玻片处标注：100×、香柏油、载玻片）

图 3-18   细菌的革兰氏染色

4. 脱色

斜置载玻片于烧杯之上，滴加95%乙醇脱色，至流出的乙醇不呈紫色为止，随即水洗。为了节约乙醇，可将乙醇滴在涂片上静置30~45s后水洗。革兰氏染色的关键就是必须严格掌握乙醇脱色程度，如果脱色过度，阳性菌被误染为阴性菌；若脱色不够，阴性菌被误染为阳性菌。

5. 复染

用番红染液复染1~2min，水洗。

6. 干燥

7. 镜检

四、细菌特殊构造染色法

一些引起人类严重疾病的细菌具有芽孢、荚膜或鞭毛，如炭疽芽孢杆菌、破伤风梭菌、肉毒梭菌、肺炎链球菌等。芽孢的形态特征和着生部位、荚膜的有无、鞭毛的数量和着生方式都是细菌分类鉴定的重要依据，因此细菌特殊构造染色观察在临床医学上是鉴定致病菌的重要手段。

（一）细菌的芽孢染色法

芽孢是芽孢杆菌属和梭菌属细菌生长到一定阶段在菌体内形成的一种抗逆性很强的休眠体结构，通常呈圆形或椭圆形。细菌能否形成芽孢以及芽孢的形状、位置，芽孢囊是否膨大等特征都是鉴定细菌的依据。

细菌的芽孢具有厚而致密的壁，透性低，不易着色，若用一般染色法只能使菌体着色而芽孢不着色（呈无色透明状）。芽孢染色法就是根据芽孢既难以染色而一旦染上色后又难以脱色这一特点而设计的。所有的芽孢染色法都基于相同的染色原理，除了要用着色能力强的染料（孔雀绿或石炭酸复红染液）外，还需加热，以促进芽孢着色，随后再使菌体脱色，而芽孢上的染料则难以渗出，故仍保留原有的颜色，最后用对比度强的另外一种染料对菌体复染，使菌体和芽孢呈现出不同的颜色，因而能更明显地衬托出芽孢，便于观察。

芽孢染色最常用的染料有 5% 孔雀绿染液和 0.5% 番红染液，染色结果是使菌体呈红色，而芽孢呈绿色。

芽孢染色制片共有两种方法。

1. 方法一（图 3 – 19）

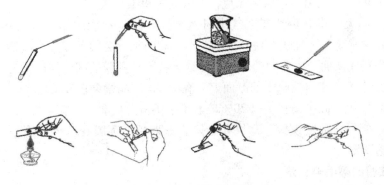

图 3 – 19　芽孢染色流程图

（1）取一支小试管，加入 1~2 滴蒸馏水，再用接种环从斜面上挑取 2~3 环菌体至小试管中，充分打匀，制成浓稠的菌液。

（2）取 2~3 滴 5% 孔雀绿染液，加入小试管，用接种环搅拌，使染色液与菌液充分混合。

（3）将小试管浸于沸水浴中，加热 15~20min，使菌体和芽孢着色。

（4）涂菌制片　取一块洁净的载玻片，用接种环从试管底部挑取数环菌液，在载玻片上涂成薄层。

（5）将涂片通过酒精灯火焰 3 次，使菌体固定在载玻片上。

（6）用自来水细流冲洗载玻片，直至流出的冲洗水不带绿色。

（7）加 0.5% 番红染液复染 1min，倾去染色液，不经水洗直接用吸水纸吸干。

（8）油镜观察，绘图。

2. 方法二

（1）从斜面上挑取 2~3 环菌体至载玻片上作涂片，并干燥，固定。

（2）于涂片上滴入 3~5 滴 5% 孔雀绿染液。

（3）用试管夹夹住载玻片在火焰上用微火加热，自载玻片上出现蒸汽时，开始计时 4~5min。加热过程中切勿使染料蒸干，必要时可添加少许染液。

（4）倾去染液，待玻片冷却后，用自来水冲洗至孔雀绿不再褪色为止。

（5）加 0.5% 番红染液复染 1min，倾去染色液，不经水洗直接用吸水纸吸干。

（6）油镜观察，绘图。

（二）细菌的荚膜染色法

荚膜是包在细胞壁外的一层胶状黏液性物质，是细菌分类鉴定的重要特征之一。荚膜不易着色且容易被水洗去，因此常用负染法进行染色，即使背景和菌体着色，而荚膜不着色。

荚膜负染色的实验方法如下。

（1）制片　无菌操作取菌涂片，方法同简单染色法。

（2）固定　将载玻片在空气中自然干燥。此步不能用加热和用热风吹干，因为荚膜含水量高，加热会使其失水变形。同时加热会使菌体失水收缩，与细胞周围的染料脱离而产生透明的区域，导致某些不产荚膜的细菌被误认为有荚膜。

（3）染色　在自然晾干的涂面上，滴加 1% 结晶紫染色液染色 2min。

（4）脱色　倾去染料，以 20% 硫酸铜水溶液冲洗 2 次，晾干。

（5）镜检　油镜镜检，背景和菌体呈深紫色，荚膜在菌体周围呈一明亮的淡紫色透明圈。

（三）细菌的鞭毛染色法

细菌的鞭毛极细（0.01~0.02μm），超出普通光学显微镜的分辨力，只有在电镜下才能观察。但是如果采用的特殊的鞭毛染色法，可使鞭毛变粗，从而能在普通光学显微镜下观察其外形、着生部位和鞭毛数目。鞭毛染色的方法很多，但其基本原理都相同，即在染色前先用媒染剂处理，让它沉积在鞭毛表面，使鞭毛直径加粗，再进行染色。

细菌鞭毛染色的实验方法如下。

（1）菌种活化　将保存的变形菌在新制备的普通牛肉膏蛋白胨斜面培养基上连续移种 2~3 次，每次于 30℃ 培养 10~15h。活化后菌种备用。注意选用幼龄菌进行鞭毛染色，老龄菌鞭毛易脱落。

（2）制片　在干净载玻片的一端滴 1 滴蒸馏水，用无菌操作法，以接种环从活化菌种中取少许菌苔，在载玻片的水滴中轻沾几下。将载玻片稍稍倾斜，使菌液随水滴缓缓流到另一端，在载玻片表面形成菌液带，自然干燥，固定。制片过程中动作要柔和，不能剧烈涂抹菌液，也不能采用加热法进行固定，否则易造成鞭毛脱落。

（3）鞭毛染色　滴加鞭毛染色液 A 液，染 3~5min；用蒸馏水充分洗净 A 液，使背景清洁；将残水沥干或用 B 液冲去残水；滴加 B 液，在微火上加热使微冒蒸汽，并随时补充染料以免干涸，染 0.5~1min；待冷却后，用蒸馏水轻轻冲洗干净，自然干燥或滤纸吸干。

（4）镜检油镜镜检　菌体为深褐色，鞭毛为浅褐色。注意观察鞭毛的数目和着生位置。

采用鞭毛染色法虽能观察到鞭毛的形态、着生位置和数目，但此法既麻烦又费时。如果只需查清供试菌是否有鞭毛，可采用悬滴法或压滴法（即水封片）直接在光学显微镜下检查活细菌是否具有运动能力，以此来判断细菌是否有鞭毛，此法较快速、简便。细菌的运动有一定的方向，并可直线式、波浪式或翻滚式运动。

细菌运动观察的实验方法如下。

（1）压滴法　从幼龄菌斜面上，挑数环菌放在装有 1~2mL 无菌水的试管中，制成轻度混浊的菌悬液。取 2~3 环稀释菌液于洁净载玻片中央，再加入一环0.01% 美蓝染液，混匀。用镊子夹一洁净的盖玻片，先使其一边接触菌液，然后慢慢地放下盖玻片，这样可防止产生气泡。镜检时，先将光线适当调暗，用低倍镜找到观察部位，再用高倍镜观察。要注意区分细菌鞭毛运动和布朗运动，后者只是在原处左右摆动，细菌细胞间有明显位移者，才能判定为有运动性。

（2）悬滴法　取洁净盖玻片，在四周涂少许凡士林。在盖玻片中央滴一小滴菌液。将凹玻片的凹窝向下，使凹窝中心对准盖玻片中央的菌液，轻轻地盖在盖玻片上，使凹玻片与盖玻片粘在一起（注意液滴不得与凹玻片接触）。小心将玻片翻转过来，使菌液正好悬在窝的中央。再用火柴棒轻压盖玻片四周使封闭，以防菌液干燥。镜检时，要将光线适当调暗，先用低倍镜找到悬滴的边缘后，再将菌液移至视野中央，换用高倍镜观察，注意观察细菌是如何运动的，它与分子布朗运动的不同。

细菌运动性观察时应注意检查细菌运动的载玻片和盖玻片是否洁净无油，否则将影响细菌的运动。制水浸片时菌液不可加得太多，过多的菌液会在盖玻片下流动，因而在视野内只见大量的细菌朝一个方向运动，从而影响了对细菌正常运动的观察。

五、霉菌、放线菌和酵母菌染色法

（一）霉菌的形态观察

霉菌是由复杂的菌丝体组成。它分为基内菌丝、气生菌丝或繁殖菌丝，由繁殖菌丝产生孢子。霉菌的繁殖菌丝及孢子的形态特征是识别不同种类霉菌的重要依据。霉菌菌丝比较粗大（菌丝和孢子的直径达到 3~10μm），通常是细菌菌体宽度的几倍至几十倍，因而可用低倍、高倍镜观察。

常用的霉菌制片方法有下列三种。

1. 乳酸石炭酸棉蓝浸片法

对霉菌可利用乳酸石炭酸棉蓝染液进行染色，盖上盖玻片后制成霉菌制片镜检。石炭酸可杀死菌体及孢子，并可以防腐；霉菌菌丝较粗大，置于水中观察时，菌丝容易收缩变形，乳酸可保持菌体不变形；棉蓝可使菌体着色。同时，这种霉菌制片不易干燥，能防止孢子飞散，用树胶封固后，可制成永久标本长期保存。但用接种针（或小镊子）挑取菌丝体时，菌体各部分结构在制片时易被破坏，不利于观察其完整形态。

实验方法：在洁净的载玻片中央加一滴乳酸石炭酸棉蓝染色液，打开霉菌平板培养物，用解剖针从菌落的边缘挑取少量带有孢子的菌丝，放入载玻片的染液中，细心地把菌丝挑散开，加盖玻片（注意不要产生气泡），镜检。菌丝呈蓝色，颜色的深度随菌龄的增加而减弱。注意观察霉菌的菌丝内有无隔膜，营养菌丝有无假根，无性孢子的种类（孢子囊孢子或分生孢子），孢子着生位置，形状、颜色。

毛霉和根霉：用低倍镜观察孢子囊梗，囊轴等，用高倍镜观察孢子囊孢子的形状，大小。曲霉：在高倍镜下观察菌丝有无隔膜，分生孢子的着生位置，辨认分生孢子梗、顶囊、小梗和分生孢子。青霉：在高倍镜下观察菌丝有无隔膜，分生孢子梗、副枝、小梗和分生孢子的形状等。

霉菌经乳酸石炭酸棉蓝染色后镜检结果如菌3－20所示。

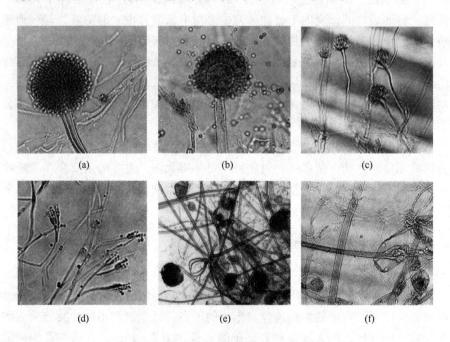

图3－20　霉菌在PDA琼脂培养基上纯培养的个体形态特征
（乳酸石炭酸棉蓝染色）
（a）黑曲霉　（b）黄曲霉　（c）杂色曲霉
（d）橘青霉　（e）少根根霉　（f）蓝色犁头霉

2. 透明胶带法（粘片法）

取一滴棉蓝染色液置于载玻片中央，取一段透明胶带，打开霉菌平板培养物，粘取菌体，粘面朝下，放在染液上。镜检。

3. 小室载玻片培养法

用无菌操作法将培养基琼脂薄层置于载玻片上，接种后盖上盖玻片培养，霉菌即在载玻片和盖玻片之间的有限空间内沿盖玻片横向生长。培养一定时间后，将载玻片上的培养物置显微镜下观察。这种方法可以保持霉菌自然生长状态，便于观察到霉菌完整的营养和气生菌丝体的特化形态，例如曲霉的足细胞、顶囊、青霉的分生孢子梗、根霉的葡匐枝、假根等。此外，也便于观察微生物发育的不同阶段的形态。

实验方法具体如下。

（1）培养小室的灭菌　将略小于平皿底部的圆形滤纸片1张、U形玻璃棒、载玻片和两块盖玻片等按图3-21放入平皿内，盖上平皿盖，包扎后于121℃湿热灭菌30min，置60℃烘箱中烘干备用。

（2）琼脂块的制作　取已灭菌的PDA琼脂培养基6～7mL注入另一灭菌平皿中，使之凝固成薄层。用解剖刀切成0.5～1.0cm²的琼脂块，并将其移至上述培养室中的载玻片上（每片放两块），如图3-21所示。制作过程应注意无菌操作。

（3）接种和培养　用接种环或接种钩挑取很少量的霉菌的孢子接种于培养基四周，用无菌镊子将盖玻片覆盖在琼脂块上，并轻压使之与载玻片间留有极小缝隙，但不能紧贴载玻片，否则不透气。注意：接种量要少，尽可能将孢子分散接种在琼脂块边缘

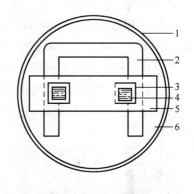

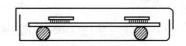

图3-21　小室载玻片培养法示意图
上：正面观；下：侧面观
1—平皿　2—U形玻璃棒　3—盖玻片
4—培养物　5—载玻片　6—保湿用滤纸

上，否则培养后菌丝过于稠密，影响观察。先在平皿的滤纸上加3～5mL灭菌的20%甘油（用于保持平皿内的湿度），盖上皿盖，皿盖上注明菌名、组别和接种日期，置28～30℃培养3～5d。

（4）镜检　培养至1～2d后，可以逐日连续观察到孢子的萌发、菌丝体的生长分化和子实体的形成过程。将小室内的载玻片取出，直接用低倍镜和高倍镜观察霉菌的形态，重点观察曲霉分生孢子头和青霉的帚状枝形态，根霉和毛霉的孢子囊和孢子囊孢子，菌丝有无隔膜等情况。

（二）放线菌的形态观察

放线菌是一类主要以菌丝生长和以孢子繁殖的陆生性较强的单细胞原核微生物，菌体由无隔、分支状菌丝构成。为了观察放线菌的形态特征，人们设计了多种培养和观察方法，如直接观察法、印片染色法和插片法。

1. 直接观察法

此法常用于观察放线菌菌丝和孢子丝的自然生长状况。

在放线菌平板培养物中，用解剖刀切下一小块培养基（长有菌丝体），放在洁净的载玻片上，选择菌苔边缘部位，在显微镜下依次用低倍镜、高倍镜直接观察，观察时需不断调节微调，仔细观察气生菌丝（较粗）、基内菌丝（较细）和孢子丝的形状，如分枝状况、孢子丝卷曲状况等，并绘图说明。

2. 印片染色法

此法常用于观察菌丝的细微结构。

（1）印片　用解剖针由放线菌平板培养物划一小块菌苔置于载玻片上，菌面朝上，用另一载玻片轻轻在菌苔表面按压，使孢子丝和气生菌丝附着在载玻片上。在印片过程中，用力要轻，且不要错动，以免弄乱印痕。

（2）固定　将载玻片有印迹的一面朝上，通过火焰2~3次固定。

（3）染色　石炭酸复红染色1min，水洗，晾干。水洗时水流要缓，以免破坏孢子丝形态。

（4）镜检　用油镜观察菌丝形态特征。

3. 插片法

（1）接种　采用无菌操作法在高氏1号平板培养基约一半面积上密集划线接种。

（2）插片　采用无菌操作法用镊子取无菌盖玻片，在划线接种的区域内以45°角插入平板琼脂培养基内，在另一半未曾划线接种的区域也以同样方式插上数块盖玻片。

（3）培养　将平板倒置，28℃培养3~5d。

（4）镜检　用镊子小心取出盖玻片，用纸擦去背面培养物，有菌面向上放在载玻片上，直接镜检或在菌体附着部位滴加美蓝染色后镜检。

（三）酵母菌的形态观察

1. 水浸片法

在干净的载玻片中央加1滴预先稀释至适宜浓度的酵母菌液体培养物，从侧面盖上一片盖玻片（先将盖玻片一边与菌液接触，然后慢慢将盖玻片放下使其盖在菌液上），应避免产生气泡，并用吸水纸吸去多余的水分（菌液不宜过多或过少，否则，在盖盖玻片时，菌液会溢出或出现气泡而影响观察；盖玻片不宜平着放下，以免产生气泡），镜检。注意观察各种酵母的细胞形态和繁殖方式。

2. 美蓝染液水浸片法

亚甲基蓝是一种碱性染料，它的氧化型是蓝色的，而还原型是无色的。低浓度的亚甲基蓝液对细胞无毒性，用它来对酵母细胞进行染色时，由于活细胞内新陈代谢作用旺盛，使细胞内具有较强的还原能力，能使进入细胞内的美蓝从蓝色的氧化型转变为无色的还原型，故酵母的活细胞无色，而死细胞及代谢缓慢的细胞，则因无此能力或还原能力弱，而被亚甲蓝染成蓝色或淡蓝色。

实验方法：滴加 1 滴美蓝染液于载玻片中央，无菌操作取少量酵母培养物置于染液中，混合均匀。将盖玻片小心覆盖在菌液上，静置 3min 后镜检，观察酵母菌形态和出芽情况，并根据细胞颜色区分死活细胞。

项目实施

任务一　细菌的简单染色

器材准备

1. 菌种

大肠杆菌（*Escherichia coli*）约 24h 营养琼脂斜面培养物、枯草芽孢杆菌（*Bacillus subtilis*）约 18~20h 营养琼脂斜面培养物。

2. 染料

草酸铵结晶紫染色液、番红染色液。

3. 试剂

香柏油、二甲苯（或乙醚乙醇混合液）。

4. 仪器及相关用品

普通光学显微镜、擦镜纸、吸水纸、铅笔、接种环、载玻片、酒精灯、洗瓶。

操作方法

参见"项目三"的"背景知识三"。

结果报告

根据观察结果，按比例大小绘出简单染色制片中细菌的形态图，并说明各菌的形状特点和排列方式。

注意事项

1. 涂片不宜过厚，勿使细菌密集重叠，影响脱色效果，否则脱色不完全造成假阳性。镜检时应以视野内分散细胞的染色反应为标准。

2. 火焰固定不宜过热，以玻片不烫手为宜，否则菌体细胞变形。

3. 注意无菌操作的规范性。

任务二　细菌的革兰氏染色

器材准备

1. 菌种

大肠杆菌（*Escherichia coli*）约 24h 营养琼脂斜面培养物、枯草芽孢杆菌（*Bacillus subtilis*）约 18～20h 营养琼脂斜面培养物。

2. 染料

草酸铵结晶紫染色液、卢戈氏碘液、95% 乙醇、番红染色液。

3. 试剂

香柏油、二甲苯（或乙醚乙醇混合液）。

4. 仪器及相关用品

普通光学显微镜，擦镜纸，吸水纸，铅笔，接种环、载玻片、酒精灯、洗瓶等。

操作方法

参见"项目三"的"背景知识三"。

结果报告

根据观察结果，按比例大小绘出革兰氏染色制片中细菌的形态图，并说明各菌的形状、颜色和革兰氏染色反应。

注意事项

1. 革兰氏染色成败的关键是脱色时间，如果脱色过度，G^+ 菌也可被脱色而被误判为 G^- 菌。如果脱色时间过短，G^- 菌也会被误判为 G^+ 菌。涂片厚薄以及脱色乙醇用量也会影响结果。

2. 染色过程中，染色液应覆盖整个涂面，染色液不能过浓，水洗后轻轻甩去载玻片上的残余水珠，以免稀释染色液而影响染色效果。

3. 要严格控制菌龄，菌体衰老时，G^+ 菌常呈 G^- 反应。

任务三　细菌芽孢、荚膜和鞭毛染色

器材准备

1. 菌种

枯草芽孢杆菌、褐球固氮菌、普通变形菌。

2. 染料

5% 孔雀绿染液、0.5% 番红染液、1% 结晶紫染液、20% 硫酸铜溶液、硝酸银鞭毛染液 A 液和 B 液、0.01% 美蓝染液等。

3. 试剂

香柏油、二甲苯（或乙醚乙醇混合液）。

4. 仪器及相关用品

普通光学显微镜、擦镜纸、吸水纸、铅笔、接种环、载玻片、盖玻片、酒精灯、洗瓶等。

操作方法

1. 芽孢染色

芽孢染色法是根据细菌的芽孢和菌体对染料的亲和力不同的原理，用不同的染料进行染色，使芽孢和菌体呈不同的颜色而便于区别。

芽孢染色的实验步骤参见"项目三"的"背景知识四"。

2. 荚膜染色

荚膜染色采用负染法。由于荚膜含水量在90%以上，荚膜与染料的亲和力较弱，不易着色，进行负染时，菌体和背景着色，但荚膜不着色，因此，在菌体周围荚膜呈一透明圈。

荚膜染色的实验步骤参见"项目三"的"背景知识四"。

3. 鞭毛染色

细菌的鞭毛极细（直径约 $0.01 \sim 0.02\mu m$），超出普通光学显微镜的分辨力，只有在电镜下才能观察。但采用鞭毛染色，可使鞭毛变粗，从而能在普通光学显微镜下观察其外形、着生部位和鞭毛数目。鞭毛染色的基本原理是先用媒染剂处理，让它沉积在鞭毛表面，使鞭毛直径加粗，再进行染色。

鞭毛染色的实验方法参见"项目三"的"背景知识四"。

结果报告

1. 根据观察结果，绘图说明枯草芽孢杆菌的形态特征（包括芽孢大小、形状、着生位置等）。

2. 根据观察结果，绘图说明褐球固氮菌菌体和荚膜的形态特征。

3. 根据观察结果，绘图说明普通变形菌菌体和鞭毛的形态特征（包括鞭毛数量、形状、着生方式等）。

注意事项

1. 细菌芽孢染色时一定要选用适当菌龄的菌种，因为幼龄的尚未形成芽孢，而老龄菌芽孢囊已破裂。加热染色时必须维持在染液微冒蒸汽的状态，加热沸腾会导致菌体或芽孢囊破裂，如热不够则难以着色。脱色必须等玻片冷却后进行，否则骤然用冷水冲洗会导致玻片破裂。

2. 由于荚膜含水量高，细菌荚膜染色制片时一般不加热固定，以免荚膜皱缩变形。

3. 生长鞭毛的细菌幼龄时具有较强的运动能力，衰老后鞭毛容易脱落，因此鞭毛染色时，宜选幼龄菌。鞭毛染色液最好当日配制，染色时一定要充分洗净A液后再加B液，否则背景不清晰。鞭毛染色时动作要柔和，因为鞭毛易脱落。

任务四　放线菌、酵母菌、霉菌的制片和染色

器材准备

　　1. 菌种

　　霉菌（黑曲霉、产黄青霉、黑根霉或总状毛霉 3～5d 的培养物）、放线菌（球孢链霉菌 3～5d 的培养物）、酵母菌（酿酒酵母 2d 的培养物）等。

　　2. 染料

　　乳酸石炭酸棉蓝染液、吕氏碱性美蓝染液、齐氏石炭酸复红染液等。

　　3. 试剂与染色剂

　　50% 乙醇、20% 甘油保湿剂、无菌生理盐水。

　　4. 仪器与其他用具

　　普通光学显微镜、恒温培养箱、接种环（针、钩）、解剖刀、镊子、酒精灯、载玻片、盖玻片、透明胶带、圆形滤纸片、U 形玻璃棒、无菌平皿、无菌细口滴管、格尺等。

操作方法

　　参见"项目三"的"背景知识五"。

结果报告

　　根据观察结果，按比例大小绘图说明霉菌、放线菌和酵母菌的形态特征，并标明结构名称。

注意事项

　　1. 放线菌和霉菌制片时，应减少空气流动，避免吸入孢子。

　　2. 酵母制片时，菌液或染液滴加量应适中，否则用盖玻片覆盖时，过多菌液会溢出，过少会产生大量气泡。

项目思考

　　1. 请解释下列专业词汇：原核微生物、真核微生物、拟核、质粒、鞭毛、菌毛、荚膜、芽孢。

　　2. 根据微生物结构的复杂度，可将微生物分为哪几种类群？每种类群的结构特征及其代表菌群是什么？

　　3. 微生物染色的基本原理是什么？

　　4. 在进行细菌涂片时应注意哪些环节？

　　5. 涂片在染色前为什么要先进行固定？固定时应注意什么问题？

　　6. 革兰氏染色在微生物学中有何实践意义？

　　7. 试述革兰氏染色的操作流程、所用到主要试剂、染色结果？

　　8. 革兰氏阴性菌和革兰氏阳性菌细胞壁化学组成和结构的异同点？

9. 试述革兰氏染色的原理?

10. 哪些环节会影响革兰氏染色结果的正确性，其中最关键的环节是什么?

11. 细菌细胞的特殊结构包括哪些部分? 各有哪些生理功能?

12. 试述对细菌、放线菌、酵母菌、霉菌染色进行形态观察时的注意事项?

13. 镜检时如何区分放线菌或霉菌的基内菌丝、气生菌丝和繁殖菌丝?

项目四　消毒灭菌技能训练

项目介绍

项目背景

自然界存在着数以万种的微生物，在众多的微生物中，有些对人类无害，很多还是有益的，但也有相当一部分微生物对人类的健康是有危害甚至是有严重危害的。消毒灭菌技术在食品药品生产和微生物检验过程中是极为重要的，它是保证食品药品质量和检验结果正确性的重要措施之一。每种微生物生长都有各自最适生长条件，高于或低于最适要求都会对微生物生长产生影响。利用各种化学物质和物理因素可以对微生物生长和繁殖进行有效控制，能够使人们对微生物进行兴利除害。

项目任务

任务一　常见消毒灭菌设备的使用和保养
任务二　常用玻璃器皿的包扎与灭菌

项目目标

知识目标
1. 能阐述各种环境因素对微生物生长的影响。
2. 能列举常用的消毒灭菌方法。
3. 能阐述各种消毒灭菌方法的作用原理和适用范围。

能力目标
1. 能规范并熟练地清洗和包扎常用玻璃器皿。
2. 能根据具体情况正确选择和规范使用各种消毒灭菌方法。

背景知识

一、环境因子对微生物生长的影响

微生物的生长繁殖会受到许多环境因子的制约，如温度、氧气、水、毒物、辐射等。如果这些因子出现异常，微生物的生命活动就会受到影响，甚至发生变异或死亡。

(一) 温度

温度通过影响微生物膜的液晶结构、酶和蛋白质的活性等，影响微生物的生命活动。因此，在一定温度范围内，生物体的代谢活动与生长繁殖速度随着温度的上升而增加，当温度上升到一定程度，开始对生物体产生不利的影响，如温度继续升高，细胞生长速率将急速下降以至死亡。从总体而言，微生物生长温度范围较宽，在 –10～95℃ 均可生长，但具体某一种微生物，其生长的温度范围却较狭窄。不同微生物都有其生长繁殖的最低温度、最适温度和最高温度，即三个生长温度基本点，如图 4–1 所示。每种微生物只能在其最低生长温度与最高生长温度之间的范围内生长。低于最低生长温度，生长完全停止；高于最高生长温度，不但停止生长而且会导致微生物死亡。不同种微生物的最低、最适和最高生长温度不同；同种微生物的最低、最适、最高生长温度也会因其所处的环境条件不同而发生变化。

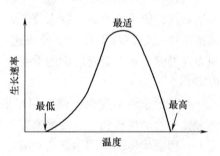

图 4–1　温度对微生物生长速率的影响

1. 微生物生长的最适温度

最适生长温度是微生物生长繁殖速率最大的培养温度。根据微生物的最适生长温度不同，可将微生物分为三类。

(1) 嗜冷微生物　最适温度在 –10～20℃ 以下的微生物称作嗜冷微生物。它们又可以分成专性和兼性两类。专性嗜冷微生物的最适生长温度为 15℃ 左右，最高生长温度为 20℃；兼性嗜冷微生物的最适生长温度为 25～30℃，最高生长温度可达 35℃ 左右。海洋、深湖、冷泉和冷藏库都有嗜冷微生物（包括假单胞菌、乳酸杆菌、青霉等）的存在。嗜冷微生物之所以能在低温下生长，主要是因为嗜冷微生物的酶在低温下能有效地起催化作用，这些酶在温度为 30～40℃ 的情况下会很快失活。此外，嗜冷微生物的细胞膜中含较多不饱和脂肪酸，在低温下细胞质膜也能保持半流体状态，仍能进行活跃的物质转运，支持微生物的生长。

(2) 嗜温微生物　最适温度在 25～37℃ 的微生物称为嗜温微生物。自然界中绝大多数微生物均属于这一类。这类微生物的最低生长温度为 10℃ 左右，低于10℃便不能生长。低温能抑制许多酶的活性，从而使微生物生长繁殖受到抑制。嗜温微生物又可分为嗜室温型和嗜体温型两类：嗜室温型微生物的最适生长温度为20~35℃，其生活环境较广泛；嗜体温型微生物的最适生长温度为35~40℃，通常寄生于生物体内或体表，大肠杆菌就是典型的嗜体温型微生物。

（3）嗜热微生物　能在高于40℃的温度下生长，最适生长温度在55℃左右的微生物称为嗜热微生物。在温泉、堆肥、土壤表层，甚至在工厂的热水装置等处都有嗜热微生物存在，发酵工业中应用的德氏乳酸杆菌的最适生长温度为45~50℃，嗜热糖化芽孢杆菌为65℃，都属于嗜热微生物。另外，也有人将最适生长温度在55℃的微生物称为中度嗜热微生物，最适生长温度在75℃的微生物称为高度嗜热微生物，最适生长温度在85℃的微生物称为极端嗜热微生物。嗜热微生物能在高温下生长繁殖，是因为嗜热微生物的酶比别的蛋白质具有更强的抗热性。嗜热微生物的核酸也有保证热稳定性的结构，tRNA 在特定的碱基对区域内含有较多的 G≡C 对，可以提供较多氢键，以增加热稳定性；嗜热微生物细胞膜中含有较多饱和脂肪酸和直链脂肪酸，使膜具有热稳定性。此外，嗜热微生物生长速率快，能迅速合成生物大分子，以弥补由于高温所造成的大分子的破坏。嗜热微生物能耐较高温度，生长快速，其细胞物质（如酶）在高温下仍有活性，因而在发酵工业上具有特别的重要性。筛选耐高温菌种是发酵微生物研究的重要内容。

在其他条件不变时，微生物在最适生长温度的生长速率最高。值得注意的是，微生物的生长速率、发酵速度和代谢产物累积速率的高峰多数不在同一个温度上，即微生物的不同生理活动要求在不同的温度下进行。在工业发酵过程中，往往按实际需要改变温度水平，如青霉素生产菌的最适生长温度为25℃，而发酵温度为30℃；卡尔斯伯酵母（S. carsbergensis）的最适生长温度为25℃，而最适发酵温度为4~10℃。同一种发酵产品，若用不同的菌种发酵生产，发酵过程的温度控制也有所不同。

微生物生长速度与温度的关系，常以温度系数 Q_{10} 来表示。温度系数 $Q_{10} = (t + 10℃)$ 的生长速度/t℃时的生长速度，即温度每上升 10℃ 后微生物的生长速度与微生物在未升高温度前的生长速度之比。多数微生物的温度系数 Q_{10} 的值为 1.5~2.5，即在一定的温度范围内，温度提高 10℃，微生物生长速度增快 1.5~2.5 倍。

2. 低温对微生物的影响

一般来说，微生物对低温的耐受力较强，许多细菌甚至能在 -70~-20℃ 生存。低温可以使一部分微生物死亡，但绝大多数微生物在低温下只是减弱或降低其代谢速度，菌体处于休眠状态，生命活力依然保存，一旦遇到适宜环境，即可恢复生长繁殖。基于微生物的这个特性，常采用低温冷藏法（如冰箱、液氮罐等）保存菌种。不同微生物对低温有不同的抵抗力。一般来说，球菌比革兰氏阴

微生物实用技能训练

性杆菌具有较强的抗冰冻能力；形成芽孢的菌体细胞和真菌的孢子都具有较强的抗冰冻特性。微生物在反复冻融交替过程中，会因细胞破坏而死亡。

3. 高温对微生物的影响

微生物在超过它们的最高生长温度范围时，就会引起死亡。致死的原因主要是由于微生物菌体蛋白质（如酶类）因受热引起变性或凝固所造成的。微生物对热的忍受力因菌的种类、发育阶段而异。如幼龄菌比老龄菌对热敏感；无芽孢细菌在55～60℃的液体中，经30min即可死亡，而枯草芽孢杆菌的芽孢在沸水中1h才全部死亡，肉毒梭菌的芽孢在100℃时需6h才全部杀死。微生物对热的忍受力还受微生物所处环境的其他条件影响，如培养基及其pH、起保护作用的有机化合物、渗透压及其他物理化学因素等。如培养基或环境中富含蛋白质时，就能在菌体周围形成一层蛋白质膜，从而提高其对热的忍受力。利用高温杀死微生物，有两个指标：其一是致死温度，即在一定时间内杀死微生物所需的最低温度；其二是致死时间，即在某一温度下杀死微生物所需的最短时间。利用高温杀死微生物的方法有干热法和湿热法两大类。湿热法灭菌效果优于干热法灭菌，因为湿热的穿透力和热传导都比干热的强，而且湿热时微生物菌体蛋白更易凝固变性。

（二）水分

微生物的生命活动离不开水。干燥会使微生物代谢活动停止，使微生物处于休眠状态。严重时会引起细胞脱水，蛋白质变性，进而导致死亡。这就是利用干燥环境条件保存物品（食品、衣物等），防止其腐败霉烂的原理。各种微生物对干燥的抵抗力不同。醋酸菌失水后很快就会死亡；酵母菌失水后可保存数月；产生荚膜的细菌的抗干燥能力比不产生荚膜的细菌强；细胞是长形、薄壁的细菌对干燥敏感，而细胞小型、厚壁的细菌抗干燥能力较强；细菌的芽孢、酵母菌的子囊孢子、霉菌的有性孢子或厚壁孢子的抗干燥能力就更大。

（三）辐射

辐射得指能量通过空间传播或传递的一种物理现象。能量借助于波动传播者称为电磁辐射，借助于原子及亚原子粒子的高速行动传递者，称为微粒辐射。与微生物有关的电磁辐射主要有可见光和紫外线（UV），与微生物有关的微粒辐射主要为X射线和γ射线。

1. 可见光

波长在400～800nm的电磁辐射波称为可见光，主要可作为进行光合作用细菌的能源。对于大多数利用化能进行新陈代谢的微生物，强的可见光或可见光连续长时间照射（如果有氧存在）可以使微生物致死。可见光对真菌的作用主要在孢子的形成阶段，而不是在生长阶段。

2. 紫外线

紫外线是波长在150～390nm的电磁辐射波，其中波长为265～266nm紫外线对微生物的作用最强，因为核酸（DNA 和 RNA）对紫外线的吸收高峰在265～266nm，紫外线对核酸有特异性作用。此外，紫外线还可使空气中的分子氧变为臭氧或使水氧化生成过氧化氢，由臭氧和过氧化氢发挥杀菌作用。

不同的微生物和处于不同生长阶段的微生物对紫外线的抵抗能力不同。一般而言，革兰氏阴性菌比阳性菌对紫外线更敏感；干燥细胞比湿细胞对紫外线的抗性强；孢子（或芽孢）比营养细胞对紫外线的抗性强，在紫外线照射下，一般细菌5min死亡，而芽孢需10min。

紫外线的杀菌能力虽强，但穿透性很差，甚至不能透过一张纸，因此只有表面杀菌能力，可用于空气和器具表面的消毒，另外，也可用于微生物的诱变育种。

3. 电离辐射

X射线和γ射线均能使被照射的物品产生电离作用，故称为电离辐射。X射线和γ射线的穿透力很强，它们都对微生物的生命活动有显著的影响，一般而言，低剂量照射可能有促进微生物生长的作用或使微生物发生突变，高剂量照射则会使微生物死亡。

电离辐射对微生物的作用不是靠辐射直接对细胞成分的作用，而是间接地通过在培养基中诱发能起反应的化学基团（游离基团）与细胞中的某些大分子反应而实现的。一般认为电离辐射引起水分解，产生游离的氢离子，进而与溶解氧生成过氧化氢等强氧化剂，使酶蛋白－SH氧化，从而导致细胞的各种病理变化。

4. 微波

微波是指频率在300MHz～300GHz的电磁波，它可通过热效应杀灭微生物，其原理是在微波作用下，微生物体内的极性分子发生极高频率振动，因摩擦产生高热量，高热可导致微生物死亡。此外，微波还可加速分子运动，形成冲击性破坏而杀灭微生物。微波常用于食品的灭菌，灭菌效果与微波的功率和处理时间有关。

5. 超声波

超声波是指频率在20000Hz以上的声波，几乎所有微生物细胞都能被超声波破坏，只是敏感程度有所不同。一般情况下，杆菌比球菌易被杀死，病毒和噬菌体较难被破坏。其作用原理：在超声波作用下，细胞内含物受到强烈振荡，胶体发生絮状沉淀，凝胶液化或乳化，失去活性，同时溶液受超声波作用产生空化作用，液体中形成的空穴崩溃，引起压力变化使细胞破裂，原生质溢出而死亡。

（四）pH

培养基或环境中的pH与微生物的生命活动有着密切的联系。环境的pH会影响到细胞膜所带的电荷，从而引起细胞对营养物质吸收状况的变化。pH还可以通过改变培养基中有机化合物的离子化作用程度，而对细胞施加间接影响（多数非离子状态化合物比离子状态化合物更容易渗入细胞），改变某些化合物分子进入细胞的状况，从而促进或抑制微生物的生长。

与温度相似，不同微生物的生长 pH 也存在最高、最适与最低三个数值。最适生长 pH 偏于碱性范围内的微生物，如硝化细菌、尿素分解菌、根瘤菌和放线菌等，最适生长 pH≥9，称嗜碱性微生物；有的微生物不一定要在碱性条件下生活，但能耐较碱的条件，称耐碱性微生物，如若干链霉菌等。生长 pH 偏于酸性范围内的微生物也有两类，一类是嗜酸性微生物，最适生长 pH≤3，如硫杆菌属（*Thiobacillus*）等；另一类是耐酸性微生物，如乳酸杆菌、醋酸杆菌、许多肠杆菌和假单胞菌等。

各大类微生物生长繁殖所需 pH 不同，适合细菌生长的最适 pH 接近中性，pH 低于 4 时，细菌一般不能生长；放线菌适合在微碱性条件下生长；酵母菌和霉菌生长的最适 pH 为 4~6。

除了不同种类的微生物有其最适的生长 pH 外，同一微生物在其不同的生长阶段和不同的生理、生化过程中，也有不同的最适 pH 要求，这对发酵生产中的 pH 控制尤为重要。例如，黑曲霉（*Aspergillus niger*）pH 在 2~2.5 范围有利于产柠檬酸，pH 在 2.5~6.5 范围内以菌体生长为主，而 pH 在 7 左右时，则以合成草酸为主。又如，丙酮丁醇梭菌 pH 在 5.5~7.0 范围内，以菌体生长繁殖为主，而 pH 在 4.3~5.3 范围内才进行丙酮丁醇发酵。抗生素生产菌也有类似情况。

另一方面，微生物又会通过它们自身的代谢活动来改变其所处环境的 pH。例如，许多微生物能降解糖而生成酸，使 pH 下降；具有尿酶的菌类能分解尿素产生氨，使环境的 pH 上升，反过来又会影响微生物的生长和生存。环境 pH 不但影响微生物的生长，也可能引起微生物形态的改变。如青霉在连续培养过程中，当培养基的 pH 高于 6.0 时菌丝变短，高于 6.7 时就不再形成分散的菌丝，而形成菌丝体球。因此，微生物代谢造成环境 pH 的变化对微生物的进一步生长和发酵生产往往是不利的，因此，在培养微生物时要采取措施，控制好环境的 pH。

（五）氧气

根据微生物生长时对氧气的需求可将其分为 5 种类型：专性好氧微生物、微好氧微生物、兼性厌氧微生物（又称兼性好氧微生物）、耐氧微生物、专性厌氧微生物。它们在半固体培养基试管中的生长特征见图 4-2。

1. 专性好氧微生物（aerobe）

此类微生物通常不能通过发酵作用产生能量，因而在缺氧的环境中完全不能生长。大多数细菌、放线菌、霉菌、原生动物和微型后生动物属于专性需氧微生物。

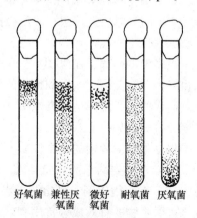

好氧菌　兼性厌　微好　耐氧菌　厌氧菌
　　　　氧菌　　氧菌

图 4-2　对氧需求不同的微生物在
半固体琼脂培养基中的生长特征

2. 微好氧微生物（microaerophile）

此类微生物在低浓度氧分子环境中生长最好，氧分压太高就不能生长。乳酸细菌科中的一些种就属于微好氧微生物。

3. 兼性厌氧微生物（facultative anaerobe）

兼性厌氧微生物，又称兼性好氧微生物，指既能在无氧的条件下生存，又可在有氧的条件下生长，它能够通过氧化磷酸化作用或通过发酵获得能量，并且不需要分子氧来进行生物合成。有些兼性需氧微生物缺少分子氧时，也能利用其他电子受体如硝酸盐等。兼性需氧微生物包括很多种细菌、一些真菌和原生动物。兼性厌氧微生物以厌氧生长代替好气性生长时，生理状况也发生变化。细胞色素等呼吸链组分在厌气生长的兼性微生物中可能消失或大大减少，但当导入氧气时，这些组分的合成会很快得到恢复。

4. 耐氧微生物（aerotolerent anaerobe）

它们不能利用分子氧，但分子氧的存在对它们的生存无害。

5. 专性厌氧微生物（obligate anaerobe）

它们不仅不能利用分子氧，而且分子氧存在对它们还有害（抑制其生长，甚至导致其死亡）。

因此，培养不同需氧类型的微生物时，一定要采取相应的措施以保证不同类型微生物能正常生长。例如，培养专性好氧微生物可通过振荡或通气等方式使之有充足的氧气供其生长；培养专性厌氧微生物则要排除环境中的氧，同时通过在培养基中添加还原剂的方式降低培养基的氧化还原电势。

（六）化学因子

抑制或杀死微生物的化学物质种类很多，主要有重金属盐类、卤素及其化合物、氧化剂、醇类、酚类、醛类、酸类和表面活性剂等。化学物质处于不同浓度时，对微生物的影响不同。某些化学物质在极低浓度时可能刺激微生物生长发育；浓度略高时可能抑菌；浓度极高时可能杀菌。不同的微生物种类对化学物质的敏感性也不同。

很多消毒剂都是在20世纪50～70年代发展起来的。目前国际市场上消毒剂名目繁多，在美国，人用和兽用的消毒剂就有1400多种，但92%是由14种成分配制而成的；我国内地消毒剂市场发展也较快，消毒剂商品已达50～60种，但按成分分类也只有七八种。

根据化学消毒剂的化学性质不同，主要分以下几类：

（1）单质类消毒剂　如臭氧、氯、溴和碘。

（2）含氯消毒剂　是指溶于水产生具有杀灭微生物活性的次氯酸的消毒剂，其杀灭微生物的有效成分常用有效氯表示。这类消毒剂包括无机氯化合物，如次氯酸钠、漂白粉、漂粉精、氯化磷酸三钠等；有机氯化合物，如二氯异氰尿酸钠、三氯异氰尿酸、氯胺T等。

（3）过氧化物类消毒剂　包括臭氧、过氧化氢、过氧乙酸和二氧化氯等。

（4）醛类消毒剂　包括甲醛、戊二醛和邻苯二甲醛等。

（5）醇类消毒剂　最常用的是乙醇和异丙醇。

（6）含碘消毒剂　包括碘酊和碘伏。

（7）酚类消毒剂　包括苯酚、甲酚、卤代苯酚及酚的衍生物。

（8）季铵盐类消毒剂　常用的有洁尔灭、新洁尔灭、双长链季铵盐消毒剂等。

（9）胍类消毒剂　如醋酸氯己定、葡萄糖酸氯己定等双胍类消毒剂。

（10）复配消毒剂　将不同性能、不同类别、不同结构的消毒剂进行复配而得的消毒剂。

根据化学消毒剂的杀菌机制不同，主要分以下几类：

（1）促进菌体蛋白质变性或凝固　如酚类（高浓度）、醇类、重金属盐类（高浓度）、酸碱类、醛类。

（2）干扰细菌的酶系统和代谢　如某些氧化剂、重金属盐类（低浓度）与细菌的 – SH 基结合使有关酶失去活性。

（3）损伤菌细胞膜　如酚类（低浓度）、表面活性剂、脂溶剂等，能降低菌细胞的表面张力并增加其通透性，胞外液体内渗，致使细菌破裂。

二、消毒技术规范常用术语

《消毒技术规范》规定，消毒与灭菌是两个不同的概念。消毒是用化学、物理或生物的方法杀灭或清除传播媒介上的病原微生物，使其达到无传播感染水平上的处理过程；灭菌是用化学或物理的方法杀灭或清除传播媒介上一切微生物，使其达到无活微生物存在的处理过程。灭菌是最彻底的消毒，灭菌虽然要求达到无菌，实际上是很困难的，一般规定灭菌后微生物生长几率应不高于 10^{-6}，工业上一般认为 100 万个处理对象中仅有一个带菌时可看作无菌。

《消毒技术规范》中常用术语如下。

（1）消毒（disinfection）　杀灭或清除传播媒介上病原微生物，使其达到无害化的处理。

（2）灭菌（sterilization）　杀灭或清除传播媒介上一切微生物的处理。

（3）抗菌（antibacterial）　采用化学或物理方法杀灭细菌或妨碍细菌生长繁殖及其活性的过程。

（4）抑菌（bacteriostasis）　采用化学或物理方法抑制或妨碍细菌生长繁殖及其活性的过程。

（5）消毒剂（disinfectant）　用于杀灭传播媒介上的微生物使其达到消毒或灭菌要求的制剂。

（6）灭菌剂（sterilant）　能杀灭一切微生物（包括细菌芽孢），并达到灭菌要求的制剂。

（7）中和剂（neutralizer）　在微生物杀灭试验中，用以消除试验微生物与消毒剂的混悬液中和微生物表面上残留的消毒剂，使其失去对微生物抑制和杀灭作用的试剂。

（8）无菌保证水平（sterility assurance level，SAL）　灭菌处理后单位产品上存在活微生物的概率，通常表示为 10^{-n}，本规范规定为 10^{-6}，即经灭菌处理后，每件物品中有菌生长的概率是 $1/10^6$。

三、常用消毒灭菌技术

（一）干热灭菌技术

干热可用于能耐受较高温度，却不宜被蒸汽穿透，或者易被湿热破坏的物品的灭菌。同时干热也是制药工业中用于除热原的方法之一。由于在相同的温度下，干热对微生物的杀灭效果远低于饱和蒸汽，故干热灭菌需要较高的温度或较长的灭菌时间。

1. 干烤灭菌法

将金属制品、清洁玻璃、陶瓷器皿放入恒温鼓风干燥箱内，在 160～170℃维持 1～2h 后，即可达到彻底灭菌的目的。

2. 灼烧法

利用火焰直接焚烧或灼烧待灭菌的物品，它是一种最为彻底和迅速的灭菌方法，在实验室内常用酒精灯火焰或煤气灯火焰来灼烧接种环、接种针、试管口、瓶口及镊子等无菌操作中需用的工具或物品，确保纯培养物免受污染。

（二）湿热灭菌技术

湿热灭菌法是在饱和蒸汽、沸水或流通蒸汽中进行灭菌的方法。由于蒸汽潜热大，穿透力强，容易使蛋白质变性或凝固，所以灭菌效率比干热灭菌法高。它具有灭菌可靠，操作方便，易于控制和经济等优点，是应用最广泛的一种灭菌方法。多数细菌和真菌的营养细胞在 60℃左右处理 5～10min 后即可杀死，酵母菌和真菌的孢子耐热能力较强，要用 80℃以上的温度处理才能杀死，而细菌的芽孢最耐热，一般要在 120℃处理 15min 才能杀死。

1. 湿热灭菌技术的种类

湿热灭菌技术因处理温度、时间和方式的不同，可分为以下几种方式。

（1）巴氏消毒法　巴氏消毒法是一种低温常压消毒法，具体的处理方法有两种。一种是在 63℃保持 30min，称为低温维持消毒法；另一种是在 75℃处理 15s，称为高温瞬时消毒法。此方法主要用于牛奶、啤酒、果酒和酱油等不宜进行高温灭菌液体的消毒，其主要目的是杀死其中无芽孢的病原菌（如牛奶中的结核杆菌或沙门氏菌），而又不影响它们的风味和营养价值。

（2）煮沸消毒法　煮沸消毒法是将物品在水中煮沸，保持 15min 以上，杀死所有致病菌的营养细胞和一部分芽孢。一般用于饮用水消毒。若延长煮沸时间并在水中加入1%碳酸钠或2%~5%石炭酸，效果更好。

（3）间歇灭菌法　间歇灭菌法又称丁达尔灭菌法或分段灭菌法。操作步骤为：将待灭菌的培养基在80~100℃蒸煮15~60min，杀死其中所有微生物的营养细胞，然后放置室温或37℃下保温过夜，诱导残留的芽孢发芽，第二天再以同法蒸煮和保温过夜，如此连续重复3d，即可在较低温度下达到彻底灭菌的效果。适用于不耐热培养基的灭菌。例如，培养硫细菌的含硫培养基就采用间歇灭菌法灭菌，因为其中的元素硫经常规加压灭菌（121℃）后会发生熔化，而在99~100℃的温度下则呈结晶形。

（4）常规加压蒸汽灭菌法　常规加压蒸汽灭菌法是一种应用最为广泛的灭菌方法。其原理是通过加热增加密封锅内水蒸气压力，提高锅体内蒸汽温度达到对物品灭菌的目的。其过程是将待灭菌的物品放置在盛有适量水的加压蒸汽灭菌锅内，把锅内的水加热煮沸，并把其中原有的空气彻底放尽后将锅密闭，再继续加热就会使锅内的蒸汽压逐渐上升，从而使温度上升到100℃以上。为达到良好的灭菌效果，一般要求温度应达到121℃（压力为98kPa），时间维持20~30min，也可采用在较低的温度（115℃，68.6kPa）下维持35min的方法。适于常规加压蒸汽灭菌法的物品有培养基、生理盐水、各种缓冲液、玻璃器皿和工作服等。灭菌所需时间和温度取决于被灭菌培养基中营养物的耐热性、容器体积的大小和装物量等因素，对于沙土、液体石蜡或含菌量大的物品，应适当延长灭菌时间。

（5）连续加压灭菌法　连续加压灭菌法在发酵行业也称"连消法"。此法在大规模的发酵工厂用作培养基的灭菌。主要操作为：将培养基在发酵罐外连续不断地进行加热、维持和冷却，然后才进入发酵罐。此法一般采用135~140℃处理5~15s，故又称高温瞬时灭菌。这种灭菌方法既可杀灭微生物，又可最大限度减少营养成分的破坏，提高了原料的利用率，同时缩短了发酵罐的占用周期，提高了锅炉的利用率，适宜于自动化操作，降低了操作人员的劳动强度。

2. 湿热灭菌效果的影响因素

（1）菌龄　同一细菌的不同发育阶段对热的抵抗力有所不同，孢子（特别是芽孢）最能抗热，幼龄菌比老龄菌对热更敏感。

（2）菌量　微生物数量越少，所需灭菌时间越短。

（3）药物性质与灭菌时间　一般来说，灭菌温度越高灭菌时间越短。但考虑到药物的稳定性，应在达到有效灭菌的前提下可适当降低灭菌温度或缩短灭菌时间。

（4）蒸汽的性质　蒸汽有饱和蒸汽、湿饱和蒸汽和过热蒸汽。饱和蒸汽热含量较高，热穿透力较大，因此灭菌效力高。湿饱和蒸汽带有水分，热含量较低，穿透力差，灭菌效力较低。过热蒸汽温度高于饱和蒸汽，但穿透力差，灭菌效率低。

（5）介质的性质　制剂中含有营养物质，如糖类、蛋白质等，可增强细菌的抗热性。细菌的生存能力也受介质pH的影响。一般中性环境耐热性最大，碱性次之，酸性不利于细菌发育。

（三）辐射灭菌技术

以放射性同位素（^{60}Co 或 ^{137}Cs）放射的 γ 射线杀菌的方法。射线可使有机化合物的分子直接发生电离，产生破坏正常代谢的自由基，导致微生物体内的大分子化合物分解。辐射灭菌的特点是不升高灭产品的温度，穿透性强，适合于不耐热药物的灭菌，医疗器械、高分子材料、包装材料等的灭菌。此法已为《英国药典》（1998），《日本药局方》（13 版）所收载。我国有些企业亦用^{60}Co对某些中药和医疗器械进行灭菌。辐射灭菌，设备费用高，对某些药品可能产生药效降低，产生毒性物质或发热物质，使用辐射灭菌还应注意采取安全防护措施。

（四）紫外线灭菌法

紫外线灭菌法是指用紫外线照射杀灭微生物方法。一般用于灭菌的紫外线波长是 200 ~ 300nm，灭菌力最强的波长是 253.7nm。

紫外线灭菌作用主要是能诱导胸腺嘧啶二聚体的形成，从而导致微生物的 DNA 复制和转录错误，轻则发生细胞突变，重则造成菌体死亡。此外，空气受紫外线照射后产生微量臭氧（O_3），它也有杀菌作用。

紫外线进行直线传播，可被不同的表面反射，穿透力微弱，但较易穿透清洁空气及纯净的水。因此，此法只适用于空气和物体表面的灭菌，不适用于溶液和固体物质深部的灭菌。普通玻璃可吸收紫外线，因此装于玻璃容器中的溶液不能用此法灭菌。

紫外线对人体照射过久，会发生结膜炎、红斑及皮肤烧灼等现象，故不能直视紫外线灯光，更不能在紫外线下工作，一般在人入室前开启紫外线灯 1 ~ 2h，关闭后人才进入洁净室。

用紫外线照射灭菌时要注意下列问题。

（1）紫外线的杀菌力随使用时间增加而减退，一般使用时间达到额定时间70%时应更换紫外线灯管，以保证杀菌效果。国产紫外线灯平均寿命一般为 2000h。

（2）紫外线的杀菌作用随菌种不同而不同，杀霉菌的照射量要比杀杆菌大40 ~ 50 倍。

（3）紫外线照射通常按相对湿度为 60% 的基础设计，室内湿度增加时，照射量应相应增加。

（4）紫外线灭菌效果与照射的时间长短有关，这需要通过验证来确定照射时间。

（五）过滤灭菌技术

过滤除菌技术是通过机械作用滤去液体或气体中细菌的方法，该方法最大的优点是不破坏溶液中各种物质的化学成分。有些物质如抗生素、血清、维生素、糖溶液等采用加热灭菌法时，容易受热分解而被破坏，因而要采用过滤除菌法。过滤除菌法除实验室用于溶液、试剂的除菌外，在微生物工作中使用的净化工作台也是根据过滤除菌的原理设计的。

1. 滤器的常用种类

滤器种类很多，如图4－3所示，可根据不同的需要来选用不同的滤器和滤板材料。

（1）蔡氏（Seitz）过滤器 该滤器由石棉制成的圆形滤板和一个金属（银或铝）漏斗组成，滤板是用石棉纤维和其他填充物压制成的片状结构。溶液中的细菌通过石棉纤维的吸附和过滤而被去除，但对溶液中其他物质的吸附性也大，每张滤板只能使用一次。根据其孔径的大小，滤板可分为三种型号：K型滤孔最大，作一般澄清用；EK型滤孔较小，可用于除去细菌；EK－S型滤孔最小，可阻止大病毒通过，使用时可根据需要选用。蔡氏滤器的结构如图4－3a所示。

（2）微孔滤膜过滤器 微孔滤膜过滤器是一种新型过滤器，它由上下二个分别具有出口和入

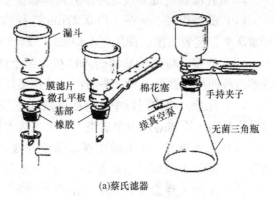

(a)蔡氏滤器

(b)注射器装置滤器

图4－3 用于除菌的滤器

口连接装置的塑料盒组成，出口处可连接针头，入口处可连接针筒，使用时将滤膜装入两塑料盒之间，旋紧盒盖，当溶液从针筒注入滤器时，各种微生物被阻留在微孔滤膜上面，而液体和小分子物质通过滤膜，从而达到除菌的目的。其滤膜是由硝酸纤维素和醋酸纤维素的混合物制成的薄膜，有孔径大小不同的多种规格（如0.1、0.22、0.3、0.45μm等），实验室中用于除菌的微孔滤膜孔径一般为0.22μm。根据待除菌溶液量的多少，可选用不同大小的滤器。该滤器的优点是吸附性小，即溶液中的物质损耗少，过滤速度快，每张滤膜只使用1次，不用清洗，但滤量有限，所以一般只适用于实验室中小量溶液的过滤除菌。微孔滤膜不仅可以用于除菌，还可用来测定液体或气体中的微生物，如水的微生物检查。微孔滤膜过滤器的结构如图4－3b所示。

（3）玻璃过滤器 是一种玻璃制成的过滤漏斗，其过滤部分是由细玻璃粉烧结成的板状构造。玻璃滤器的规格很多，5号（孔径2～5μm）和6号（孔径<2μm）适用于过滤细菌，其优点是吸附量少，但每次使用后要洗净再用。

2. 微孔滤膜过滤器过滤除菌的具体操作步骤

（1）滤器组装、灭菌　将 0.22μm 孔径的滤膜装入清洗干净的塑料滤器中，旋紧压平，包装灭菌后待用（0.1MPa，121.5℃，灭菌20min）。

（2）连接　将灭菌滤器的入口在无菌条件下，以无菌操作方式连接于装有待滤溶液的注射器上，将针头与出口处连接并插入带橡皮塞的无菌试管中。

（3）压滤　将注射器中的待滤溶液加压缓缓挤入过滤到无菌试管中，滤毕，将针头拔出。压滤时用力要适当，不可太猛太快，以免细菌被挤压通过滤膜。

（4）无菌检查　无菌操作吸取除菌滤液 0.1mL 于肉汤蛋白胨平板上，均匀涂布，置37℃恒温培养箱培养24h，检查是否有杂菌生长。

（5）清洗　弃去塑料滤器上的微孔滤膜，将塑料滤器清洗干净，并换上一张新的微孔滤膜，组装包扎，再经灭菌后使用。

注意：整个过程应严格按照无菌操作，以防污染；过滤时应避免各连接处出现渗透现象。

（六）消毒剂消毒技术

在人类尚未了解微生物时，便有了消毒剂的使用，如 1827 年英国伦敦已开始用次氯酸盐对环境进行消毒，1834 年著名外科医生 Lister 最早使用石炭酸（苯酚）作喷雾消毒。随着对微生物的逐渐了解和认识，人类发明和研制了多种对微生物有杀灭作用的消毒剂和灭菌剂，多数新型的消毒剂是随着 20 世纪 50 年代"消毒学"作为一门独立学科的产生才开始发展起来的。

1. 消毒剂的种类

根据我国卫生部颁布的《消毒技术规范》，种类繁多的消毒剂按其杀菌水平可分为如下三类。

（1）高效消毒剂（high-efficacy disinfectant）　能杀灭一切细菌繁殖体（所括分枝杆菌）、病毒、真菌及其孢子等，对细菌芽孢也有一定杀灭作用的消毒制剂，如戊二醛、过氧乙酸、二溴海因、二氧化氯和含氯消毒剂（漂白粉、次氯酸钠、二氯异氰尿酸钠、三氯异氰尿酸）等。

（2）中效消毒剂（intermediate-efficacy disinfectant）　能杀灭分枝杆菌、真菌、病毒及细菌繁殖体等微生物的消毒制剂，如含碘消毒剂（碘酊、碘伏）、醇类及其复配消毒剂、酚类消毒剂等。

（3）低效消毒剂（low-efficacy disinfectant）　能杀灭细菌繁殖体和亲脂病毒的消毒制剂，如苯扎溴铵（新洁尔灭）等季铵盐类消毒剂，氯己定（洗必泰）等双胍类消毒剂等。

2. 消毒剂的选择

理想的化学消毒剂应具备如下条件：①杀菌谱广，作用快速；②性能稳定，便于储存和运输；③无毒无味，无刺激，无致畸、致癌、致突变作用；④易溶于水，不着色，易去除，不污染环境；⑤不易燃易爆，使用安全；⑥受有机物、酸碱和环境因素影响小；⑦作用浓度低；⑧使用方便，价格低廉。

在实际应用中，完全具备理想条件的消毒剂是很难寻找到的，应该根据不同的实际应用需要，在选择上加以侧重。

以瓶（桶）装饮用水生产中瓶（桶）的消毒为例，因为瓶（桶）装水是人们直接用于饮用的，所以首先要保证所选消毒剂安全无毒无残留；同时，大多数瓶（桶）装水生产企业的工艺中，桶的消毒只有几十秒，瓶装水甚至是几秒，要在如此短的时间达到很好的消毒效果，在消毒剂的选择上，就应该侧重于作用快速；另外，消毒剂的杀菌谱也是要重点考虑的因素之一，由于回收桶的特殊性，导致其携带的微生物种类不可控制，细菌繁殖体、真菌、病毒、细菌芽孢等都有可能存在，这就要求选择的消毒剂必须是高效的，才能将可能存在于回收桶上的各种微生物彻底杀灭，保证产品微生物指标合格。符合以上要求，同时在环保、贮存、价格、使用等各方面都较有综合优势，最适合应用于瓶（桶）装饮用水生产企业，同时也是较多厂家选择的消毒剂，有如下几类。

（1）二氧化氯　稳定性二氧化氯是第四代高效消毒剂，世界卫生组织（WHO）将其作为 A Ⅰ 级高效安全食品消毒剂，美国环境保护局（EPA）和食品药物管理局（FDA）认为，稳定性二氧化氯对多种微生物，包括细菌、病毒、霉菌和细菌芽孢具有快速强烈的杀灭作用；毒理学评价认为它是实际无毒级消毒剂；FDA 允许它用于果蔬进食前的终末消毒，不需再行清洗，EPA 批准以 5mg/L 质量浓度进入饮用水后直接食用，美国农业部（USDA）批准用于食品生产场所、食品盛装容器的终末消毒；日本、澳大利亚卫生部均将其列为食品添加剂和用于果蔬、食品容器终末消毒。二氧化氯是国际上公认的性能优异、效果良好、使用安全的杀菌消毒剂、食品保鲜剂、水质净化剂。二氧化氯以其高效广谱、安全快速成为瓶（桶）装饮用水生产中首选的消毒剂，在水行业多年来的应用表明，只要正确使用，控制适当的活化时间、消毒浓度和消毒时间，就能有效发挥二氧化氯的消毒杀菌作用，保证产品质量。同时，采用带盖容器活化，在消毒槽中先加足够量的水再加活化后的二氧化氯，加大车间通气量减少二氧化氯气体浓度，就可以创造良好的操作环境，确保操作人员的身体健康。

（2）过氧乙酸　过氧乙酸（$C_2H_4O_3$）是一种酸性氧化剂，早在 20 世纪 40 年代就用于消毒，即使在低温下对各种微生物（细菌繁殖体、真菌、结核分枝杆菌、细菌芽孢及各种病毒）均有很强的杀灭作用，可作灭菌剂使用，具有高效、快速、分解产物无毒无害等特点，可用于瓶（桶）装饮用水包装物的消毒。但市售过氧乙酸商品一般是二元包装，使用时需提前 24～48h 将两组分混合，使用上稍有不便，而且过氧乙酸对金属有较强的腐蚀性，对织物有漂白作用，使用时必须加以注意。

（3）过氧化物　目前国际上有一种以过氧乙酸和过氧化氢为主要有效成分的过氧化物型消毒剂，被广泛应用于食品饮料行业的工具、设备、管道和包装物的消毒灭菌。这种消毒剂不但具有过氧乙酸高效、广谱、快速、分解产物无毒无害等优点，而且使用前无需提前混合，加水稀释即可直接使用，对设备的腐蚀也比过氧乙酸小得多。

（4）含氯消毒剂　含氯消毒剂是指在水中能产生具有杀菌活性的次氯酸的一类化学消毒剂，是最早使用的古老消毒剂之一，目前用于消毒的含氯消毒剂有数十种之多，复配制剂更是不计其数。目前在食品饮料行业中应用较多的含氯消毒剂主要有次氯酸钠、二氯异氰尿酸钠和三氯异氰尿酸，均属于高效消毒剂，在合适的浓度和时间下能杀灭各种微生物。由于含氯消毒剂可与水中的有机物反应生成有致癌作用的卤代烃，因此含氯消毒剂应用于瓶（桶）装饮用水要特别注意残留问题。含氯消毒剂价格较为低廉，用于车间周围环境、地面、墙面、排水沟等的消毒是不错的选择。

确定了所用消毒剂的类别，还应该选择使用具有省级以上卫生行政部门批准并持有产品许可证（许可批件）的正式消毒剂产品。卫生部审批每一种消毒剂产品时，对产品配方、主要有效成分及含量、工艺流程、产品剂型、杀菌效果、毒性、腐蚀性、适用范围、使用方法、使用说明、注意事项、产品质量检验等均进行严格的审查，使用有卫生部卫生许可批件并且许可批件在有效期内的消毒剂产品才能保证使用效果和使用的安全性，最大限度地保障使用者的利益。

3. 常用消毒剂的主要用途

常用消毒剂的作用原理及其应用见表 4-1。

表 4-1　　　　常用消毒剂的种类、作用机制与用途

类别	作用机制	常用消毒剂	用途
酚类	蛋白质变性，损伤细胞膜，灭活酶类	3% ~5% 石炭酸 2% 来苏水 0.01% ~0.05% 洗必泰	地面、器具表面的消毒，皮肤消毒 术前洗手、阴道冲洗等
醇类	蛋白质变性与凝固，干扰代谢	70% ~75% 乙醇	皮肤、体温计消毒
重金属盐类	氧化作用，蛋白质变性与沉淀，灭活酶类	0.05% ~0.1% 升汞 2% 红汞 0.1% 硫柳汞 1% 硝酸银 1% ~5% 蛋白银	非金属器皿的消毒 皮肤、黏膜、小创伤消毒 皮肤消毒、手术部位消毒 新生儿滴眼、预防淋病奈瑟菌感染
氧化剂	氧化作用，蛋白质沉淀	0.1% 高锰酸钾 3% 过氧化氢 0.2% ~0.3% 过氧乙酸 2.0% ~2.5% 碘酒 0.2~0.5mg/L 氯 10% ~20% 漂白粉	皮肤、尿道、蔬菜、水果消毒 创口、皮肤黏膜消毒 塑料、玻璃器材消毒 皮肤消毒 饮水及游泳池消毒 地面、厕所与排泄物消毒

类别	作用机制	常用消毒剂	用途
表面活性剂	损伤细胞膜，灭活氧化酶等酶活性，蛋白质沉淀	0.05%～0.1%新洁尔灭 0.05%～0.1%杜灭芬	外科手术洗手，皮肤黏膜消毒，浸泡手术器械 皮肤创伤冲洗，金属器械、塑料、橡皮类消毒
烷化剂	菌体蛋白质及核酸烷基化	10%甲醛 50mg/L环氧乙烷 2%戊二醛	物品表面消毒，空气消毒 手术器械、敷料等消毒 精密仪器、内窥镜等消毒
染料	抑制细菌繁殖，干扰氧化过程	2%～4%龙胆紫	浅表创伤消毒
酸碱类	破坏细胞膜和细胞壁，蛋白质凝固	$5～10mL/m^2$ 醋酸加等量水蒸发 生石灰（按1:4～1:8比例加水配成糊状）	空气消毒 地面、排泄物消毒

四、常用消毒灭菌设备的使用

（一）电热鼓风干燥箱的结构和使用

1. 电热鼓风干燥箱的结构（图4-4）

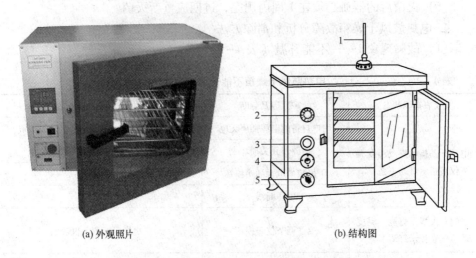

(a) 外观照片   (b) 结构图

图4-4 电热鼓风干燥箱的外观和结构
1—温度计和排气孔 2—控温器旋钮 3—指示灯 4—温度控制阀 5—鼓风钮

2. 电热鼓风干燥箱的使用方法

（1）装入待灭菌物品 将包扎好的待灭菌物品放入电热干燥箱内，关好箱门。物品不要摆放得太挤，堆积时要留有空隙，以免妨碍空气流通。灭菌物品不要接触电热干燥箱内壁的铁板、温度探头，以防包装纸烤焦起火。

（2）升温　接通电源，打开开关，设置灭菌温度160~170℃和灭菌时间1~2h，同时打开鼓风机。注意设置的灭菌温度不得超过180℃，以免引起纸或棉花等烤焦甚至燃烧。

（3）恒温　当温度升到160~170℃时，恒温调节器自动控制，保持此温度2h。干热灭菌过程中，严防恒温调节的自动控制失灵而造成安全事故。

（4）降温　灭菌时间到后，可自动切断电源，自然降温。

（5）开箱取物　待电热烘箱内温度降到60℃以下后，才能打开箱门，取出灭菌物品。电热干燥箱内温度未降到60℃以前，切勿自行打开箱门，以免骤然降温导致玻璃器皿炸裂。灭菌好的器皿应保存好，切勿弄破包装纸，否则会染菌。

3. 电热鼓风干燥箱的使用注意事项

（1）物品不要摆得太挤，以免妨碍空气流通。

（2）灭菌物品不要接触电烘箱内壁的铁板，以防包装纸烤焦起火。

（3）灭菌箱内温度不能超过180℃，否则包装纸或棉塞会烤焦，甚至燃烧。

（4）电烘箱内温度未降到60℃，切勿自行打开箱门，以免骤然降温，导致玻璃器皿炸裂。

（5）灭菌后的器皿在使用前勿打开包装，以防止被空气中的杂菌污染。

（6）灭菌后的器皿必须在1周内用完，过期应重新灭菌。

4. 电热鼓风干燥箱故障分析和消除方法

（1）故障现象1——不能升温（表4-2）

表4-2　　　　　　　　　　　　电热鼓风干燥箱不能升温故障处理

仪表指示状态	故障原因及判断	检查与排除方法
电源开关指示灯及温度调节仪表指示灯均不亮	用户自备的电源插座无电	用万用表或其他完好的电器测试用户自备的电源插座是否有电、检修供电设施
	电源刀开关损坏	
	干燥箱的电源插头损坏	用万用表检查通断并更换
	电源断线	
电源开关指示灯亮，温度调节仪表指示灯均不亮	温度调节仪表损坏	更换温度调节仪表
温度控制仪表的输出指示灯均能正常亮灭，温度控制仪表能够显示当前工作室内的温度	电加热丝损坏	用万用表检查电加热丝的电阻值，更换
	温控仪表内的继电器损坏不通（触点烧蚀）	用万用表检查通断，更换
	双向可控硅击穿断路损坏（不通）	

（2）故障现象 2——不能控温（表 4-3）

　　　　　　　　　　　　电热鼓风干燥箱不能控温故障处理

仪表指示状态	故障原因及判断	检查与排除方法
电子温度调节仪的红指示灯亮、智能仪表无输出信号并显示超温，但工作室内的温度已超过设定温度值，工作室内仍继续升温	温控仪表内的继电器损坏（触点黏连）	检查、更换继电器
	温控仪表损坏	检查、更换温控仪表
	双向可控硅击穿短路损坏（加热电路常通）	检查、更换
温度控制仪表的绿指示灯亮，但工作室内的温度早已超过设定温度值并继续升温	温度传感器损坏	检查、更换
	温度传感器的连接线短路	检查、重新连接
	温度传感器脱离工作室正常温控点	重新放置到原来位置

（二）高压蒸汽灭菌锅的使用

　　高压蒸汽灭菌锅是应用最广、效果最好的湿热灭菌器，有手提式、立式和卧式三种，实验室以手提式高压蒸汽灭菌锅和立式高压蒸汽灭菌锅最为常见。

　　不同类型的灭菌锅虽外形各异，但其结构、工作原理和使用方法是相同的。本书以手提式高压蒸汽灭菌锅为例，介绍其结构和使用方法。

1. 高压蒸汽灭菌锅的结构（图 4-5）

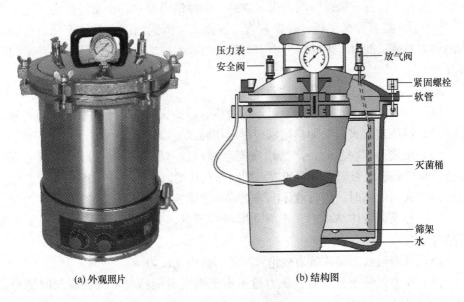

(a) 外观照片　　　　　　　　　　　(b) 结构图

图 4-5　手提式高压蒸汽灭菌锅的外观和结构

2. 高压蒸汽灭菌锅的使用方法

（1）加水　首先将内层锅取出，向外层锅内加入适量的水，使水面没过加热管，水量与三角搁架相平为宜。打开电源开关之前切勿忘记检查水位，加水量过少，灭菌锅会发生烧干，引起炸裂事故。

（2）装料　放回内层锅，并装入待灭菌的物品。注意不要装得太挤，以免妨碍蒸汽流通，而影响灭菌效果。装有培养基的容器放置时要防止液体溢出，三角瓶与试管口端均不要与桶壁接触，以免冷凝水淋湿包扎的纸而透入棉塞。

（3）加盖　将盖上与排气孔相连的排气软管插入内层锅的排气槽内，摆正锅盖，对齐螺口，然后以对称方式同时旋紧相对的两个螺栓，使螺栓松紧一致，勿使其漏气。

（4）排气　打开电源加热灭菌锅，并打开排气阀。等锅内水沸腾并有大量蒸汽自排气阀中冒出时，维持5min以上，用以排尽锅内的冷空气。

（5）升压　冷空气完全排尽后，关闭排气阀，继续加热，锅内压力开始上升。

（6）保压　当压力表指针达到所需压力时，控制电源，开始计时并维持压力至所需的时间。通常情况灭菌采用0.1MPa、121℃、20min。灭菌的主要因素是温度而不是压力，因此锅内的冷空气必须完全排尽后才能关闭排气阀，维持所需压力。

（7）降压　达到灭菌所需的时间后，切断电源，让灭菌锅自然降温降压。

（8）开盖，取物　当压力降至"0"后，方可打开排气阀，排尽余下的蒸汽，旋松螺栓，打开锅盖，取出灭菌物品，倒掉锅内剩水。注意：压力一定要降到"0"后才能打开排气阀，开盖取物。否则就会因锅内压力突然下降，使容器内的培养基或试剂由于内外压力不平衡而冲出容器口，造成瓶口污染，甚至灼伤操作者。

3. 高压蒸汽灭菌锅使用的注意事项

（1）切勿忘记加水，同时水量不可过少，以防灭菌锅烧干而引起炸裂事故。

（2）高压蒸汽灭菌锅加热用水应尽量用纯水，以防产生水垢。

（3）堆放灭菌物品时，严禁堵塞安全阀和放汽阀的出汽孔，必须留出空位保证其空气畅通，否则安全阀和放汽阀因出汽孔堵塞不能工作，造成安全事故。

（4）灭菌液体时，应将液体灌装在耐热玻璃瓶中，以不超过3/4体积为好。

（5）在灭菌液体结束时，不准立即释放蒸汽，必须待压力表指针回零位方可排放余汽。

（6）开盖前必须确认压力表指针归零，锅内无压力。

（7）压力表使用日久后，压力指示不正确或不能回复零位，应及时请专业人士予以检修。

（8）平时应将设备保持清洁和干燥，方可延长使用年限，橡胶密封圈使用日久会老化，应定期更换。

（9）高压灭菌器上的安全阀，是保障安全使用的重要装置，不得随意调节。

4. 高压蒸汽灭菌锅的常见故障分析和消除方法（表4-4）

表4-4　　　　高压蒸汽灭菌锅的常见故障分析和消除方法

故障现象	原因分析	排除方法
压力表温度与数字显示不一致	锅内存有冷空气	适量开启排汽排水总阀
水位超过高水位，高水位指示灯不亮	水位器内孔堵塞异物	疏通管道
高水位灯亮，显示温度不上升	a. 保温时间没有设定	设定保温时间
	b. 固态继电器损坏	由专业人员进行更换
	c. 电热管损坏	由专业人员进行更换
工作状态外壳带电	a. 电热管损坏	由专业人员进行更换
	b. 电源无接地线	由专业人员安装接地线
锅内无水，加热灯亮	水位针端接触铜壳	迅速切断电源 校正水位针端
压力表内有水蒸气	压力表弹簧管漏气	由专业人员更换压力表

五、常用消毒剂的配制

配制消毒液时操作人员必须戴橡胶手套，防止烧伤。消毒液配制后必须在容器上贴标签，并注明品名、浓度、配制时间和配制人等信息。

（一）70%或75%乙醇溶液

70%乙醇溶液：95%乙醇70mL加水25mL。

75%乙醇溶液：95%乙醇75mL加水20mL。

常用于皮肤、工具、设备、容器、房间的消毒。

（二）5%石炭酸溶液

石炭酸（苯酚）5g，蒸馏100mL。配制时先将石炭酸在水浴内加热溶解，称取5g，倒入100mL蒸馏水中。

（三）0.1%升汞水溶液（红汞，医用红药水）

升汞（$HgCl_2$）0.1g，浓盐酸0.25mL。先将升汞溶于浓盐酸中，再加水99.75mL。

（四）1%或2%来苏儿溶液（煤酚皂液）

1%来苏儿溶液：50%来苏儿原液20mL加水980mL。

2%来苏儿溶液：50%来苏儿原液40mL加水960mL。

常用于地漏的液封。

（五）0.2%或0.4%甲醛溶液

0.2%甲醛溶液：35%甲醛原液5mL加水245mL。

0.4%甲醛溶液：35%甲醛原液10mL加水240mL。

（六）3%过氧化氢溶液

取30%过氧化氢原液（双氧水）100mL加水900mL。密闭、避光、低温保存。临用前配制。

常用于工具、设备、容器的消毒。

（七）0.25%新洁尔灭

取 5% 新洁尔灭原液 5mL 加水 95mL。

常用于皮肤、工具、设备、容器、房间，具有地漏液封、清洁、消毒的作用。

注意新洁尔灭溶液与肥皂等阴离子表面活性剂有配伍禁忌，易失去杀菌效力。

（八）0.1%高锰酸钾溶液

称取 0.1g 高锰酸钾溶于 100mL 水中，临用前配制。

（九）2%龙胆紫溶液（紫药水）

龙胆紫为紫绿色有金属光泽的碎片，能溶于水。取医用粉剂龙胆紫 2g，溶解于 100mL 无菌蒸馏水中，即配成 2% 的水溶液。它对 G^+ 细菌作用较强。消毒皮肤和伤口浓度为 2%~4%。

（十）碘酊溶液（碘酒）

方法 1：称取 2g 碘和 1.5g 碘化钾，置于 100mL 量杯中，加少量 50% 酒精，搅拌待其溶解后，再用 50% 酒精稀释至 100mL，即得碘酊溶液。

方法 2：碘 10g，碘化钾 10g，70% 酒精 500mL。

六、常用洗涤剂的配制

（一）肥皂

使用时多用湿刷子（试管刷、瓶刷）沾肥皂刷洗容器，再用水洗去肥皂。热的肥皂水（5%）去污力很强，洗去器皿上的油脂很有效。

（二）去污粉

用时将一般玻璃器皿或搪瓷器皿润湿，将去污粉涂在污点上，用布或刷子擦拭，再用水洗去去污粉。

（三）洗衣粉

常用 1% 的洗衣粉液洗涤，能达到良好的清洁效果。

（四）铬酸洗液

铬酸洗液是指重铬酸钾（或重铬酸钠）的硫酸溶液，简称洗液，它广泛用于玻璃仪器的洗涤。

重铬酸盐与硫酸作用后形成铬酸，铬酸是一种强氧化剂，去污能力很强，常用于洗涤被有机物和油污染的干燥的玻璃器皿。铬酸洗液具有强腐蚀性，配制和使用洗液时要极为小心，防止烧伤皮肤或衣物。

刚刚配制好的铬酸洗液呈棕红色或橘红色，应贮存于有盖容器内，以防氧化变质。此液可反复使用，直至洗液变成青褐色或墨绿色时才失效。

铬酸洗液分浓溶液与稀溶液两种，配方如下：

浓溶液：重铬酸钠或重铬酸钾 50g + 水 150mL + 浓硫酸 800mL；

稀溶液：重铬酸钠或重铬酸钾 50g + 水 850mL + 浓硫酸 100mL。

配制方法都是将重铬酸钠或重铬酸钾先溶解于水中，必要时可加热促溶；待溶液冷却后，边搅拌边缓缓注入浓硫酸，边加边搅动；待洗液温度冷却至40℃以下，将其转移到具玻塞的试剂瓶内贮存备用。

（五）工业浓盐酸

常用于洗去水垢或某些无机盐沉淀。

（六）浓硝酸

常用于洗涤除去金属离子。

七、常用玻璃器皿的清洗技术

清洁的玻璃器皿是实验得到正确结果的先决条件，因此，玻璃器皿的清洗是实验前的一项重要准备工作。清洗方法根据实验目的、器皿种类、所盛放物品、洗涤剂的类别和沾污程度等的不同而有所不同。

（一）新购置玻璃器皿的洗涤

新购置的玻璃器皿表面常附着有游离的碱性物质，可先用去垢剂（0.5% 水溶液）或肥皂水洗刷，再用自来水洗净。然后浸泡1% ~ 2% HCl 溶液中过夜，次日取出用自来水充分冲洗，最后再用蒸馏水漂洗数次，置烘箱内烘干或倒置晾干备用。

（二）使用过的玻璃器皿的洗涤

1. 试管、培养皿、三角烧瓶、烧杯等

可用瓶刷或海绵沾上肥皂或洗衣粉或去污粉等洗涤剂刷洗，然后用自来水充分冲洗干净。热的肥皂水去污能力更强，可有效地去除器皿上的油污。洗衣粉和去污粉较难冲洗干净而常在器壁上附有一层微小粒子，故要用水充分冲洗，或可用稀盐酸摇洗一次，再用水冲洗。然后倒置于铁丝筐内或有空心格子的木架上，在室内晾干。急用时可盛于筐内或搪瓷盘上，放烘箱烘干。

玻璃器皿经洗涤后，若内壁的水均匀分布成一薄层，表示油垢完全洗净，若挂有水珠，则还需用洗涤液浸泡数小时，然后再用自来水充分冲洗。

装有固体培养基的器皿应先将培养基刮去，然后洗涤。

带菌的器皿在洗涤前先浸在2%来苏儿消毒液或0.25%新洁尔灭消毒液内24h 或煮沸0.5h，再进行洗涤。

带病原菌的培养物应先高压蒸汽灭菌，然后将培养物倒去，再进行洗涤。

盛放一般培养基用的器皿经上法洗涤后，即可使用，若需精确配制化学药品或做科研用的精确实验，要求自来水冲洗干净后，再用蒸馏水淋洗三次，晾干或烘干后备用。

2. 玻璃吸管

吸过指示剂、染料溶液等的玻璃吸管（包括毛细吸管），使用后应立即投入盛有自来水的容器内，免得干燥后难以冲洗干净。清洗后用蒸馏水淋洗。洗净后，放搪瓷盘中晾干，若要加速干燥，可放烘箱内烘干。

吸过含有微生物培养物的吸管也应立即投入盛有2%来苏儿消毒液或0.25%新洁尔灭消毒液内，24h后方可取出冲洗。

吸管的内壁如果有油垢，同样应先在洗涤液内浸泡数小时，然后再行冲洗。

3. 载玻片及盖玻片

用过的载玻片放入1%洗衣粉液中煮沸20~30min，注意煮沸液一定要浸没玻片，否则会使玻片钙化变质，待冷后，逐个用自来水洗净，浸泡于75%的乙醇中备用。

盖玻片放入1%的洗衣粉液中，煮沸1min，待稍冷后再煮沸1min，如此2~3次，如煮沸时间过长会使玻片钙化变白且变脆易碎。待冷却后用自来水冲洗干净。洗净后于75%乙醇溶液中浸泡，备用。

带有活菌的载玻片或盖玻片可先浸在5%石炭酸溶液中消毒，再按上述方法洗涤。

4. 比色皿

比色皿使用后应立即用蒸馏水充分冲洗，倒置在清洁处晾干备用。所有比色皿均可用0.5%去垢剂溶液洗涤，必须用脱脂棉小心地清洗，然后用大量蒸馏水充分漂洗干净，倒置晾干。但不能用氢氧化钾的乙醇溶液及其他强碱洗涤液清洗比色皿，防止比色皿的严重腐蚀。

八、常用玻璃器皿的包扎技术

培养微生物常用的玻璃器具主要有试管、三角瓶、培养皿、移液管等，在使用前必须先进行灭菌，使容器中不含任何杂菌。为了避免玻璃器皿在灭菌后再受空气中杂菌的污染，仍然能保持无菌状态，在灭菌前需进行严格的包装或包扎。

（一）移液管的包扎

洗净烘干移液管的上端用细铁丝或牙签将少许棉花（注意勿用脱脂棉，且棉花勿外露）塞入，形成1~1.5cm长的棉塞，如图4-6所示。移液管上端塞棉花是用于防止菌液误吸入吸耳球中，或吸耳球中空气的微生物通过移液管进入培养物中造成污染。棉塞要塞得松紧适宜，吹时以能通气又不致使棉花滑入管内为准。

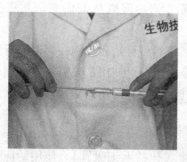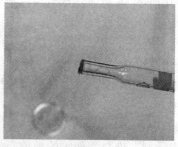

图4-6　移液管塞棉花

微生物实用技能训练

将塞好棉花的移液管的尖端放在 4 ~ 5cm 宽的长纸条的一端，移液管与纸条约成 30°夹角，折叠包装纸包住移液管的尖端，用左手将移液管压紧，在桌面上向前搓转，纸条螺旋式地包在移液管外面，余下纸头折叠打结，如图 4 - 7 所示。按实验需要，可单支包装也可多支包装。灭菌后烘干，使用时才在超净工作台中从纸条抽出。

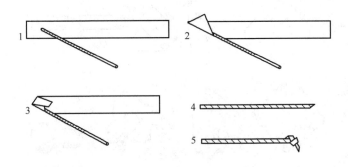

图 4 - 7　移液管报纸包扎示意图

（二）培养皿的包扎

培养皿由一底一盖组成一套，洗净烘干后通常每 5 ~ 12 套同向叠在一起，用牛皮纸或报纸将几套培养皿卷成一包。培养皿也可直接置于特制的铁皮圆筒内。如图 4 - 8 所示。

图 4 - 8　培养皿的包扎

灭菌后的培养皿，一定要在使用时才能在无菌区域打开包装纸，以避免空气中微生物的再次污染。

（三）试管和三角瓶的包扎

试管和三角瓶常采用合适的棉花塞封口，棉塞起过滤作用，只能让空气透过，而空气中的微生物则不能通过。

制作棉塞应采用普通未脱脂的棉花（医用脱脂棉会吸水，不宜采用）。棉塞的制作方法：制棉塞时，按试管口或三角瓶口的大小估计用棉量，将棉花铺成中心厚、周围逐渐变薄的圆形，对折后卷成卷，如图 4 - 9 所示。棉塞的形状、大小和松紧度要合适，要求四周紧贴玻璃壁，没有皱纹和缝隙，这样才能起到防止杂菌侵入和有利通气的作用。棉塞不宜过紧或过松，塞好后以手提棉塞，试管或三角瓶不下落为准。棉塞总长度约为管口直径的 2 倍，插入部分约为总长的 2/3，1/3 在试管或瓶口外，以便于拔塞，如图 4-10 所示。

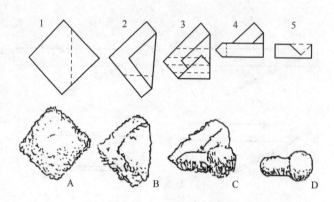

图 4-9　棉塞制作示意图

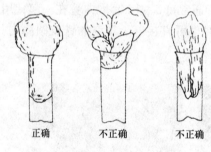

正确　　　　不正确　　　　不正确

图 4-10　棉塞安装示意图

加塞后，在棉塞外要包一层牛皮纸或双层报纸，以防灭菌时冷凝水沾湿棉塞。有些微生物需要更好的通气，则可用 8 层纱布制成通气塞，有时也可用试管帽或硅胶塞代替棉塞。如图 4-11 所示。

图 4-11　试管和三角瓶的包扎

项目实施

任务一　常见消毒灭菌设备的使用和保养

器材准备

仪器及相关用品：高温烘箱、高压蒸汽灭菌锅。

操作方法

参见"项目四"中的"背景知识四"。

任务二　常用玻璃器皿的包扎与灭菌

器材准备

高温烘箱、高压蒸汽灭菌锅、锥形瓶、试管、移液管、培养皿、纱布、棉花、报纸、麻绳等。

操作方法

1. 玻璃器皿的洗涤

具体方法参见"项目四"中的"背景知识七"。

2. 玻璃器皿的包扎

具体方法参见"项目四"中的"背景知识八"。

3. 灭菌

具体方法参见"项目四"中的"背景知识四"。

项目思考

1. 试列举常用消毒灭菌方法及其适用范围？
2. 试述高压蒸汽灭菌所用设备及其操作流程和注意事项？
3. 试述干热灭菌所用设备及其操作流程和注意事项？
4. 高压蒸汽灭菌为什么比干热灭菌要求温度低、时间短？
5. 高压蒸汽灭菌开始之前，为什么要将锅内冷空气排尽？
6. 灭菌完毕后，为什么压力降为"0"时才能打开排气阀，开盖取物？
7. 过滤除菌时需要注意什么问题？
8. 带菌的玻璃器皿如何洗涤？
9. 试述移液管和培养皿的包扎注意事项？
10. 为什么微生物实验室所用的移液管口或滴管口的上端均需塞入一小段棉花，再用报纸包起来，经高压蒸汽灭菌后才能使用？

项目五　培养基选择与制备、分装技能训练

项目介绍

项目背景

培养基是按微生物生长发育的需要，人工地将多种物质配制而成的一种混合营养基质，用以培养或分离各种微生物。因此，营养基质中应当有微生物所能利用的营养成分（包括碳源、氮源、能源、无机盐、生长因素）和水。培养基是研究和分离鉴定微生物必不可少的载体之一。根据微生物的种类和实验目的不同，培养基也有不同的种类和配制方法。不同培养基的配方及配制方法虽各有差异，但培养基的配制程序却大致相同，例如器皿的准备、培养基的配制与分装、培养基的灭菌、斜面与平板的制作和培养基无菌检查等基本环节大致相同。根据实际应用目的正确选择不同的培养基，并能规范且熟练的配制培养基是从事微生物实验工作的重要基础。

假设你作为某微生物培养基生产公司的一名技术人员接到一个工作任务：根据订单要求，生产适合某类微生物生长的即用型培养基，并对其进行制备和微生物生长效果检验。

项目任务

任务　培养基的制备、分装与灭菌

项目目标

知识目标

1. 能阐述配制培养基的理论依据，即了解微生物的营养需求及其功能、培养基的主要成分及物质来源。
2. 能列举常见的微生物营养类型。
3. 能阐述微生物对营养物质的吸收方式。

4. 能列举培养基的常见类型及其用途。

5. 能阐述配制培养基的原则、程序和注意事项。

能力目标

1. 能应用配制培养基的原则，根据实际应用需要选择合适的培养基。

2. 能规范并熟练配制常用培养基。

3. 能正确规范地完成培养基的分装、灭菌和无菌检查。

4. 能够采用正确的方法完成对培养基的质量监控和保存。

5. 能根据具体情况正确选择和规范使用各种消毒灭菌方法。

背景知识

一、微生物的营养物质

微生物从外界环境中摄取和利用营养物质的过程称为营养。营养是微生物维持和延续其生命形式的一种生理过程。凡是能够满足微生物生长、繁殖等各种生理活动所需的物质统称营养物质。

（一）微生物细胞的化学组成

微生物和高等生物的细胞化学组成成分类似，都含有碳、氢、氧、氮和各种矿质元素，由这些元素组成细胞的各种有机物质（如蛋白质、核酸、类脂和多糖等）和无机物。

水是生命之源，水是微生物菌体含量最高的物质，占菌体鲜重的70%～90%，除去水分就是干物质，占鲜重的10%～25%，其中有机物约占干重的90%～97%，将细胞干物质在高温（550℃）下灰化，就是各种矿质元素的氧化物，通常称为灰分，占干重的3%～10%。不同微生物有机物含量不同，但构成有机物的几种主要元素含量却较稳定，其中含碳量占干重的（50±5）%，氮占5%～15%，氢约占10%，氧约占20%。在灰分中，磷的含量最高，占细胞干重的3%～5%，占灰分总量的50%，其次是钾、镁、钙、硫、钠等，而铁、铜、锌、锰、硼、铝、硅等元素含量甚微，通常称为微量元素。灰分在不同微生物中的含量差异较大，矿质元素在不同微生物中的含量也有很大差异。

各种元素在微生物细胞中的含量，仅有相对比较的意义。有些特殊的微生物，在细胞内可以积累较多的某种元素，如硫细菌可以积累硫；铁细菌鞘中含大量铁；硅藻外壳主要成分是硅；有些细菌可积累较多的多聚偏磷酸盐。而且同一种微生物在不同生长时期或不同生长条件下，其细胞内各元素的含量也有变化。

（二）微生物的营养需求

微生物需要的营养物质有水、碳源、氮源、无机盐、生长因子和能源物质。

1. 水

水作为微生物营养物质中重要的成分,并不是由于水本身是营养物质,是因为水在生命活动过程中的重要作用。

水的主要作用是:①微生物细胞的主要组成成分;②营养物质吸收和代谢废物排出的良好溶剂;③细胞内各种生物化学反应得以顺利进行的介质;④原生质胶体的组成成分,并直接参加代谢过程中的许多反应;⑤比热高,能有效地吸收代谢过程中所放出的热,使温度不致骤然上升;⑥热的良好导体,有利于散热,便于调节细胞温度;⑦有利于生物大分子结构的稳定。由此可见,水具有多方面的作用,微生物离开水便不能进行生命活动。

2. 碳源

凡能提供微生物营养所需碳元素的物质统称为碳源。有简单的无机碳化合物,如 CO_2、碳酸盐等,也有复杂的有机碳化合物,如糖、醇、脂、有机酸、烃类等,甚至有高度不活跃的碳氢化合物,如石蜡、酚、氰等。另外,蛋白质及其水解产物等也是良好碳源。虽然微生物能利用的碳源很广泛,但多数微生物的最好碳源是葡萄糖、果糖、蔗糖、麦芽糖等易被吸收的物质,其次是有机酸、醇和脂类。不同种类微生物利用含碳化合物的能力不同,如洋葱假单胞菌可利用 90 多种碳素化合物,而甲基营养细菌只能利用甲醇或甲烷等一碳化合物作为碳源。

碳源的主要作用是构成机体中的含碳物质,提供微生物生长、繁殖及运动需要的能量。尤其对异养微生物,既是碳源又是能源,是具有双重功能的营养物。

3. 氮源

凡是能供给微生物氮素的含氮化合物称为氮源。在自然界中,氮源物质既有简单的无机氮,如铵盐、硝酸盐、亚硝酸盐等,也有复杂的有机氮,如蛋白质、氨基酸、核酸、尿素、嘌呤、嘧啶等。在实验室及生产实践中常以牛肉膏、蛋白胨、酵母膏、酪素、玉米浆等作为有机氮源,以氨盐作为无机氮源。

氮源物质主要是用作合成细胞含氮物质的原料,一般不作为能源物质。只有少数自养细菌利用铵盐、硝酸盐既作为氮源又作为能源。

4. 无机盐

无机盐是微生物生长必不可少的营养物质。微生物所需无机盐包括浓度在 $10^{-4} \sim 10^{-3} mol/L$ 范围内的大量元素,如 P、S、K、Mg、Ca、Na、Fe 等;浓度在 $10^{-8} \sim 10^{-6} mol/L$ 范围内的微量元素,如 Ni、Co、Zn、Mo、Cu、Mn 等。无机盐一般是金属元素的磷酸盐、硫酸盐或氯化物。

无机盐的主要功能是:①构成微生物细胞的各种组分;②参与并稳定细胞结构;③酶的激活剂;④维护和调节细胞的渗透压、pH、氧化还原电位等;⑤可作为某些微生物的能源物质;⑥可作为呼吸链末端的氢受体。

5. 生长因子

在培养微生物时,除了需要碳源、氮源及无机盐外,还必须在培养基中补充微量的有机营养物质,微生物才能生长或生长良好。这些微生物正常生长所不可缺少的微量有机物就是生长因子,又叫生长素。生长因子包括维生素、氨基酸、嘌呤、嘧啶、固醇、胺类等,其中维生素种类最多,有硫胺素(维生素 B_1)、核黄素(维生素 B_2)、泛酸(维生素 B_3)烟酸(维生素 B_5)、吡哆醇(维生素 B_6)、叶酸(维生素 B_C)、生物素(维生素 H)和维生素 B_{12} 等。酵母膏、蛋白胨、麦芽汁、玉米浆、动植物组织浸液等都可以提供生长因子。

生长因子的主要功能是:①提供微生物细胞的重要物质;②是辅因子(辅酶和辅基)的重要组分;③参与代谢活动。

6. 能源物质

能为微生物生命活动提供最初能量来源的是辐射能或化学能。辐射能来自太阳,而化学能来源于还原态的无机物质(如 NH_4^+、NO_2、S、H_2S、H_2、Fe^{2+} 等)和有机物质。在化能异养微生物中,碳源物质同时充当能源物质。

能源物质的生理作用就是为微生物的各项生命活动提供能量。

二、微生物的营养类型

微生物的营养类型是多样的,常用的分类依据是所需能源与碳源的不同,将微生物分为 4 种营养类型(表 5-1):光能自养型、光能异养型、化能自养型和化能异养型。

(一)光能自养型

光能自养型(photolithoautotroph, PLA),又称光能无机自养型,这类微生物以 CO_2 作为唯一或主要碳源,以光为生活所需的能源,能以无机物(如硫化氢、硫代硫酸钠或其他无机硫化物)作供氢体,使 CO_2 还原成细胞的有机物。该类型的代表是藻类和少量细菌。

(二)光能异养型

光能异养型(photoorganoheterotroph, POH)微生物利用光为能源,利用有机物为供氢体,不能以 CO_2 作为主要或唯一的碳源,一般同时以 CO_2 和简单的有机物为碳源。光能异养细菌生长时,常需外源的生长因子。如红螺菌科的细菌(即紫色无硫细菌)以光为能源,CO_2 为碳源,并需异丙醇为供氢体,同时积累丙酮。

(三)化能自养型

化能自养型微生物(chemolithoautotroph, CLA)以 CO_2(或碳酸盐)为碳源,以无机物氧化所产生的化学能为能源。它们可以在完全无机的条件下生长发育。这类菌以氢气、硫化氢、Fe^{2+} 或亚硝酸盐为电子供体,使 CO_2 还原。氢细菌、硫细菌、铁细菌和硝化细菌属于此类菌,它们广泛分布在土壤和水域中,在自然界的物质循环和转化过程中起着重要作用。它们一般生活在黑暗和无机的环境中,故又称为化能矿质营养型。

（四）化能异养型

化能异养型（chemoorganoheterotroph，COH）微生物以有机化合物为碳源，以有机物氧化产生的化学能为能源。所以，有机化合物对这些菌来讲，既是碳源，又是能源。动物和大多数微生物（几乎全部真菌、大多数细菌和放线菌）都属于此类。绝大多数工业上应用的微生物都属于化能异养型。

化能异养型微生物又可分为寄生（parasitism）和腐生（saprophytism）两种类型。寄生是指一种生物寄居于另一种生物体内或体表，从而摄取宿主细胞的营养以维持生命的现象；腐生是指通过分解已死的生物或其他有机物，以维持自身正常生活的生活方式。实际上，在寄生和腐生之间存在着不同程度的既寄生又腐生的中间类型，可称为兼性寄生或兼性腐生。

表 5–1 微生物的营养类型

营养类型	能源	碳源	微生物
光能自养型	光	CO_2 或碳酸盐	蓝细菌、绿硫菌、藻类
光能异养型	光	CO_2 及简单有机物	红螺菌科的细菌
化能自养型	无机物氧化所产生的化学能	CO_2 或碳酸盐	硫细菌、铁细菌、硝化细菌、氢细菌
化能异养型	有机物氧化所产生的化学能	有机物	多数细菌、全部放线菌、真菌及原生动物

上述营养类型的划分不是绝对的，不同营养类型之间无截然界线。有的微生物在不同环境条件下采用不同的营养方式，例如，红螺菌属在有光和厌氧条件下表现为光能自养，而在黑暗和好氧条件下进行化能异养生活。在化能自养和化能异养型之间也有中间类型，例如，氢单胞菌在完全无机的条件下，通过氢的氧化而获取能量，同化 CO_2，而当环境中存在有机物时，它便利用有机物实行异养生活。微生物营养类型的区分一般是以最简单的营养条件为根据，光能先于化能，自养先于异养，并加以"严格"、"兼性"来描述营养的可变性。所以，氢单胞菌为"兼性自养型"，红螺菌是"兼性光能异养型"。

三、微生物营养物质的吸收方式

营养物质能否被微生物利用的一个决定因素是这些营养物质能否进入微生物细胞。微生物只有把营养物质吸收到细胞内才能被逐步分解和利用，进而使微生物正常生长繁殖。

除原生动物外，其他各大类有细胞的微生物都是通过细胞膜的渗透和选择吸收作用而从外界吸取营养的。营养物质能否进入细胞取决于三个方面的因素：①营养物质本身的性质（相对分子质量、质量、溶解性、电负性等）；②微生物所处的环境（温度、pH 等）；③微生物细胞的透过屏障（原生质膜、细胞壁、荚膜等）特点。根据物质运输过程的特点，可将物质的运输方式分为简单扩散、促进扩散、主动运输、基团转移。

（一）简单扩散（simple diffusion）

简单扩散，也称自由扩散、单纯扩散。原生质膜是一种半透性膜，营养物质通过原生质膜上的小孔，由高浓度的胞外环境向低浓度的胞内进行扩散。自由扩散是非特异性的，但原生质膜上的含水小孔的大小和形状对参与扩散的营养物质分子有一定的选择性。它有以下特点：①物质在扩散过程中没有发生任何反应；②不消耗能量；不能逆浓度运输；③运输速率与膜内外物质的浓度差成正比。

自由扩散不是微生物细胞吸收营养物的主要方式，水是唯一可以通过扩散自由通过原生质膜的分子，脂肪酸、乙醇、甘油、一些气体（O_2、CO_2）及某些氨基酸在一定程度上也可通过自由扩散进出细胞。

（二）促进扩散（facilitated diffusion）

促进扩散与自由扩散一样，也是一种被动的物质跨膜运输方式，在这个过程中：①不消耗能量；②参与运输的物质本身的分子结构不发生变化；③不能进行逆浓度运输；④运输速率与膜内外物质的浓度差成正比；⑤需要载体参与。

通过促进扩散进入细胞的营养物质主要有氨基酸、单糖、维生素及无机盐等。一般微生物通过专一的载体蛋白运输相应的物质，但也有微生物对同一物质的运输由一种以上的载体蛋白来完成。

（三）主动运输（active transport）

主动运输是广泛存在于微生物中的一种主要的物质运输方式。与上面两种运输相比它的一个重要特点是物质运输过程中需要消耗能量，而且可以进行逆浓度运输。在主动运输过程中，运输物质所需要的能量来源因微生物不同而不同，好氧型微生物与兼性厌氧微生物直接利用呼吸能，厌氧微生物利用化学能，光合微生物利用光能。主动运输与促进扩散类似之处在于物质运输过程中同样需要载体蛋白，载体蛋白通过构象变化而发迹与被运输物质之间的亲和力大小，使两者之间发生可逆性结合与分离，从而完成相应物质的跨膜运输，区别在于主动运输过程中的载体蛋白构象变化需要消耗能量。

（四）基团移位（group transloction）

基团移位是另一种类型的主动运输，它与主动运输方式的不同之处在于它有一个复杂的运输系统来完成物质的运输，而物质在运输过程中发生化学变化。

基团转移主要存在于厌氧型和兼性厌氧型细胞中，主要用于糖的运输，脂肪酸、核苷酸、碱基等也可以通过这种方式运输。在研究大肠杆菌对葡萄糖和金黄色葡萄糖对乳糖的吸收过程中，发现这些糖进入细胞后以磷酸糖的形式存在于细胞质中，表明这些糖在运输过程中发生了磷酸化作用。

四种营养物质运送方式的比较见表 5 – 2 和图 5 – 1。

表 5 - 2		营养物质进入细胞的四种方式		
比较内容	单纯扩散	促进扩散	主动运输	基团移位
载体蛋白	无	有	有	有
运送速度	慢	快	快	快
运送方向	由浓至稀	由浓至稀	由稀至浓	由稀至浓
平衡浓度	内外相等	内外相等	内远大于外	内远大于外
运送分子	无特异性	有特异性	有特异性	有特异性
能量消耗	不需要	不需要	需要	需要
运送前后溶质	分子不变	分子不变	分子不变	分子改变
载体饱和效应	无	有	有	有
与溶质类似物	无竞争性	有竞争性	有竞争性	有竞争性
运送抑制剂	无	有	有	有
运送物质	水、二氧化碳、氧、甘油、乙醇、少数氨基酸、盐类、抑制剂	SO_4^{2-}、PO_4^{3-}	氨基酸、乳糖等；Na^+、Ca^{2+}等无机离子	葡萄糖、果糖、甘露糖、嘌呤、核苷、脂肪酸等

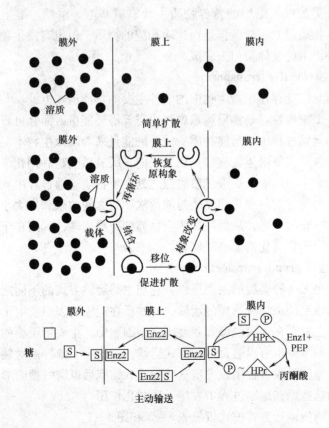

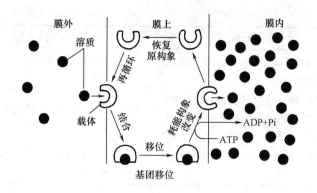

图 5 - 1　营养物质运送入细胞的四种方式

四、培养基及其分类

培养基（media）是指液体、半固体或固体形式的、含天然或合成成分，用于保证微生物繁殖（含或不含某类微生物的抑菌剂）、鉴定、分离、积累代谢产物或保持其活力的物质。从广义上说，凡是支持微生物生长和繁殖的介质或材料均可作为微生物的培养基。

自然界中，微生物种类繁多，营养类型多样，所以培养基在组成上也各有差异，依照不同的分类标准，可将培养基分成以下不同类型。

（一）根据培养基成分的来源不同分类

1. 天然培养基

利用生物的组织、器官及其抽取物或制品配成的培养基，称为天然培养基。天然培养基的优点是营养丰富、取材容易、配制简便、价格低廉；缺点是化学成分不清楚、不稳定，难控制，实验结果重复性差。配制这类培养基常用的原材料有牛肉膏、蛋白胨、酵母膏、豆芽汁、玉米粉、马铃薯、牛奶等。几种天然培养基常用原材料的特性见表 5 - 3。此类培养基适合于实验室培养菌种及工业上大规模的微生物发酵。

表 5 - 3　　　　　　　　　　天然培养基常见原材料的特性

原材料	制作特点	营养价值
牛肉膏	瘦牛肉加热抽提并浓缩而成的膏状物	主要提供碳水化合物（有机酸、糖类），有机氮化物（氨基酸、嘌呤、胍类），无机盐（钾、磷等）和水溶性维生素（主要为 B 族）
蛋白胨	酪素、明胶或鱼粉等蛋白质经酸或蛋白酶（如胰蛋白酶、胃蛋白酶、木瓜蛋白酶）水解后干燥而成的粉末状物质	主要提供有机氮、维生素及碳水化合物

原材料	制作特点	营养价值
酵母膏、酵母粉	酵母细胞水抽提物浓缩而成的膏状物或粉剂	可提供大量的 B 族维生素，大量的氨基酸，嘌呤碱及微量元素
玉米浆、玉米粉	用亚硫酸浸泡玉米制淀粉时的废水，经减压浓缩而成的浓缩液。干物质占50%，棕黄色，久置沉淀	提供可溶性蛋白质、多肽、小肽、氨基酸、还原糖和 B 族维生素
甘蔗糖蜜、甜菜糖蜜	制糖厂除去糖结晶后的下脚废液，棕黑色	主要含蔗糖和其他糖，还有氨基酸、有机酸、少量的维生素等

2. 合成培养基

用各种纯化学试剂配制而成的培养基。合成培养基的优点是成分精确、实验重复性高。缺点是配方获取较难、价格贵、成本高、配制复杂，且微生物在其培养基上生长缓慢。此类培养基适用于微生物相关的研究工作。

3. 半合成培养基

主要以化学试剂配制，同时还加有某种或某些天然成分的培养基。此类培养基是生产和实验室中使用最多的培养基类型，大多数微生物都能在此类培养基上生长。

（二）根据培养基的物理状态不同分类

1. 固体培养基（solid media）

在液体培养基中加入适量凝固剂，配制成固体状态的培养基，或用马铃薯块、胡萝卜条等固体材料直接制作的培养基。倾注到平皿内的固体培养基一般称之为"平板"；倒入试管并摆放成斜面的固体培养基，当培养基凝固后通常称作"斜面"。

常用的凝固剂有琼脂、明胶、硅胶等，其中琼脂是最常用、最理想的凝固剂。理想的固体培养基凝固剂应具备以下条件：不被所培养微生物液化、分解和利用；在微生物生长的温度范围内保持固体状态，凝固点温度对微生物无害；不会因消毒、灭菌而破坏；透明度好，粘着力强；配制方便，价格低。

此外，工业生产中常采用一些固体原料，如小米、大米、麸皮、麦粒、大豆、米糠、木屑、稻草、动植物组织等直接制作成固体培养基。由于这类物质含有一定量的碳源和氮源，又含有生长因子和微量元素，而且质地疏松透气，表面积大。如一些白酒或酒精的生产就是采用麸皮等为原料培养种曲，从而得到生产所需发酵剂。

固体培养基在科学研究和生产实践中用途很广，主要用于微生物分离、纯化、分类、鉴定、计数、选育和菌种保藏等。

常见凝固剂简介

琼脂（agar）是从石花菜等红藻中提取出来的，化学成分为多聚半乳糖硫酸酯，不被大多数微生物降解，几乎没有营养价值，且对微生物无毒害作用。琼脂在食品工业、医药工业、日用化工、生物工程等许多领域都有着广泛的应用，它可用作增稠剂、凝固剂、悬浮剂、乳化剂、稳定剂、保鲜剂或黏合剂。琼脂熔点为96℃，凝固点为45℃。当配制微生物固体培养基时，琼脂的添加量为1.5%～2%，加热95℃以上，琼脂融化，降温45℃以下，琼脂凝固，因此它在一般微生物的培养温度下（28～37℃）呈固体状态。经过高压灭菌琼脂一般不被破坏，但在酸性条件下高压灭菌时，琼脂会发生水解，故在配制pH＜5的固体培养基时，将琼脂与培养基的其他组分分开配制，高温灭菌后降到合适温度后再混合。琼脂固体培养基常被用于制成试管斜面或平板，用于微生物的分离、纯化、分类、鉴定、计数、保藏等。

明胶（gelatin）也是一种凝固剂，它是由动物的皮、骨、韧带等煮熬而成的一种蛋白质，含有多种氨基酸，可被许多微生物作为氮源而利用。明胶20℃凝固，28～35℃融化，所以，只能在20～25℃温度范围作凝固剂使用，适用面很窄，但可用于特殊检验。

硅胶（silica gel）是无机硅酸钠（Na_2SiO_3）和硅酸钾（K_2SiO_3）与盐酸和硫酸中和反应时凝结成的胶体。因为它完全无机，在研究分离自养菌时用作培养基的凝固剂。硅胶一旦凝固后，就无法再融化。

2. 半固体培养基（semi-solid media）

半固体培养基是指在液体培养基中加入少量凝固剂，配制成半固体状态的培养基。

半固体培养基可放入试管中形成"直立柱"，它常用于观察菌体的呼吸类型（图5-2）、运动特征（图5-3）、厌氧菌的培养和保藏等。

3. 液体培养基（liquid media）

液体培养基是指将各种营养组分溶于水，不加任何凝固剂的培养基。这种培养基的成分均匀，微生物能充分接触和利用培养基中的营养物质。在用液体培养基培养微生物时，通常

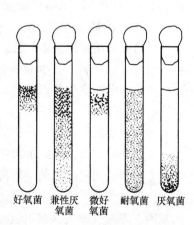

图5-2 不同呼吸类型微生物在
半固体琼脂柱中的生长状态

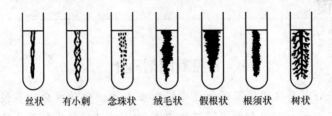

丝状　有小刺　念珠状　绒毛状　假根状　根须状　树状

图 5 - 3　不同微生物在半固体琼脂柱中的运动特征

需要通过振荡或搅拌方法增加培养基的通气量，同时使营养物质分布均匀。

此培养基在实验室中主要用于生理生化、代谢研究和获得大量菌体，在工业上常用于大规模的发酵生产。

（三）根据用途不同分类

1. 基础培养基

基础培养基是指根据某种或某类群微生物的共同营养需要而配制的培养基。尽管不同微生物的营养需求各不相同，但大多数微生物所需要的基本营养物质是相同的。由于基础培养基含有一般微生物生长繁殖所需要的基本营养物质，因此，它可作为一些特殊培养基的基础成分，再根据某种微生物的特殊需要，在基础培养基中加入所需营养物质，如牛肉膏蛋白胨培养基、营养肉汤、营养琼脂等都是常用的基础培养基。

2. 加富培养基

加富培养基是在基础培养基中加入某些特殊营养物质，以促使一些营养要求苛刻的微生物快速生长的培养基，这些特殊营养物质包括血清、血液、酵母浸膏、动植物浸提液、土壤浸出液等。此类培养基主要用于培养某种或某类营养要求苛刻的异养型微生物。如培养百日咳博德特氏菌就需要含有血液的加富培养基。

3. 选择培养基

选择培养基是利用微生物对各种化学物质敏感程度的差异，在培养基中加入某种抑制剂（如染料、抗生素等），用以杀死或抑制非目标微生物的生长，并使所要分离的微生物能生长繁殖的培养基。其目的是将某种或某类微生物从混杂的微生物群体中分离出来。

例如利用缺氮培养基可用于分离固氮微生物；利用纤维素作为唯一碳源的培养基，可用于分离纤维素降解菌；在培养基中加入链霉素、氯霉素可抑制原核微生物的生长，从而把酵母菌和霉菌分离出来；在细菌培养基中加入结晶紫，可抑制革兰氏阳性菌的生长。现代基因克隆技术中也常用选择培养，在筛选含重组质粒的基因工程株过程中，利用质粒上具有的对某种抗生素的抗性选择标记，在培养基中加入相应抗生素，就能比较方便地淘汰非重组菌株，以减少筛选目标菌株的工作量。

加富培养基与选择培养基的区别在于：加富培养基是用来增加所要分离微生物的数量，使其形成生长优势，从而分离到该种微生物；选择培养基则是抑制不需要的微生物的生长，使所需要的微生物增殖，从而达到分离所需微生物的目的。

4. 鉴别培养基

鉴别培养基是在基础培养基中加入某种指示剂而鉴别区分不同微生物的培养基。微生物在生长过程中，产生某种代谢物，可与加入培养基中的特定试剂反应，产生明显的特征性变化，根据这种特征，可将该种微生物与其他微生物区分开，达到快速鉴别的目的。鉴别培养基主要用于微生物的鉴定和筛选。

如伊红美蓝乳糖培养基（eosin methylene blue，EMB）就是最常见的鉴别培养基，在饮用水、食品的细菌学检查以及遗传学研究工作中有着重要的用途。伊红美蓝培养基主要用于标本中革兰氏阴性肠道菌的分离和鉴定，其主要的组成成分有蛋白胨、乳糖、磷酸氢二钾、伊红水溶液和美蓝水溶液等，其中伊红为酸性染料，美蓝为碱性染料。大肠杆菌能分解乳糖产生大量混合酸，使菌体带正电荷，因此菌体会被伊红染成红色，随后再与美蓝结合，形成紫黑色并带有绿色金属光泽的菌落；而沙门氏菌不能利用乳糖，因而不产酸，在碱性环境中沙门氏菌菌体不着色，因而生成无色或琥珀色半透明的菌落；伊红和美蓝两种苯胺染料还具有抑制革兰氏阳性菌生长的作用，因此金黄色葡萄球菌在此培养基上不生长。

在实际应用中，有时需要配制既有选择作用又有鉴别作用的培养基。如当要分离金黄色葡萄球菌时，在培养基中加入 7.5% NaCl、甘露糖醇和酸碱指示剂，金黄色葡萄球菌可耐高浓度 NaCl，且能利用甘露糖醇产酸，因此能在上述培养基生长，而且菌落周围颜色发生变化，则该菌落有可能是金黄色葡萄球菌，再通过进一步鉴定，加以确定。

5. 复苏培养基

能够使受损或应激的微生物修复，使微生物恢复正常生长能力，但不一定促进微生物繁殖的培养基。

6. 保藏培养基

用于在一定期限内保护和维持微生物活力，防止长期保存对其的不利影响，或使其在长期保存后容易复苏的培养基，如营养琼脂斜面。

7. 运输培养基

在取样后和实验室处理前保护和维持微生物活性且不允许明显增殖的培养基。运输培养基中通常不允许包含使微生物增殖的物质，但是培养基应能保护菌株，如缓冲甘油－氯化钠溶液运输培养基。

（四）根据制备方法不同分类

现在大部分培养基都有商品化即用型或不完全即用型的脱水类型，一些比较难获得的或需要使用前添加的培养基成分也有配套剂量的独立包装进行出售，有的培养基品种还被预制成培养基平板，方便使用。

1. 商品化即用型培养基

以即用形式或熔化后即用形式置于容器（平皿、试管或其他容器）内供应的液体、固体或半固体培养基［图5-4（a）］。

 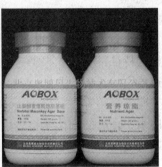

(a) 即用型培养基　　　　　　　　　(b) 脱水合成培养基

图5-4　商品化培养基

此类培养基又可细分为四小类：完全可即用的培养基；需重新融化的培养基，如用于平板倾注技术；使用前需重新融化并分装（如倾注到平皿）的培养基；使用前需重新融化，添加物质并分装的培养基，如TSC培养基和Baird Parker琼脂。此类培养基具有配方稳定、使用方便等优点，既能减轻检验人员的工作量，又可提高检验结果的可靠性。

2. 商品化脱水合成培养基

商品化脱水合成培养基是指将各种营养成分按比例混合，制成脱水的粉末状或颗粒状，装瓶出售的培养基［图5-4（b）］，使用此类型培养基只需按比例加入定量的水溶化、灭菌即可，是一类既成分精确又使用方便的现代化培养基。如平板计数培养基是进行食品微生物检测（菌落总数检测）最常用的培养基之一。

使用此类型培养基时，应严格按照厂商提供的使用说明配制，如重量、体积、灭菌条件、操作步骤等。在称量前，应检查培养基的外观，如果结块或变色就不应再使用。粉末或干粉溶解时加热一定要温和，防止局部过热和暴沸。

拓展知识窗

微生物培养基质量控制技术和标准

我国生产培养基已有相当长的历史，因为培养基种类繁多，生产培养基的厂家也有很多，如北京陆桥、北京奥博兴、青岛海博、青岛日水等，我国已经颁布

微生物实用技能训练

卫生行业标准 WS/T 232—2002《商业性微生物培养基质量检验规程》和国家标准 GB 4789.28—2013《食品微生物学检验 培养基和试剂的质量要求》，而且很多相关单位也有自己的质量控制标准。培养基质量控制方法包括理化试验方法和微生物学试验方法，其中理化试验方法包括 pH 的测定、凝胶强度的测定等，微生物学试验方法分固体和液体培养基的定量、半定量和定性试验。

微生物培养基的酸碱度、凝胶强度和选择性等直接影响到培养基的质量，在理化试验方法中采用连接可渗透陶器型液体接头的电极和平头电极或者连接微型探头的电极可分别测定液体和固体培养基的 pH，而采用 Gelometer 和 LFRA Texture Analyser 可测定固体培养基的凝胶强度。在微生物学方法中固体培养基采用倾注平板法、涂布法、划线法、改良的 Miles-Misra 法等测定生长情况，液体培养基采用稀释法测定生长率，用目标菌和杂菌的混合菌株评价选择性增菌培养基的选择性，利用 OD 值评价液体培养基生长率等。

五、选择或设计培养基的原则

(一) 符合培养目标

首先应明确培养基的用途，即用于培养何种微生物，培养目的是什么，是为了获取大量的微生物菌体，还是为了积累某种特定的代谢产物等。根据不同的培养目标，从现成培养基配方中选择使用，或有目标地设计其营养成分或营养比例。如培养细菌常用牛肉膏蛋白培养基，培养放线菌常用高氏 1 号培养基，培养真菌常用马铃薯葡萄糖培养基、豆芽汁葡萄糖培养基或 YEPD 培养基等。

(二) 符合微生物的营养需求

设计培养基的配方，首先应明确培养微生物的营养类型，如自养型微生物的培养基完全由简单的无机物组成，而异养型微生物的培养基则至少含有一种有机物。通过反复的微生物生长实验，可为特定微生物选择出所需的营养物质及营养比例。不同微生物细胞的元素组成不同，对各营养元素的需求和比例要求也不相同。

其中，碳氮比（C/N）对微生物生长和代谢有很大的影响。碳氮比（C/N）一般指培养基中元素 C 与 N 的比值。为方便测定和计算，人们常以培养基中还原糖含量与粗蛋白含量的比值来表示。不同的微生物 C/N 的要求不同，如霉菌培养基的 C/N 约为 9/1，细菌培养基的 C/N 约为 4/1。同一微生物在不同生长时期对 C/N 的要求也不同，如利用微生物进行谷氨酸发酵时，若培养基的 C/N = 4/1 时，菌体大量繁殖，谷氨酸产量少；若 C/N = 3/1 时，菌体繁殖受抑制，谷氨酸产量增加。

在设计营养物配比时，还应该考虑避免培养基中各成分之间的相互作用。如蛋白胨、酵母膏中含有磷酸盐时，会与培养基中钙或镁离子在加热时发生沉淀反应。在高温下，还原糖与蛋白质或氨基酸也会相互作用产生褐色物质。

在培养基配制时，可添加化学试剂补充大量元素。其中，首选的是 K_2HPO_4 和 $MgSO_4$，因为它们包含了四种大量元素。对于微量元素，一般化学试剂、水及器皿上均有存在。

(三) 符合微生物对理化环境的要求

除营养成分外，培养基的 pH、缓冲能力、渗透压等理化条件也会直接影响微生物的生长代谢。

不同微生物对环境也有不同的要求，如各大类微生物一般都有它们生长繁殖的最适 pH，细菌生长的最适 pH 为 7~8，放线菌生长的最适 pH 为 7.5~8.5，酵母菌生长最适 pH 为 3.6~6.0，而霉菌的最适 pH 为 4.0~5.8。对于具体的微生物菌种来说，它们都有各自特定的最适 pH 范围，有时可能会大大突破上述界限。在选择、设计和配制培养基时不要忽略这些因素。值得一提的是，在微生物的生长繁殖和代谢过程中，由于营养物质的分解和代谢产物的形成，可能会产生酸性物质（有机酸、CO_2）或碱性物质（NH_3），它们都会导致培养基 pH 的改变，若对培养基的 pH 不进行控制，就会影响微生物的生长繁殖速度或导致代谢产物产量的下降。所以，在连续培养时，为了维持培养基的 pH 保持在一定的范围内，培养基中应加入缓冲剂（如磷酸盐缓冲液、$CaCO_3$ 等）。

此外，培养基中的营养物质不可过浓或过稀，当环境中的渗透压与微生物细胞原生质的渗透压处于等渗条件时，才最适宜微生物的生长。提供低渗环境，会出现菌体细胞的膨胀破裂；提供高渗环境，会导致菌体细胞发生质壁分离。

(四) 符合经济节约的原则

在配制培养基时应尽量利用廉价且易于获得的原料作为培养基成分，尤其是在发酵工业中，培养基用量很大，利用低成本原料更能体现出经济节约的价值。在实践中，主要表现在"以粗代精"、"以废代好"、"以野代家"、"以简代繁"、"以烃代粮"等多个方面。

六、培养基的制备

(一) 准备工作

查阅资料，确定培养基的配方，并检查配制培养基所用的仪器、材料、试剂是否齐全，其数量与质量是否合格，同时要求填写培养基配制记录。记录包括制备者姓名、制备日期、培养基的名称、配方、配方的来源（即参考书）、所需试剂与仪器的生产厂家和型号等。

(二) 培养基的配制

配制培养基的基本流程：计算→称量→溶解→定容→调 pH→过滤→分装至试管或三角瓶→包扎→灭菌→制备平板和试管斜面。

（1）计算 根据配方和实际配制量，计算出实验中各种药品所需要的量。

此步切不可省略，避免浪费。

（2）称量　一般可用0.01g天平称量配制培养基所需的各种药品，根据计算出各成分的用量进行准确称量。注意称药品用的牛角匙不要混用。牛肉膏可放在小烧杯或表面皿中称量，用热水溶解后倒入大烧杯，也可放在称量纸上称量，随后放入热水中，使牛肉膏与称量纸分离，立即取出纸片。蛋白胨极易吸潮，故称量时要迅速，及时盖紧瓶盖。

（3）溶解　将称好的药品置于大烧杯中，先加入少量水（根据实验需要选用自来水或蒸馏水），加水量一般为所需水量的2/3，用玻璃棒搅动，必要时可加热溶解。配制固体培养基时，应将已配好的液体培养基加热煮沸，再将称好的琼脂（1.5%~2%）加入，并用玻璃棒不断搅拌，以免糊底烧焦，加热至琼脂全部融化。如果发生焦化现象，需重新制备。如某种药品用量太少时，可预先配成较浓溶液，然后按比例吸取一定体积溶液，加入至培养基中。

（4）定容　待全部药品溶解后，倒入量筒中，加水至所需体积。

（5）调pH　通常采用pH试纸测定培养基的pH。若培养基偏酸或偏碱时，可用1mol/L NaOH溶液（约40g/L NaOH溶液）或1mol/L HCl溶液（约36.5g/L HCl溶液）进行调节。调节pH时，应逐滴加入NaOH或HCl溶液，边滴加边搅拌，防止局部过酸或过碱，破坏培养基中营养成分，并不时用pH试纸测试，直至达到所需pH为止，应避免回调。如采用pH计测定固体培养基的pH，应在加琼脂之前进行调节，避免pH计被污染。

（6）过滤　趁热用滤纸或多层纱布过滤培养基，以利于实验结果的观察。一般无特殊要求时，此步骤可省略。

（7）分装　如需将培养基分装至试管或三角瓶，应在灭菌前操作，操作步骤详见下文"（三）培养基的分装"。

（8）包扎。

（9）灭菌　已配制好的培养基必须立即灭菌。培养基的灭菌通常采用湿热灭菌或过滤灭菌，不同培养基有不同的灭菌要求，需按要求条件进行灭菌。湿热灭菌常采用高压蒸汽灭菌法（121℃灭菌15min或20min），有些特殊培养基只需煮沸灭菌。过滤除菌需使用孔径为0.22μm的滤膜，过滤前需先将滤膜和滤器高压灭菌。

（10）制备平板和试管斜面　如需将培养基分装至培养皿，应在灭菌后操作，操作步骤详见"（三）培养基的分装"。

（三）培养基的分装

根据不同需要，可将已配好的培养基分装于试管、三角瓶、培养皿等玻璃器皿中。

培养基分装于试管或三角瓶时，需发生在灭菌处理前，所用分装装置分为简单的漏斗分装装置和自动分装装置，如图5-5所示。分装时注意不要使培养基沾在管口或瓶口上段，以免引起污染。固体或半固体培养基要在琼脂完全熔化时趁热分装。

试管分装量：固体培养基 1/5，灭菌后制成斜面；半固体培养基约为试管高度的 1/3，灭菌后垂直待凝；液体培养基约为试管高度的 1/4。三角瓶分装量：以不超过容器容量的 2/3 为宜。培养基经分装后，在管口或瓶口上应加上棉塞或硅胶塞，在外面再包一层牛皮纸或报纸，便可按配方中规定的灭菌条件进行高压蒸汽灭菌。

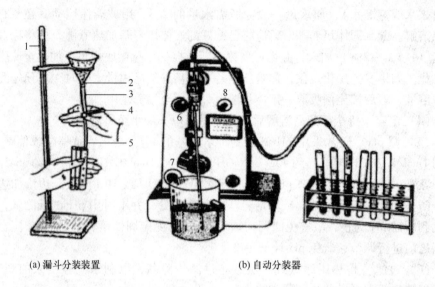

(a) 漏斗分装装置　　　　　　　　(b) 自动分装器

图 5-5　培养基分装装置

1—铁架台　2—漏斗　3—乳胶管　4—弹簧夹　5—玻璃管

6—流速调节　7—装量调节　8—开关

1. 斜面的制作

将已灭菌的装有固体培养基的试管，趁热置于木棒或玻棒上，使成适当斜度，凝固后即成斜面。斜面长度以不超过试管长度 1/2 为宜，如图 5-6 所示。摆放时注意不可使培养基沾污棉塞，待凝过程中勿再移动试管。

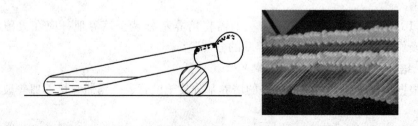

图 5-6　斜面的制作

微生物实用技能训练

2. 平板的制作

平板是指经熔化的固体培养基倒入无菌培养皿中，冷却凝固而成的盛有固体培养基的平皿。

琼脂培养基的熔化：将培养基放到沸水浴中或采用有相同效果的方法（如高压锅中的层流蒸汽）使之熔化。经过高压的培养基应尽量减少重新加热时间，融化后避免过度加热。融化后的培养基放入 47~50℃ 的恒温水浴锅中冷却保温（可根据实际培养基凝固温度适当提高水浴锅温度），直至使用，培养基达到 47~50℃ 的时间与培养基的品种、体积、数量有关。熔化后的培养基应尽快使用，放置时间一般不应超过 4h。未用完的培养基不能重新凝固留待下次使用。敏感的培养基尤应注意，融化后保温时间应尽量缩短，如有特定要求可参考指定的标准。倾注到样品中的培养基温度应控制在 45℃ 左右。

制备平板的方法：先将灭菌后的固体培养基加热熔化，待室温冷却至 45~50℃（手握不觉得太烫为宜），用无菌操作法倒平板；右手持盛培养基的试管（或三角瓶）置火焰旁边，用左手将试管塞（或瓶塞）轻轻拔出，管口（或瓶口）始终对着火焰，左手（或右手）的小指与无名指夹住管（瓶）塞（如果试管内或三角瓶内的培养基一次用完，管塞或瓶塞则不必夹在手中）；左手拿培养皿，并将皿盖在火焰附近打开一道缝，迅速倒入融化的培养基，使之在平皿中形成厚度至少为 3mm（直径 90mm 的平皿，通常要加入 18~20mL 琼脂培养基），如图 5-7 所示；将平皿盖好皿盖后放到水平平面使琼脂冷却凝固，静置冷凝后即为平板。培养基分装时应动作迅速，且控制好温度，温度过低时，培养基凝固将无法分装；温度过高时，平板皿盖上的冷凝水将增多，易引起污染。如果平板需储存，或者培养时间超过 48h 或培养温度高于 40℃，则需要倾注更多的培养基。在平板底部或侧边做好标记，标记的内容包括名称、制备日期和（或）有效期。

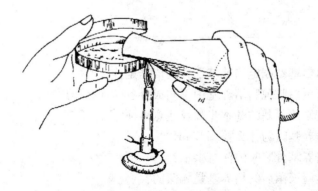

图 5-7 平板的制作

（四）培养基的质量检查

培养基制备好后，应仔细检查。如液体培养基是否澄清，固体培养基冷却后是否凝固、有无絮状沉淀、凝胶强度是否适宜（即用接种环划线时，培养基不被划破为宜），棉塞是否被污染等。如发异常情况，应弃去。

灭菌后的培养基一般还需进行无菌检查，即将做好的斜面和平板置于 37℃ 培养箱中培养 1~2d，确定无菌后方可使用。

（五）培养基的保存

凝固后的培养基应立即使用或存放于暗处和（或）（4±3）℃冰箱的密封袋中，以防止培养基成分的改变。试管或三角瓶内培养基最多可存放 1 周，培养皿中培养基不宜存放，最好于当天使用。

项目实施

任务　培养基的制备、分装与灭菌

器材准备

1. 试剂

待配培养基的各种组成成分、琼脂、1mol/L 的 NaOH 和 HCl 溶液。

2. 仪器及相关用品

天平、高压蒸汽灭菌锅、恒温水浴锅、试管、烧杯、量筒、三角瓶、培养皿、玻璃漏斗、药匙、称量纸、pH 试纸、记号笔、棉花等。

操作方法

参见"项目五"中的"背景知识六"。

项目思考

1. 何为培养基？制定培养基配方的依据是什么？
2. 牛肉膏蛋白胨琼脂培养基中不同成分各起什么作用？
3. 试述配制培养基的基本步骤及注意事项？
4. 配制培养基时为什么要调节 pH？
5. 试述培养基分装时的注意事项？
6. 如何检验灭菌后的培养基是无菌的？
7. 细菌、放线菌、霉菌和酵母菌的常用培养基有哪些？
8. 试比较微生物四大营养类型的异同，完成表 5－4。

微生物实用技能训练

表 5 - 4　　　　　　　　　　微生物的营养类型及其特点

营养类型	能源	碳源	代表微生物

9. 试比较微生物对营养物质吸收四种方式的异同，完成表 5 - 5。

表 5 - 5　　　　　　　　微生物对营养物质吸收方式的异同点

比较项目	吸收方式
有无特异性载体蛋白参与	
物质吸收速度	
物质吸收方向	
平衡时内外浓度差异	
吸收营养有无特异性	
是否需要能量消耗	
吸收前后营养物质分子是否发生改变	
吸收营养物质举例	

项目六　微生物接种、分离纯化与培养技能训练

项目介绍

项目背景

在自然环境中，微生物通常都是杂居在一起。为了生产和科研的需要，人们往往需从自然界混杂的微生物群体中分离出具有特殊功能的纯种微生物，或重新分离被其他微生物污染或因自发突变而丧失原有优良性状的菌株，或通过诱变及遗传改造后选出优良性状的突变株及重组菌株。这种从混杂的微生物群体中获得只含有某一种或某一株微生物的过程称为微生物的分离纯化。掌握微生物接种、纯种分离纯化和培养技术是微生物学工作者的基本功之一。

土壤是微生物生活的大本营，它所含微生物无论是数量还是种类都是极其丰富的。因此土壤是微生物多样性的重要场所，是发掘微生物资源的重要基地，可以从中分离、纯化得到许多有价值的菌株。

项目任务

任务一　土壤中微生物的分离与纯化
任务二　厌氧微生物的培养

项目目标

知识目标

1. 能列举各种无菌操作接种技术。
2. 能识别并能正确选择使用各种接种工具。
3. 能列举常见微生物的培养方法。

能力目标

1. 能建立无菌操作观念和习惯。
2. 能熟练进行无菌操作。
3. 能从微生物群体（如土壤）中获得纯种微生物。

一、微生物的接种技术

由于实验的目的、所研究的微生物种类、所用的培养基及容器的不同，细菌接种方法也有多种。

（一）接种工具

常用的接种工具有接种环（inoculating loop）、接种针（inoculating needle）、接种钩（inoculating hook）、接种铲（inoculating shovel）、移液管、滴管等，如图6-1所示。挑取和移接微生物固体纯培养物时，常采用接种环或接种针，使用时用火焰灼烧灭菌；转移液体纯培养物时，常采用无菌吸管或无菌移液枪。

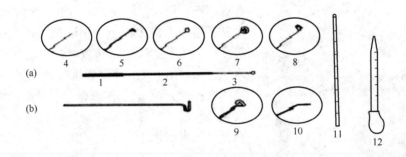

图6-1　微生物接种的常用工具

（a）接种环　　（b）玻璃刮铲

1—塑料套　2—铝柄　3—镍铬丝　4—接种针　5—接种金钩　6—接种环
7—接种圈　8—接种锄　9—三角形刮铲　10—平刮铲　11—移液管　12—滴管

最常用的接种工具是接种环，接种环是将一段铂金丝（或镍铬丝、细电炉丝）安装在金属杆上制成，上述材料以易于迅速加热和冷却的镍铬合金最理想。接种环前端要求圆而闭合，便于液体在环内形成菌膜。

接种针常用于穿刺接种、点植法接种和划线接种。

涂布棒常用于涂布法接种，常见材质为玻璃或不锈钢，涂布棒的顶端通常折成L形或三角形，涂布棒应表面平滑，弯折处无棱角。

（二）接种环境

由于周围环境（主要是空气）中存在着大量肉眼无法发现的各种微生物，只要一打开器皿，就可能会引起器皿内的培养基或培养物被环境中其他微生物所污染。因此，微生物接种、分离、纯化的所有操作均应在无菌环境下进行严格的无菌操作。

无菌操作是指在无菌室、无菌箱、超净工作室或超净工作台等无菌或相对无菌的环境条件下进行操作。

无菌操作的目的：一是保证微生物纯培养物不被环境中的微生物污染；二是防止微生物培养物在操作过程中污染环境或操作人员。

无菌环境只是相对而言的，无菌室可以提供操作使用的无菌环境，但还需生物安全柜和超净工作台等隔离设备防止有害悬浮微粒的扩撒，为操作者、样品以及环境提供安全保护。

无菌室的建筑设计应考虑布局合理，使用方便，操作安全以及造价适宜等条件。无菌室应定期用70%酒精溶液或0.5%苯酚溶液喷雾降尘和消毒，用2%新洁尔灭或70%酒精溶液抹拭台面和用具，用福尔马林（40%甲醛溶液）加少量高锰酸钾定期密闭熏蒸，配合紫外线灭菌灯（每次开启20min以上）等消毒灭菌手段，以使无菌室经常保持高度的无菌状态。

图6-2　超净工作台

生物安全柜的优点是易于灭菌消毒，安全并可移动，但操作不便，适用于一般接种操作，尤其适用于致病菌检验中阳性菌的接种、划线等操作。超净工作台目前较常用，它是通过通入经超细过滤的无菌空气以维持其无菌状态的，如图6-2所示，其工作原理为通过风机将空气吸入，经过高效过滤器过滤，将过滤后的洁净空气以垂直或水平气流的状态送出，以维持操作区域的无菌状态。工作台内部装有紫外线灯，使用前开灯20min以上照射灭菌，但凡照射不到之处仍是有菌的。紫外线灯开启时间较长时，可激发空气中的氧分子缔合成臭氧分子，这种气体成分有很强的杀菌作用，可对紫外线没有直接照到的角落产生灭菌效果。由于臭氧有碍健康，在进入操作之前应先关掉紫外线灯，关后十多分钟即可入内。

无菌操作技术包括无菌环境、无菌器材和无菌操作三个方面。上述的无菌环境条件只是相对而言，实际上不可能保持环境的绝对无菌。因此，无菌操作时，还要关注器材的消毒灭菌处理和严格正确的无菌操作。

微生物实验用器材的消毒灭菌可分为两种情况：①凡是实验中使用的器材，能灭菌处理的必须灭菌，如玻璃器皿（包括注射器、吸管、三角瓶、试管等）、金属器材（如刀、剪、镊子等）、培养基、稀释剂、滤器、枪头等；②凡检验用器材无法灭菌处理，使用前必须经消毒，如无菌室内的凳子、试管架、天平等，消毒可用化学药品熏蒸、喷洒或擦拭。

无菌操作的要点是管口和瓶口始终保持在酒精灯火焰周围的高温区（即无菌

区），进行微生物的相关操作，以便保证微生物的纯种培养。

（三）接种技术

在微生物学研究中，常需用接种环（或接种针等）把微生物纯培养物由一个器皿移接到另一个培养容器中进行培养，这就是微生物接种技术，接种也叫移植、转代、转接等，是使微生物"传宗接代"的一种人工控制技术。

微生物接种技术是进行微生物实验和相关研究的基本操作技能，无菌操作是微生物接种技术的关键。由于实验目的、实验器皿、接种工具、培养基种类等不同，所采用接种方法也不尽相同。

微生物接种常用的方法有平板接种、斜面接种、液体接种和穿刺接种等。

1. 平板接种

（1）划线接种　先制备平板，然后用接种环沾取少许待分离的菌液或菌体，在平板表面进行平行划线、扇形划线或其他形式的连续划线，微生物细胞数量将随着划线次数的增加而减少，并逐步分散开来，如果划线适宜的话，微生物能一一分散，经培养后，可在平板表面得到单菌落。该法可以用于菌落分离和纯化。

（2）涂布接种　先制好平板，然后再将菌液倒入平板上面，迅速用无菌涂布棒在表面作来回左右的涂布，让菌液均匀分布，就可长出单个的微生物的菌落。该法可以用于菌落计数或菌种分离。

（3）倾注接种　倾注接种是将待接的菌液先放入培养皿中，然后再倒入冷却至45℃左右的固体培养基，迅速轻轻摇匀，这样菌液就达到稀释的目的。待平板凝固之后于合适温度下培养，就可长出单个的微生物菌落。该法可以用于菌落计数或菌种分离。

（4）三点接种　在研究霉菌形态时常用三点接种。此法是将纯菌或含菌材料用接种针在平板表面上的三个点接触一下，通常是等边三角形的三点，让它们各自独立形成菌落后，来观察、研究它们的形态。除三点外，也有一点或多点进行接种的。

2. 斜面接种

斜面接种是从已生长好的菌种斜面上挑取少量菌种移植至另一支新鲜斜面培养基上的一种接种方法，此法主要用于保存菌种。

斜面接种具体操作步骤见图6-3。

（1）操作前，用75%酒精擦手，待酒精挥发后点燃酒精灯。酒精灯火焰周围是无菌区域，无菌操作要在此范围内进行，离火焰越远，污染的可能性越大。

（2）斜面接种时，将菌种管和待接斜面握在左手大拇指和其他四指之间，使斜面和有菌种的一面面向操作者，并处于水平位置。

（3）先将菌种和斜面的棉塞旋转一下，以便接种时便于拔出。

（4）右手拿接种环，在火焰上先将环端烧红灭菌，然后将有可能伸入试管其余部位也灼烧灭菌。

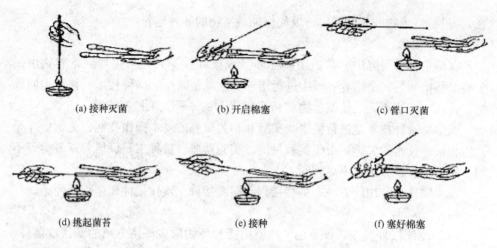

| (a) 接种灭菌 | (b) 开启棉塞 | (c) 管口灭菌 |
| (d) 挑起菌苔 | (e) 接种 | (f) 塞好棉塞 |

图6-3 斜面接种示意图

（5）用右手的无名指、小指和手掌边将菌种管和待接斜面试管的棉花塞或试管帽同时拔出，然后让试管口过火灭菌（切勿烧过烫）。

（6）将灼烧过的接种环伸入菌种管内，接种环在试管内壁或未长菌苔的培养基上接触一下，让其充分冷却，然后轻轻刮取少许菌苔，再从菌种管内抽出接种环。

（7）迅速将沾有菌种的接种环伸入另一支待接斜面试管。从斜面底部向上作"Z"形来回密集划线，切勿划破培养基。有时也可用接种针仅在培养基的中央拉一条线作斜面接种，直线接种用于观察不同菌种的生长特点。

（8）接种完毕后，抽出接种环，灼烧管口，并在火焰旁塞上试管塞。

（9）将接种环烧红灭菌。放下接种环，再将试管塞旋紧。

3. 液体接种

液体培养中微生物的分散性好，能充分与营养物质接触，有利于微生物的生长繁殖，是获得大量培养物的常用方法。

依据菌种来源状态的不同，液体接种主要有以下两种。

（1）用斜面菌种接种液体培养基　存在两种情况：如接种量小，可用接种环取少量菌体移入培养基容器中，将接种环在培养基液体表面振荡或在容器内壁上轻轻摩擦，将菌苔散开，抽出接种环，塞好棉塞，再将液体振荡，使菌体均匀分布在液体培养基中，如图6-4所示；如接种量大，可在斜面菌种管中注入少量无菌水，用接种环将菌苔刮下，再将菌悬液倒入液体培养基中，倒前需将试管口在火焰上灭菌。

（2）用液体培养物接种液体培养基　用无菌的吸管或移液管将菌液接至液体培养基中。

4. 穿刺接种

穿刺接种使用的接种工具是接种针，使用的培养基一般是半固体培养基。穿

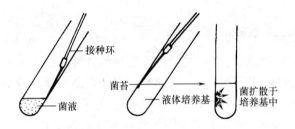

图 6-4　液体接种示意图

刺接种的操作：用接种针蘸取少量的菌种，沿半固体培养基表面中心向管底作直线穿刺，然后沿穿刺线拔出接种针，一般不穿刺到底，如图 6-5 所示。

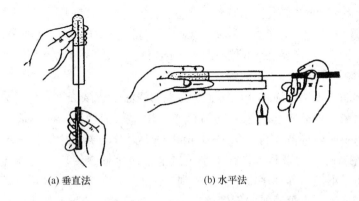

(a) 垂直法　　　　　　(b) 水平法

图 6-5　穿刺接种示意图

穿刺接种通常用于保藏厌氧菌种、研究微生物的呼吸类型或运动特征。如某细菌具有鞭毛而能运动，则在穿刺线周围能够扩散生长；如果菌体是好氧菌，则只在培养基的表面或上层生长。

5. 活体接种

活体接种是专门用于培养病毒或其他病原微生物的一种方法，因为病毒必须接种于活的生物体内才能生长繁殖。所用的活体可以是整个动物；也可以是某个离体活组织，例如猴肾、鸡胚等。接种的方式是注射或是拌料喂养。

（四）接种操作要点

（1）接种方式应根据实验目的需要进行选择。

（2）接种操作时，培养皿盖与皿底不能完全分开。

（3）打开培养皿/试管的时间应尽量短。

（4）接种器具（接种环、接种针、涂布棒等）接种前后均需灭菌处理。

（5）接种器具接触菌种之前，应确定器具已经冷却。

（6）接种时培养皿/试管开口处应靠近火焰。

（7）稀释平板接种时，菌液应尽量加于平板（或平皿）中央。

二、微生物的分离技术

在工业微生物学中，为了研究某种微生物的特性，或者在发酵工业生产中，为了要大量培养和利用某微生物，必须把它们从混杂的微生物群体中分离出来，从而获得某一菌株的纯培养物（pure culture）。这种获得只含有某一种或某一株微生物纯培养的过程，称为微生物的分离与纯化。为了获得某微生物的纯培养物，一般是根据该微生物的特性，设计适宜的培养基和培养条件，以利于该微生物的生长繁殖，或加入某些抑制因素，造成只利于此菌生长，而不利于他菌生长的环境条件，从而淘汰其他杂菌。然后再通过各种稀释法，使它们在固体培养基上形成单菌落，从而获得我们所需要的纯菌株。

常用的微生物分离纯化方法有稀释倾注平板法、稀释涂布平板法、平板划线分离法、稀释摇管法、液体培养基分离法、单细胞分离法、选择培养分离法等。其中前三种方法最为常用，不需要特殊的仪器设备，分离纯化效果好，现分别简述如下。

（一）稀释倾注平板法

稀释倾注平板法，简称倾注法，又名混匀浇注法，该法是先将待分离的含菌样品，用无菌生理盐水作一系列的稀释（常用十倍稀释法，稀释倍数要适当），然后分别取不同稀释液少许（0.5~1.0mL）于无菌培养皿中，倾入已熔化并冷却至50℃左右的琼脂培养基，在水平位置上迅速旋摇，使培养基与稀释菌液充分混匀，而又不使培养基荡出平皿或溅到平皿盖上。待琼脂凝固后，即成为可能含菌的琼脂平板。于恒温箱中倒置培养一定时间后，在琼脂平板表面或培养基中即可出现分散的单个菌落。

若样品稀释时能充分混匀，取样量和稀释倍数准确，则该法还可用于活菌数测定。

采用倾注法分离菌株可能会使一些严格好氧菌因被固定在琼脂中间，缺乏溶氧而生长受影响，形成的菌落微小难于挑取。此外，倾入熔化琼脂培养基时，若温度控制过高，易烫死某些热敏感菌，过低则会引起琼脂太快凝固，不能充分混匀。

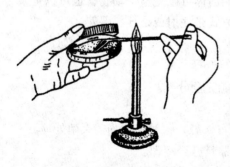

图6-6　平板涂布操作示意图

（二）稀释涂布平板法

稀释涂布平板法，简称涂布法，该法是先制备平板，待平板充分冷却凝固后，将一定量（约0.1mL）的某一稀释度的样品悬液滴加在平板表面，再用无菌涂布棒（用酒精棉球擦拭并灼烧灭菌）涂布，如图6-6所示，使菌液均匀分散在整个平板表面。室温下静置5~10min，使菌液浸入培养基。于恒温箱中倒置培养一定时间后，在平板表面即可出现分散的单个菌落。

(三) 平板划线分离法

平板划线分离法，简称划线法，该法先制备平板，待平板充分冷却凝固后，用接种环以无菌操作法沾取少量待分离的含菌样品，在无菌琼脂平板表面进行有规则的划线操作，将聚集的菌种逐步稀释分散到培养基的表面，经数次划线后，可以分离得到由一个微生物细胞繁殖而来的肉眼可见的子细胞群体，即菌落，如图6-7所示。

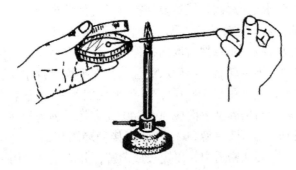

图6-7　平板划线操作示意图

平板划线方式很多，如连续划线、平行划线、扇形划线等，如图6-8所示。但无论采用哪种方式，其目的都是通过划线将样品在平板上进行适当稀释，微生物细胞数量将随着划线次数的增加而减少，并逐步分散开来，进而形成单个菌落。但单个菌落并不一定是由单个细胞形成的，需再重复划线1~2次，并结合显微镜检测个体形态特征，才可获得真正的纯培养物。

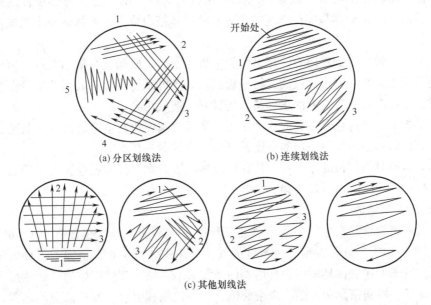

(a) 分区划线法　　　　　　　　(b) 连续划线法

(c) 其他划线法

图6-8　平板划线轨迹图

常用的划线分离方式有以下两种。

（1）分区划线法　用接种环以无菌操作挑取菌悬液一环，先在平板培养基的一边作第一次平行划线 3 或 4 条，再转动培养皿约 70°角，并将接种环上剩余菌烧掉，待冷却后通过第一次划线部分作第二次平行划线，再用同样的方法通过第二次划线部分作第三次划线和通过第三次平行划线部分作第四次平行划线［图 6 - 8（a）］。划线完毕后，盖上培养皿盖，倒置于温箱培养。注意此法适用于较浓的菌样，分数次划线，每次划线后要烧接种环，然后再划下一区。

（2）连续划线法　用接种环以无菌操作挑取菌悬液一环，先在平板培养基的边缘一点处反复划线涂布，然后取出接种环，烧死多余菌体。待接种环在培养基空白边缘处接触一下冷却后，而后从涂菌部位在平板上自左向右轻轻划线。当划至平皿的一半时，旋转平皿 180°角，再于平皿的另一半培养基的边缘继续划线。划线时接种环面与培养基表面成 30°～40°角，用手腕力量在平板表面轻快地作"之"字形滑动［如图 6 - 8（b）］。注意接种环勿划破或嵌入培养基，前后两条划线不宜重叠，要疏密适中，以免长成菌苔，并能充分利用平板表面积。划线完毕，盖上皿盖，倒置于温箱培养。

三、微生物的培养技术

根据不同微生物需氧情况不同，或将培养方法分为需氧培养、微需氧培养和厌氧培养三种。

（一）需氧培养

需氧培养是指需氧菌或兼性厌氧菌在有氧条件下的培养，将已接种好的平板、斜面、液体培养基等在空气中置适温的培养箱内培养，无特殊要求的细菌均可生长。

平板接种后需倒置培养，这是因为平板冷凝后，皿盖上会凝结水珠，凝固后的培养基表面的湿度也比较高，将平板倒置，既可以使培养基表面的水分更好地挥发，又可以防止皿盖上的水珠落入培养基，造成污染。

平板培养时每垛最多叠放 6 个平板，平板垛间要留有空隙进行空气流通。

为使培养箱内保持一定的湿度，可在其内放置一杯水。

对培养时间较长的培养基，接种后应将试管口塞好棉塞或硅胶塞后用石蜡 - 凡士林封固，以防培养基干裂。

（二）微需氧培养

微需氧菌培养在大气中及绝对无氧环境中均不能生长，在含有 5%～6% 氧气，5%～10% 二氧化碳和 85% 氮气的气体环境中才可生长，将标本接种到培养基上，置于上述气体环境中进行培养即微需氧培养法。某些微生物，如致病菌肺炎链球菌、淋病奈瑟菌、脑膜炎奈瑟菌、布鲁氏菌和流感嗜血杆菌等的培养，特别是在初次分离时，必须在 5%～10% 二氧化碳环境中培养才能生长。

常用的微需氧培养法如下。

（1）二氧化碳培养箱法　二氧化碳培养箱能自动调节二氧化碳的含量、温度和湿度，培养物置于培养育箱内阁，培养一定时间后可直接观察生长结果。

（2）烛缸培养法　取有盖磨口标本缸或玻璃干燥器，将接种好的培养基放入缸内，点燃蜡烛后放在缸内稍高于培养物的位置上，缸盖或缸口均涂以凡士林，加盖密闭，如图6-9所示。因缸内蜡烛燃烧氧逐渐减少，数分钟后蜡烛自行熄灭，此时容器内二氧化碳含量占5%～10%。将缸置于普通培养箱内孵育。

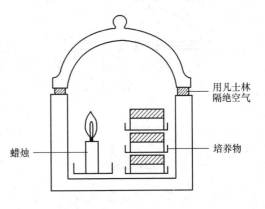

图6-9　烛缸法

（3）气袋法　选用无毒透明的塑料袋，将已接种标本的培养皿放入袋内，尽量去除袋内空气后将开口处折叠并用弹簧夹夹紧袋口。使袋呈密闭状态，折断袋内已置的二氧化碳产气管（安瓿）产生二氧化碳，数分钟内就可达到需要的二氧化碳培养环境，置于培养箱内孵育。

（4）化学法　常用碳酸氢钠-盐酸法。按每升容积称取碳酸氢钠0.4g与浓盐酸0.35mL比例，分别置于容器内，连同容器置于玻璃缸内，盖紧密封，倾斜缸位使盐酸与碳酸氢钠接触而生成二氧化碳。于培养箱内孵育。

（三）厌氧培养

厌氧微生物的生长繁殖不需要氧，氧分子的存在对于严格厌氧菌还有毒害作用，所以在进行分离、培养厌氧微生物时，必需设法除去环境中的氧及降低氧化还原电势。

目前，已发展了很多厌氧微生物培养技术，有化学方法、物理方法、物理与化学相结合的方法，如真空干燥器化学吸氧法、厌氧罐培养法、厌氧手套箱培养法、厌氧发生袋培养法、庖肉培养基法、亨盖特氏（hungate）厌氧技术等。

下面介绍四种常用的厌氧培养技术。

（1）真空干燥器化学吸氧法　真空干燥器化学吸氧法，又称为碱性焦性没食子酸法，是在干燥器内使焦性没食子酸与氢氧化钠溶液发生反应，形成易被氧化的碱性没食子盐，后者通过氧化作用形成焦性没食子橙，从而除掉密封容器中的氧，形成无氧的小环境，而使厌氧菌生长繁殖，如图6-10所示。

该法的优点是无须特殊及昂贵的设备，可用任何密封的容器，操作简单，厌氧环境建立迅速。而其缺点是在氧化过程会产生少量的一氧化碳，对某些厌氧菌

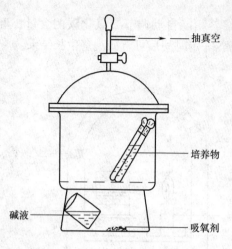

图6-10 真空干燥器化学吸氧法

的生长有抑制作用。同时，氢氧化钠的存在会吸收密闭容器中的二氧化碳，因此，该法不适用于培养需要CO_2的厌氧微生物。

（2）厌氧罐培养法 厌氧罐培养法是在密闭的厌氧罐中，利用氢硼化钠（或镁和氯化锌）与水发生反应产生一定量的氢气，用经过处理的钯粒或铂粒作为常温催化剂，再催化氢与氧化合形成水，从而除掉罐中的氧而造成厌氧环境，从罐中的厌氧度指示剂（美蓝）的呈色可观察到除氧效果。一般常用的厌氧罐的结构如图6-11所示。常温钯催化剂，每次使用后应在160~170℃加热

2h后再用。厌氧度指示剂一般都是根据美蓝在氧化态时呈蓝色，而在还原态时呈无色的原理设计的。同时，利用柠檬酸与碳酸氢钠的作用在厌氧罐内产生CO_2，有利于需CO_2的厌氧菌生长。目前，厌氧罐技术早已商品化，可选用多种厌氧罐产品，包括厌氧罐罐体、催化剂、产气袋、厌氧指示剂等。

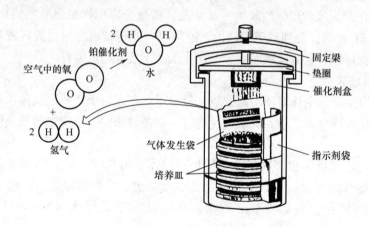

图6-11 厌氧罐装置

厌氧罐内也可直接通入混合气体，其体积分数以10% CO_2、10% H_2和80%纯N_2较适宜。

（3）疱肉培养基法 疱肉培养基是一种最常用的厌氧菌液体培养基，培养基中的肉粒中含有谷胱甘肽和不饱和脂肪酸，谷胱甘肽是一种还原物质，能降低培养基中的氧化还原电势，不饱和脂肪酸可以吸收氧，同时在培养基的表面加上液体石蜡和凡士林的混合物（约1:1），杜绝外界氧进入，从而造成一个无氧环

微生物实用技能训练

境。接种时，先将培养基置于沸水浴中10min，除掉里面的氧气，冷却，再把试管放在火焰上，微火加热，使培养基上层的石蜡凡士林层融化，冷却到不烫手（约46℃），然后用接种环或无菌滴管接种。接种后，试管直立在试管架上，石蜡凡士林层凝固封住液体培养基的表面，置培养箱中培养。而对刚灭菌的新鲜疱肉培养基可先接种后再用石蜡凡士林封闭液面。对某些严格的厌氧菌，接种的疱肉培养基要先放在厌氧罐中，然后培养，效果会更好。

（4）厌氧手套箱培养法　厌氧手套箱（图6-12）是目前国际上公认的培养厌氧菌最佳仪器之一。厌氧手套箱是利用通入的氢气，在箱内黑色钯粒的催化下，与氧结合生成水的反应，达到除去箱内氧的目的。

厌氧箱可分为操作室和交换室两部分。操作室用于进行厌氧操作，前面有一对供操作用的套袖及胶皮手套。操作室内的常温钯粒和干燥剂用钢丝网分别装着，并与电风扇组装在一起，不断除去操作室内的氧及所形成的水分。操作室内还备有接种针和用于接种针灭菌的电热器，有的还安装有培养箱。交换室是用于室外物品的放入和室内物品的取出。交换室又与真空泵及混合气钢瓶相连。混合气体体积分数一般为10%　CO_2、5%～10%　H_2和80%～85%高纯N_2。

图6-12　厌氧手套箱的使用和结构

厌氧手套箱的操作过程如下。

①厌氧箱的准备：将预先在160～170℃加热活化的常温钯粒和干燥剂装入箱内钢丝网中，准备培养物用的各种物品也从交换室放入操作室内。接通电源，启动真空泵抽气，至箱内空气基本排除。开启高纯氮气钢瓶，往箱内充入氮气。待充满后再用真空泵抽出充入的氮气。抽气完毕再一次往箱内充满N_2气，备用。

②培养物的准备：套好手套，在厌氧箱内将待分离的含菌样品接种培养基，迅速旋摇，充分混匀，冷却凝固后倒置放入操作室的培养箱内。

③换混合气培养：启动真空泵抽气，至箱内氮气基本排除。开启混合气钢瓶，往箱内充入混合气体（10%　CO_2∶5%～10%　H_2∶80%～85%的高纯N_2）。待充满后，调节培养箱内温度。

项目实施

任务一　土壤中微生物的分离与纯化

器材准备

1. 菌源

选定采土地点后，铲去表层土 2~5cm，取 5~10cm 处的土样，放入灭菌的牛皮纸袋或容器内备用，土样采集后应及时分离，否则应放在 4℃ 冰箱中暂存。

2. 培养基

牛肉膏蛋白胨培养基、高氏 1 号培养基、YEPD 培养基（PDA 或马丁氏琼脂培养基）。

3. 仪器及其他用品

1mL 吸管、培养皿、涂布棒、接种环、天平、药勺、试管架、记号笔等。

操作方法

1. 准备工作

查阅资料，确定实验方案，准备与实验相关的无菌材料（如无菌水、无菌培养皿、无菌吸管等）。

2. 土壤稀释液的制备（图 6-13）

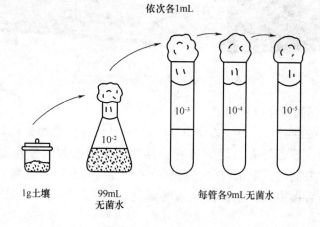

图 6-13　土壤稀释液的制备

（1）称取土壤 1g，放入 99mL 无菌水的三角瓶中，充分振荡，此为稀释 10^{-2} 的土壤悬液。

（2）另取装有 9mL 无菌水试管 3 支，用标签纸标上 10^{-3}、10^{-4}、10^{-5}。

（3）取已稀释成 10^{-2} 的土壤液，振荡后静止 0.5min，用无菌吸管吸取 1mL

微生物实用技能训练

土壤悬液加入编号为10^{-3}的无菌水的试管中，并在试管内轻轻吹吸数次，使之充分混匀，即成10^{-3}土壤稀释液。同法依次连续稀释至10^{-4}、10^{-5}土壤稀释液。稀释过程需在无菌操作条件下进行。

3. 土壤中微生物的分离

平板分离培养法有稀释倾注平板法、稀释涂布平板法和平板划线分离法三种方法。

（1）稀释平板分离法——倾注法

①每人取无菌培养皿2套。

②先在无菌培养皿底部贴上标签，注明培养基名、分离方法、稀释度、组名、姓名、时间。

③取一根无菌吸管，以无菌操作法吸取某一稀释度的土壤稀释液1mL，对号加在无菌培养皿中。

④熔化上次实验中配制的培养基，并冷却至45℃左右，分别倒入上述培养皿中，轻轻转动培养皿，使菌液与培养基充分混匀铺平，放在平坦的桌面上，凝固后，倒置培养。

⑤同时做空白对照，空白对照只加培养基，不接种菌液。

（2）稀释平板分离法——涂布法

①每人取无菌培养皿2套。

②在皿底贴上标签，注明培养基名、分离方法、稀释度、组名、姓名、时间。

③熔化上次实验中配制的培养基，并冷却至45℃左右，以无菌操作法倒入培养皿，铺平，制成平板。

④凝固后，取无菌吸管分别吸取某一稀释度的土壤稀释液0.1mL，对号加在已凝固的平板上。

⑤菌液一旦加入平板上，应立即用涂布棒迅速将菌液均匀涂开，即左手握培养皿，并使皿盖打开一缝，右手拿无菌的涂布棒在培养基表面涂布。待菌液吸收后，倒置培养。

（3）平板划线分离法

①将已灭菌的培养基熔化，冷却至45℃左右倒平板，水平静置待凝。

②将接种环经火焰灭菌并冷却后，蘸一环10^{-2}的土壤悬液，在平板上划"之"字线，注意勿使接种环将平板表面划破。

③划线完毕，将培养皿倒置于恒温培养箱中培养。

（4）微生物的培养　将接种的平板倒置在恒温培养箱中，细菌在37℃培养1~2d，霉菌在28℃培养3~5d，放线菌在28℃培养5~7d，酵母菌在28℃培养2~3d，观察结果。

（5）微生物的纯化　选择典型的单菌落，用无菌接种环挑取，在平板上再次划线分离，反复几次即可得到纯种。

任务二　厌氧微生物的培养

器材准备

1. 菌种

巴氏芽孢梭菌（*Clostridum pasteurianum*）（厌氧菌）、荧光假单胞菌（*Psdeuomnoda fluoerncnet*）（好氧菌）。

2. 培养基

肉膏蛋白胨琼脂培养基、疱肉培养基。

3. 试剂

10% NaOH 溶液、焦性没食子酸、石蜡－凡士林（1:1）等。

4. 仪器及其他用品

厌氧罐、催化剂、产气袋、厌氧指示袋、培养皿等。

操作方法

1. 厌氧罐培养法

（1）用肉膏蛋白胨琼脂培养基倒平板；凝固干燥后，取两个平板，每个平板均同时划线接种巴氏芽孢梭菌和荧光假单胞菌，并作好标记；取其中的一个平板置于厌氧罐的培养皿的支架上，而后放入厌氧罐内，而另一个平板直接放入30℃培养箱内培养。

（2）将已活化的催化剂倒入厌氧罐罐盖下面的多孔催化剂盒内，旋紧。

（3）剪开气体发生袋的一角，将其置于罐内金属架的夹上，再向袋中加入约10mL水。同时，剪开指示剂袋，使指示条暴露（还原态无色，氧化态蓝色），立即放入罐中。

（4）迅速盖好厌氧罐罐盖，将固定梁旋紧，置30℃温室培养，观察并记录罐内情况变化和菌种生长情况。

2. 疱肉培养基法

（1）接种　将盖在培养基液面的石蜡凡士林先于火焰上微微加热，使其边缘熔化，再用接种环将石蜡凡士林块拨成斜立或直立在液面上，然后用接种环接种。接种后，再继续加热使石蜡凡士林熔化，然后将试管直立静置，使石蜡凡士林凝固并密封培养基液面。

（2）培养　将接种后的培养基置于30℃培养箱中培养，注意观察培养基中肉渣颜色的变化和熔封石蜡凡士林层状态。

结果报告

观察巴氏芽孢梭菌和荧光假单胞菌在不同厌氧培养方法中的生长状况。

注意事项

1. 焦性没食子酸对人体有毒，有可能通过皮肤吸收；10% NaOH 溶液对皮肤有腐蚀作用。因此，操作时必须小心，要戴手套。

2. 厌氧罐培养法使用的催化剂可反复使用，但由于在厌氧培养过程中形成水汽、硫化氢、一氧化碳等都会使这种催化剂受到污染而失去活性，所以这种催化剂在每次使用后都必须在160～170℃加热的烘箱内烘1～2h，使其重新活化，并密封后放在干燥处直到下次使用。

3. 选用干燥器、针筒、厌氧罐或厌氧袋时，应事先仔细检查其密封性能，以防漏气。

4. 已制备灭菌的培养基在接种前应在沸水浴中煮沸10min，以消除溶解在培养基中的氧气。

项目思考

1. 微生物的接种方法有哪几种？每种接种方法的用途是什么？
2. 微生物接种时需要注意什么？
3. 常见的微生物分离纯化方法有哪些？
4. 微生物分离纯化时需要注意什么？
5. 常见微生物类群的培养条件是什么？
6. 微生物平板培养时为何要倒置？
7. 如何确定平板上某单个菌落是否为纯培养？
8. 详述平板划线分离操作过程，如果接种后经培养未长出菌落，是何原因？
9. 试述不同厌氧培养技术有何优缺点？
10. 试设计一个实验方案，从面肥中分离酵母菌并进行计数。
11. 如果生产酸奶的菌种或发酵剂被污染了杂菌，请设计实验方案解决。

项目七　微生物菌株保藏技能训练

项目介绍

项目背景

微生物由于其遗传和功能的多样性，在维持整个生物圈及对人类提供的物质资源方面显示了其他生物无法取代和比拟的作用。多年来，人们已在抗生素、酶制剂、发酵食品、农用微生物制剂、微生物降解剂、疫苗等专业应用领域储备了较为雄厚的菌种资源。微生物菌种资源的长期有效的保藏，是发挥其重要作用的前提。

菌种的保藏、使用和管理是微生物技术员工作中的一项重要技能，因菌种管理不善，将会给生产带来重大影响。因此，采取合适的措施保持菌种的存活率与优良遗传性状，防止菌种退化与污染或使已经退化的菌种恢复原有的性状是发酵企业微生物技术员日常工作内容之一。

假设你作为某发酵企业的一名微生物实验人员接到一项工作任务：选择合适的菌种保藏方法对已获取的珍贵微生物菌种进行保藏，要求是不能使该菌种死亡，保持菌种的遗传稳定性，且不能被杂菌污染。

项目任务

任务一　微生物菌种斜面传代保藏和石蜡油封藏
任务二　微生物菌种冷冻真空干燥保藏
任务三　微生物菌种液氮超低温保藏
任务四　发酵乳制品生产菌种的复壮技术

项目目标

知识目标

1. 能阐述菌种衰退现象的表现、原因及其防治方法。

2. 能列举常用的菌种复壮方法。

3. 能阐述菌种保藏的目的和设计具体方法的原则。

4. 能列举各种菌种保藏方法的原理、适用范围和优缺点。

能力目标

1. 能根据实际需要，选择合适的菌种保藏方法。

2. 能熟练操作常见的菌种保藏方法。

3. 能应用菌种复壮的主要方法进行细菌的复壮。

背景知识

一、菌种衰退

（一）菌种衰退（degeneration）定义

生物遗传性变异是绝对的，稳定性是相对的；退化性的变异是大量的，而进化性的变异是个别的。菌种退化的主要原因就是基因的负突变。

菌种衰退是指生产菌种在培养或保藏过程中，由于自发突变的存在，出现某些原有优良生产性状的劣化、遗传标记的丢失等现象。

衰退过程是一个从量变到质变的渐变过程。尽管个体的变异可能是一个瞬时的过程，但菌种呈现"衰退"却需要较长的时间。最初，在群体中只有个别细胞发生负突变，这时如不及时发现并采取有效措施而一味地传代，就会造成群体中负突变个体的比例逐渐增高，最后衰退细胞在数量上占优势，从而使整个群体表现出严重的衰退现象。

（二）菌种衰退的表现

（1）原有形态性状改变　如苏云金杆菌的芽孢和伴孢晶体变小甚至消失等。

（2）生长速度变慢　如细黄链霉菌在平板培养基上菌苔变薄，生长缓慢。

（3）产生的孢子变少或颜色改变　如放线菌和霉菌在斜面上产生了"光秃"型，又如，细黄链霉菌多次传代后，不再产生典型的橘红色分生孢子层。

（4）代谢物产量降低　如黑曲霉的糖化力、抗生素生产的发酵单位、各种发酵代谢产物的产量降低、酸奶菌种乳酸菌的活力或产乳酸能力下降等。

（5）致病菌对宿主侵染力下降，如白僵菌对其宿主的致病力减弱或消失。

（6）对不良条件的变化抵抗力下降，如对温度、pH 等变化抵抗力降低。

（三）防止菌种衰退的措施

（1）控制传代次数　尽量避免不必要的移种和传代，将必要的传代降低到最低限度，以减少突变的概率。良好的菌种保藏方法可有效地控制传代次数。

（2）创造良好的培养条件　创造一个适合原种的生长条件，可在一定程度上防治衰退。如在赤霉素生产菌的培养基中，加入糖蜜、天冬酰胺、甘露醇等丰富营养物时，有防治衰退的效果；从废水中筛选出来的菌种，定期用原来的废水培养和保存菌种，也可以防止菌种的衰退。

（3）利用不易衰退的细胞接种传代 如放线菌和霉菌的菌丝细胞常含有几个核，甚至有的是异核体，因此，用菌丝接种就会出现不纯和衰退，而孢子一般是单核的，用于接种时就没有这种现象的发生。还有一些霉菌，若用其分生孢子传代易于衰退，而用其子囊孢子接种，则可降低衰退。

（4）采用有效的菌种保藏技术 在工业生产的菌种之中，重要的性状大多属于最易衰退的数量性状。探寻理想的保藏法可有效防止菌种衰退。如灰色链霉菌的菌种采用干燥或冷冻干燥等较好保藏法的情况下，仍出现退化现象，说明有必要寻找更好的菌种保藏法。

二、菌种复壮

（一）菌种复壮（rejuvenation）的定义

使衰退的菌种恢复原来优良性状，称为菌种复壮。

狭义的复壮是指在菌种已发生衰退的情况下，通过纯种分离和生产性能测定等方法，从衰退的群体中找出未衰退的个体，以达到恢复该菌原有典型性状的措施。广义的复壮是指在菌种的生产性能未衰退前就有意识的经常进行纯种分离和生产性能测定工作，以期菌种的生产性能逐步提高，实际上是利用自发突变（正变）不断地从生产中选种。

（二）菌种复壮方法

常用的菌种复壮方法有以下四种。

1. 纯种分离

通过纯种分离，可把退化菌种的细胞群体中的一部分仍保持有原有典型优良性状的个体分离出来，经扩大培养，可恢复原菌株的典型性状以达到复壮的效果。

纯种分离方法很多，大体可分为两类：①菌落纯，即在菌种的水平上是纯的，因此又名"菌种纯"，此类方法较粗放，常用方法有涂布法、划线法和倾注法；②细胞纯，即在菌株的水平上是纯的，因此又名"菌株纯"，此类方法较精细，此法具体操作种类很多，如用"分离小室"进行单细胞分离，用显微操纵器进行单细胞分离，用菌丝尖端切割法进行单细胞分离。

2. 通过寄主进行复壮

对于寄生性微生物的衰退菌株，可接种到相应寄主体内以提高菌株的活力。如根瘤菌属细菌经人工移接，结瘤固氮能力减退，将其回接到相应豆科宿主植物上，令其侵染结瘤，再从根瘤中分离出根瘤菌，其结瘤固氮性能就可恢复甚至提高。将毒力减退和杀虫效率降低的苏云金芽孢杆菌（*Bacillus thuringiensis*）菌株去感染菜青虫等的幼虫，然后从最早、最严重得病的虫体内重新分离出产毒菌株，达到复壮的目的。

3. 淘汰已衰退的个体

用药物、低温等较激烈的理化条件对衰退的菌群进行处理，加速加大衰退个体的死亡，在存活个体中留下未退化的健壮个体，达到复壮的效果。如对"5406"抗生菌的分生孢子在 -10 ~ -30℃的低温下处理 5 ~ 7d，不抗低温的个体大量死亡，死亡率可高达 80%。

4. 联合复壮

对于衰退的一些菌株也可以用高剂量的紫外线辐射和低剂量 DTG 等联合处理进行复壮。

（三）菌种复壮工作步骤

菌种复壮流程图如下：分离菌种斜面→制备单细胞（菌体或孢子）悬浮液→平板分离出单菌落→斜面纯培养→摇瓶初筛稳产高产量菌株→摇瓶复筛高产纯化株→生产试验和菌株保藏

菌种复壮操作步骤如下。

（1）菌悬液的制备　用无菌生理盐水或缓冲液将斜面菌体洗下制成菌悬液，经一定浓度稀释后在平板上进行菌落计数。

（2）平板分离　根据计数结果，定量稀释后制成菌浓度为 50 ~ 200 个/mL 菌悬液，取 0.1mL 注入平皿，再倒入适量培养基，摇匀，制成混菌平板，培养后长出分离的单菌落。

（3）纯培养　选取分离培养后长出的各种类型单菌落，接种斜面后培养。

（4）初筛　将成熟的斜面菌种对应接入发酵瓶，摇床发酵一段时间后测定各菌落生产性能。

（5）复筛　挑选初筛中性能较好菌株的 5% ~ 20% 进行摇瓶复筛，最好使用母瓶与发酵瓶二级发酵，重复 3 ~ 5 次后分析确定产量水平。初筛和复筛都需以正常生产菌种作对照，复筛出的菌株产量应比对照菌株提高 5% 以上，并经代谢检验，合格后在生产罐上试验。

（6）菌株保藏　将复筛后得到的高单位菌株制成冷冻管或用其他方法保藏。

三、菌种保藏

微生物菌种资源（microorganism resources）指可培养的有一定科学意义、具有实际或潜在实用价值的古菌、细菌、真菌、病毒、细胞株等及其相关信息数据。

菌种保藏（preservation of culture）是根据不同微生物的生理生化特性，利用低温、冷冻、干燥、隔绝空气等方法对所选择的优良菌种进行保存，降低菌种代谢速率或终止菌种生长繁殖，使之处于休眠状态，从而延长菌种的生命周期的过程。菌种保藏时需避免菌种死亡、污染，并保持菌种在遗传上、形态上、生理上和生产性状的基本稳定性。

在某种环境中，微生物的寿命可以保存很长很长。据报道，在1.8亿年前，被埋在盐岩中的细菌，由于高度失水而处于假死状态，当人们将盐岩试样放在适宜的培养基上时，假死菌竟然长出菌落，说明该菌起码保存生命力在1.8亿年以上。法国超低温生物学家贝雷雷尔估计，在17℃环境中生存1年的芽孢，如果在-270℃可生存71万亿年。微生物生长的个体寿命并不长，但某些不生长的菌体（休眠细胞）维持生命力却达到难以想象的程度。

微生物菌种保藏是一类重要的基本操作技术，广泛应用于科学研究、教学及生物技术产业，是保护微生物菌种资源的重要手段，是科研教学及生物技术产业正常运转的重要保障。

菌种保藏方法目前有很多种，这里只介绍常用的保藏方法。

（一）定期移植保藏法（periodic transfer）

定期移植保藏法，也称传代培养保藏法，包括斜面培养、穿刺培养、液体培养等，是指将菌种接种于适宜的培养基中，最适条件下培养，待生长充分后，于4~6℃进行保存并间隔一定时间进行移植培养的菌种保藏方法（图7-1）。

图7-1 冷藏菌种库

原理：是实验室最常用的一种保藏方法，低温条件下保藏可减缓微生物菌种的代谢活动，抑制其繁殖速度，达到减少菌株突变、延长菌种保藏时间的目的。

适用范围：此法适用于大多数细菌、放线菌、酵母菌及霉菌等的保藏。

特点：优点是操作简单，不需要特殊设备；缺点是保藏时间短，人力和时间花费大，传代频繁，易变异，优良性状易退化，杂菌污染几率大。不过经改进后，若将试管的棉塞用橡皮塞或木塞代替，并用石蜡封口，可使保存时间大大延长甚至可达十年以上，存活率可达75%~100%。

定期移植法操作步骤如下。

（1）培养基制备　培养基制备好后最好于30℃放置1~2d，目的是无菌箱检查和去除水汽。

微生物实用技能训练

（2）接种　将待保藏的菌种用合适的接种法移接至恰当的培养上，用于保藏的菌种应选用健壮的细胞或孢子，如细菌和酵母应采用对数生长期后期的细胞，放线菌和丝状真菌宜采用成熟的孢子等。

①斜面接种：不同的微生物斜面接种方法不同，常用方法有以下5种：点接法——把菌种点接在斜面中部偏下方处，适用于扩散型生长及绒毛状气生菌丝类霉菌（如毛霉、根霉等）；中央划线法——从斜面中央自下而上划一直线，适用于细菌和酵母菌等；稀波状蜿蜒划线法——从斜面底部自下而上划"之"字形线，适用于易扩散的细菌，也适用于部分真菌；密波状蜿蜒划线法——从斜面底部自下而上划密"之"字形线；挖块接种法——挖取菌丝体连同少量培养基，转接到新鲜斜面上，适用于灵芝等担子菌类真菌。

②半固体穿刺接种：此法适用于细菌和酵母菌等。

③液体接种：挑取少量固体斜面菌种或用无菌滴管等吸取原菌液接种于新鲜液体培养基中。

（3）培养　将接种后的培养基放入培养箱中，在适宜的条件下培养至细胞稳定期或得到成熟孢子。通常细菌置20~37℃培养18~24h，酵母菌置28~30℃培养36~60h，放线菌和丝状真菌置25~28℃培养4~7d。

（4）保藏　培养好的菌种于4~6℃保存。定期移植所间隔的时间，因微生物种类不同而异，通常细菌一般为1~3个月，芽孢杆菌间隔时间较长，可达3个月，放线菌、酵母菌和丝状真菌间隔时间较长，每3~6个月移植一次。

（二）液体石蜡保藏法（preservation under liquid paraffin）

液体石蜡保藏法，也称矿物油（mineral oil）保藏法，是定期移植保藏法的辅助方法，是指将菌种接种在适宜的斜面培养基上，最适条件下培养至菌种长出健壮菌落后注入灭菌的液体石蜡，使其覆盖整个斜面，再直立放置于4~6℃进行保存的一种菌种保藏方法（图7-2）。

图7-2　液体石蜡保藏菌种库

原理：液体石蜡主要起隔绝空气、降低对微生物的供氧量、减少培养基水分的蒸发等作用，此法是利用缺氧及低温双重作用抑制微生物生长，从而延长保藏时间。

适用范围：此法主要适用于不能分解液体石蜡的酵母菌、某些细菌（如芽孢杆菌属，醋酸杆菌属等）和某些丝状真菌（如青霉属，曲霉属等）的保存。

保藏期：可达 1~2 年，个别菌种甚至可达 10 年。

液体石蜡保藏法操作步骤如下。

（1）液体石蜡的准备　此法应选用优质化学纯液体石蜡。将液体石蜡分装加塞，用牛皮纸包好，采用以下两种方式进行灭菌：121℃湿热灭菌 30min，置40℃恒温箱中蒸发水分，经无菌检查后备用；160℃干热灭菌 2h，冷却后，经无菌检查后备用。液体石蜡易燃，在对液体石蜡保藏菌种进行操作时要注意防止火灾。

（2）斜面培养物的制备　用斜面接种法或穿刺接种法把待保藏的菌种接种到合适的培养基中，经培养后，取生长良好的菌株作为保藏菌株。斜面长度宜短，以不超过试管管长的 1/3 为宜。

（3）灌注石蜡　在无菌条件下将灭菌的液体石蜡注入培养好的新鲜斜面培养物上，液面高出斜面顶部或直立柱培养基表面 1cm 左右为宜，使菌体与空气隔绝。

（4）保藏　注入液体石蜡的菌种斜面以直立状态置低温（4~15℃）干燥处保藏，保藏时间 2~10 年。保藏期间应定期检查，如培养基露出液面，应及时补充无菌的液体石蜡。

（5）恢复培养　恢复培养时，挑取少量菌体转接在适宜的新鲜培养基上。由于菌体外粘有石蜡油，生长较慢且有黏性，故一般须再转接一次才能得到良好的菌种。

（三）甘油悬液保藏法

方法：将无菌 10~15% 甘油水溶液吸入斜面培养物中，轻刮菌苔，菌体与甘油混匀后注入到小离心管或冻存管中，0.5mL/管，细胞浓度应大于 10^6 个/mL，置低温冰箱中保藏。

甘油是一种最常用的低温保藏保护剂，它可以渗透到细胞内，并且进入和游离出细胞的速度比较慢，通过强烈的脱水作用而保护细胞（图 7-3）。

保藏期：温度若采用 -20℃，保藏期为 0.5~1 年，而采用 -80℃，保藏期可达 10 年。

适用范围：适用于各类菌的保藏。

（四）沙土管保藏法

沙土管保藏法（sand preservation），也称载体保藏法，是指将培养好的微生物细胞或孢子用无菌水制成悬浮液，注入灭菌的沙土管中混合均匀，或直接将成

图 7 – 3　– 80℃ 冷冻保藏菌种库

熟孢子刮下接种于灭菌的沙土管中，使微生物细胞或孢子吸附在载体上，将管中水分抽干后熔封管口或置干燥器中于 4～15℃ 进行保存的一种菌种保藏方法。

　　原理：沙土管保藏法创建了干燥、缺氧、缺乏营养、低温等环境，有效地抑制了微生物的生长繁殖，延长保藏时间。

　　适用范围：此法适用于产孢类放线菌、芽孢杆菌、曲霉属、青霉属以及少数酵母（如隐球酵母和红酵母等）。不适用于病原性真菌的保藏，特别是不适于以菌丝发育为主的真菌的保藏。

　　用此方法保藏时间为 2～10 年不等。

　　沙土管保藏法操作步骤如下。

　　（1）沙土管制备　将河沙用 60 目过筛，弃去大颗粒及杂质，再用 80 目过筛，去掉细沙。用吸铁石吸去铁质，放入容器中用 10% 盐酸浸泡，如河沙中有机物较多可用 20% 盐酸浸泡。24h 后倒去盐酸，用水洗泡数次至中性，将沙子烘干或晒干。另取瘦红土 100 目过筛，水洗至中性，烘干，按 m（沙）：m（土）= 2:1 混合。把混匀的沙土分装入安瓿管或小试管中，高度为 1cm 左右。塞好棉塞，0.1MPa 灭菌 30min，或常压间歇灭菌 3 次，每天每次 1h。灭菌后在不同部位抽出若干管，分别加营养肉汁、麦芽汁、豆芽汁等培养基，经培养检查后无微生物生长方可使用。

（2）斜面培养物的制备　参照"定期移植法"。

（3）制备菌悬液　向培养好的斜面培养物中注入 3~5mL 无菌水，洗下细胞或孢子制成菌悬液。用无菌吸管吸取菌悬液，均匀滴入沙土管中，每管 0.2~0.5mL。放线菌和霉菌可直接挑取孢子拌入沙土管中。

（4）干燥　用真空泵抽去安瓿管中水分并放置于干燥器内。

（5）纯培养检查　从做好的沙土管中，按 10:1 比例抽查。无菌条件下用接种环取出少量沙土粒，接种于适宜的固体培养基上，培养后观察其生长情况和有无杂菌生长。如出现杂菌或菌落数很少，或根本不长，则需进一步抽样检查。

（6）保藏　将纯培养检查合格的沙土管用火焰熔封管口。制好的沙土管存放于低温（4~15℃）干燥处，半年检查一次活力及杂菌情况。也可将纯培养检查合格的沙土管直接用牛皮纸或塑料纸包好，置干燥器内保存。

（7）复苏　复苏时在无菌条件下打开沙土管，取部分沙土粒于适宜的斜面培养基上，长出菌落后再转接一次，也可取沙土粒于适宜的液体培养基中，增殖培养后再转接斜面。

（五）冷冻干燥保藏法 (freeze-drying preservation)

冷冻干燥保藏法是指将微生物冷冻，在减压下利用升华作用除去水分，使细胞的生理活动趋于停止，从而长期维持存活状态。

适用范围：冷冻干燥保藏法适用于大多数细菌、放线菌、酵母、霉菌和病毒等的保藏。

特点：冷冻干燥保藏法是目前最有效的菌种保藏法之一。此法的优点是适用范围广，保藏期长，存活率高，保藏期可长达数年至几十年；此法的缺点是设备昂贵，操作复杂。

冷冻干燥保藏法操作步骤如下。

（1）安瓿管准备　安瓿管材料以中性玻璃为宜。清洗安瓿管时，先用 2% 盐酸浸泡过夜，自来水冲洗干净后，用蒸馏水浸泡至 pH 中性，干燥后、贴上标签，标上菌号及时间，加入脱脂棉塞后，121℃高压灭菌 15~20min，备用。

（2）保护剂的选择和准备　保护剂种类要根据微生物类别选择。配制保护剂时，应注意其浓度及 pH，以及灭菌方法。如血清，可用过滤灭菌；牛奶要先脱脂，用离心方法去除上层油脂，一般在 100℃ 间歇煮沸 2~3 次，每次 10~30min，备用。厌氧菌冷冻干燥管制备时，保护剂在使用前应在 100℃ 的沸水中煮沸 15min 左右，脱气后放入冷水中急冷，除掉保护剂中的溶解氧。

（3）冻干样品的准备　在最适宜的培养条件下将细胞培养至静止期或成熟期，进行纯度检查后，与保护剂混合均匀，分装。微生物培养物浓度以细胞或孢子不少于 10^8~10^{10} 个/mL 为宜（以大肠杆菌为例，为了取得 10^{10} 个/mL 活细胞菌液 2~2.5mL，只需 10mL 琼脂斜面两支）。采用较长的毛细滴管，直接滴入安瓿管底部，注意不要溅污上部管壁，每管分装量 0.1~0.2mL，若是球形安瓿管，装量为半个球部。若是液体培养的微生物，应离心去除培养基，然后将培养物与保护剂混匀，再分装于安瓿管中。分装安瓿管时间尽量要短，最好在 1 ~ 2h 内分装完毕并预冻。分装时应注意在无菌条件下操作。

（4）预冻　一般预冻 2h 以上，温度达到 −35 ~ −20℃。

（5）冷冻干燥　采用冷冻干燥机进行冷冻干燥。将冷冻后的样品安瓿管置于冷冻干燥机的干燥箱内，开始冷冻干燥，时间一般为 8 ~ 20h。终止干燥时间应根据下列情况判断：安瓿管内冻干物呈酥块状或松散片状；真空度接近空载时的最高值；样品温度与管外温度接近；选用 1 ~ 2 支对照管，其水分与菌悬液同量，视为干燥完结；选用一个安瓿管，装 1% ~ 2% 氯化钴，如变深蓝色，可视为干燥完结。冷冻干燥完毕后，取出样品安瓿管置于干燥器内，备用。

（6）真空封口及真空检验　将安瓿管颈部用强火焰拉细，然后采用真空泵抽真空，在真空条件下将安瓿管颈部加热熔封。熔封后的干燥管可采用高频电火花真空测定仪测定真空度。

（7）保藏　安瓿管应低温避光保藏。

（8）质量检查　冷冻干燥后抽取若干支安瓿管进行各项指标检查，如存活率、生产能力、形态变异、杂菌污染等。

（9）复苏　先用 70% 酒精溶液浸泡的棉花擦拭安瓿管上部，将安瓿管顶部烧热，用无菌棉签蘸冷水，在顶部擦一圈，顶部出现裂纹，用镊子在颈部轻叩一下，敲下已开裂的安瓿管的顶端，用无菌水或培养液溶解菌块，使用无菌吸管移入新鲜培养基上，进行适温培养。

（六）液氮超低温保藏（preservation in liquid nitrogen）

液氮超低温保藏技术是将菌种保藏在 −196℃ 的液态氮或在 −150℃ 的氮气中的长期保藏方法，它的原理是利用微生物在 −130℃ 以下新陈代谢趋于停止而有效地保藏微生物。

适用范围：此法是目前保藏菌种最理想的方法之一，适用于保藏各种微生物。

特点：此法优点是保藏期长，可达 10 年以上，菌种稳定性好；缺点是运行成本高，对人员操作技术要求高，对设备要求高，取用不方便。

液氮超低温保藏技术操作步骤如下。

（1）安瓿管或冻存管的准备　采用圆底硼硅玻璃制品的安瓿管或螺旋口的塑料冻存管。注意玻璃管不能有裂纹。将冻存管或安瓿管清洗干净，121℃ 高压灭菌 15 ~ 20min，备用。

（2）保护剂的准备　保护剂种类要根据微生物类别选择。配制保护剂时，应注意其浓度，一般采用 10 ~ 20% 甘油或 20% 二甲亚砜（DMSO）水溶液。

（3）微生物保藏物的准备　微生物不同的生理状态对存活率有影响，一般使用静止期或成熟期培养物。分装时注意应在无菌条件下操作。菌种的准备可采用下列几种方法：刮取培养物斜面上的孢子或菌体，与保护剂混匀后，加入冻存管内；接种液体培养基，振荡培养后取菌悬液与保护剂混合分装于冻存管内；将培养物在平皿培养，形成菌落后，用无菌打孔器从平板上切取一些大小均匀的小块（直径 5～10mm），真菌最好取菌落边缘的菌块，与保护剂混合后加入冻存管内；在小安瓿管中装 1.2～2mL 的琼脂培养基，接种菌种，培养 2～10d 后，加入保护剂，待保藏。

（4）预冻　预冻时一般冷冻速度控制在以每分钟下降 1℃为好、使样品冻结到 −35℃。目前常用的有三种控温方法：程序控温降温法，应用电子计算机程序控制降温装置，可以稳定连续降温，能很好地控制降温速率；分段降温法：将菌体在不同温级的冰箱或液氮罐口分段降温冷却，或悬挂于冰的气雾中逐渐降温，一般采用二步控温，将安瓿管或塑料小管，先放 −40～−20℃冰箱中 1～2h，然后取出放入液氮罐中快速冷冻，这样冷冻速率大约每分钟下降 1～1.5℃；对耐低温的微生物、可以直接放入气相或液相氮中。

（5）保藏　将安瓿管或塑料冻存管置于液氮罐（图 7−4）中保藏。一般液氮罐内气相中温度为 −150℃，液相中温度为 −196℃。

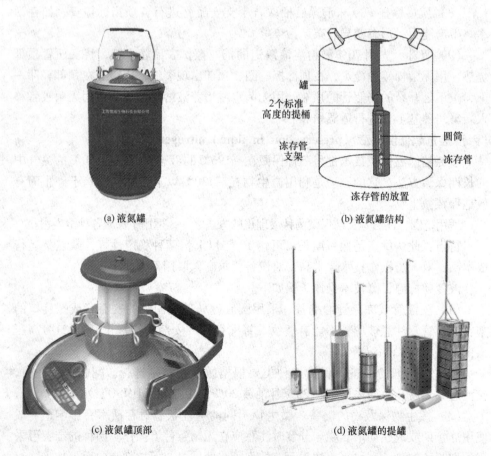

(a) 液氮罐

(b) 液氮罐结构

罐
2个标准高度的提桶
冻存管支架
圆筒
冻存管
冻存管的放置

(c) 液氮罐顶部

(d) 液氮罐的提罐

图 7−4　液氮罐

（6）复苏　从液氮罐中取出安瓿管或塑料冻存管，应立即放置在 38 ~ 40℃水浴中快速复苏并适当摇动。直到内部结冰全部溶解为止，一般需 50 ~ 100s。开启安瓿管或塑料冻存管，将内容物移至适宜的培养基上进行培养。

使用液氮超低温保藏微生物菌株时，需注意以下事项：①防止液氮冻伤，操作注意安全，戴面罩和皮手套，塑料冻存管一定要拧紧螺帽。②存放液氮时一定要用专用容器即液氮罐，绝不可用密闭容器如保温瓶存放或运输液氮。③注意存放液氮容器的室内通风，防止过量氮气吸入使人窒息。④防止安瓿管或塑料冻存管破裂爆炸，如液氮渗入管内，当从液氮容器取出时，液态氮体积膨胀约 680 倍，爆炸力很大，要特别小心。⑤注意观察液氮容器中液氮的残存量，定期补充液氮。

（七） -80℃低温冷冻保藏法

1. 定义

将菌种保藏在 -80℃超低温冰箱中以减缓细胞的生理活动进行冷冻的一种保藏方法。

2. 适用范围

此法适用于各类微生物，保藏周期一般 1 ~ 5 年。

3. 操作步骤

（1）安瓿管的准备　安瓿管材料以中性玻璃为宜。清洗安瓿管时，先用 2% 盐酸浸泡过夜，自来水冲洗干净后，用蒸馏水浸泡至 pH 中性，干燥后贴上标签，标上菌号及时间，加入脱脂棉塞后，121℃高压灭菌 15 ~ 20min，备用。

（2）保护剂的选择和准备　保护剂种类要根据微生物类别选择。配制保护剂时，应注意其浓度及 pH，以及灭菌方法。如血清，可用过滤灭菌；牛奶要先脱脂，用离心方法去除上层油脂，一般在 100℃间歇煮沸 2 ~ 3 次，每次 10 ~ 30min，备用。

（3）微生物保藏物的准备　在最适宜的培养条件下将细胞培养至静止期或成熟期，进行纯度检查后，与保护剂混合均匀，分装。微生物培养物浓度以细胞或孢子不少于 10^8 ~ 10^{10} 个/mL 为宜（以大肠杆菌为例，为了取得每毫升 10^{10} 个活细胞菌液 2 ~ 2.5mL，只需 10mL 琼脂斜面两支）。采用较长的毛细滴管，直接滴入安瓿管底部，注意不要溅污上部管壁，每管分装量 0.1 ~ 0.2mL，若是球形安瓿管，装量为半个球部。若是液体培养的微生物，应离心去除培养基，然后将培养物与保护剂混匀，再分装于安瓿管中。分装安瓿管时间尽量要短，最好在 1 ~ 2h 内分装完毕并预冻。分装时应注意在无菌条件下操作。

（4）冻结保藏　将安瓿管或塑料冻存管置于 -80℃冰箱中保藏。

（5）复苏方法　从冰箱中取出安瓿管或塑料冻存管，应立即放置 38 ~ 40℃水浴中快速复苏并适当快速摇动。直到内部结冰全部溶解为止，需 50 ~ 100s。开启安瓿管或塑料冻存管，将内容物移至适宜的培养基上进行培养。

（八）寄主保藏法

某些微生物，如病毒、立克次氏体、螺旋体和少数丝状真菌等，只能寄生在活的动植物或细菌中才能生长繁殖，故可针对寄主细胞的特性进行保存。如植物病毒可用植物幼叶的汁液与病毒混合、冷冻或干燥保存；噬菌体可经细菌扩大培养后，与培养基混合直接保存；动物病毒可用病毒感染适宜的脏器或体液，试管封存，低温保存。

四、设计菌种保藏方法所依据的原则

（一）选用典型优良纯种

最好采用微生物优良纯种的休眠体（如芽孢、孢子等）进行保藏。

（二）创造特殊的环境

因为菌种的变异主要发生在微生物生长繁殖的旺盛期，因此，必须人为地创造一个微生物生命活动处于最低状态的环境条件，如低温、干燥、缺氧、避光、贫乏培养基和添加保护剂等，使微生物的代谢处于不活跃、生长繁殖受抑制的休眠状态。

（三）尽量减少传代次数

频繁的移种和传代易引起菌种退化，变异多半是通过繁殖而产生的，因此，为了优良菌种的保存，要选用合适的培养基和恰当的移种传代的间隔时间，严格控制菌种移植的代数。

五、菌种保藏机构

目前，世界上约有550个菌种保藏机构，其中著名的有美国典型培养物保藏中心（America Type Culture Collection，ATCC），1925年建立，是世界上最大的、保存微生物种类和数量最多的机构，保存病毒、衣原体、细菌、放线菌、酵母菌、真菌、藻类、原生动物等约29000株，都是典型株。荷兰真菌中心保藏所（Centraalbureau voor Schimmelcultures，CBS），1906年建立，保存酵母菌、丝状真菌约8400种，18000株，大多是模式株。国外主要的菌种保藏机构见表7-1。

表7-1　　　　　　　　　　国外主要的菌种保藏机构

单位英文名简称	单位中文译名	单位英文名简称	单位中文译名
ATCC	美国典型培养物保藏中心	NCTC	英国典型培养物保藏中心
NRRL	美国农业研究菌种保藏中心	NBRC（IFO）	日本技术评价研究所生物资源中心
CBS	荷兰真菌中心保藏所	DSMZ	德国微生物菌种保藏中心

1970年在墨西哥城举行的第10届国际微生物学学会上成立了世界菌种保藏联合会（World Federation for Culture Collection，WFCC），并决定每四年召开一次国际菌种保藏会议，同时确定澳大利亚昆士兰大学微生物系为世界资料中心，

这个中心用电子计算机储存全世界各菌种保藏机构的有关情报和资料，1972 年出版《世界菌种保藏名录》。

国内主要菌种保藏机构见表 7 - 2。中国普通微生物菌种保藏管理中心（China General Microbiological Culture Collection Center，CGMCC）成立于 1979 年，隶属于中国科学院微生物研究所，是我国最主要的微生物资源保藏和共享利用机构，CGMCC 目前保存各类微生物资源超过 5000 种，46000 余株，用于专利程序的生物材料 7100 余株，微生物元基因文库约 75 万个克隆。中国普通微生物菌种保藏管理中心的工作主要包括：广泛分离、收集、保藏、交换和供应各类微生物菌种；保存用于专利程序的各种可培养生物材料；微生物菌种保藏技术研究；微生物分离、培养技术研究；微生物鉴定和复核技术研究；保藏菌种的资料情报收集和提供；编辑微生物菌种目录。

表 7 - 2　　　　　　　　　　国内主要的菌种保藏机构

单位英文名简称	单位名称	单位英文名简称	单位名称
CCTCC	中国典型培养物保藏中心	CACC	中国抗生素菌种保藏管理中心
CGMCC	中国普通微生物菌种保藏管理中心	CFCC	中国林业微生物菌种保藏管理中心
ACCC	中国农业微生物菌种保藏管理中心	CMCC	中国医学微生物菌种保藏管理中心
ISF	中国农业科学院土壤肥料研究所	CVCC	中国兽医微生物菌种保藏管理中心
CICC	中国工业微生物菌种保藏管理中心		

在国际著名的美国典型培养物保藏中心（ATCC），仅采用两种最有效的保藏法，即保藏期一般达 5 ~ 15 年的冷冻真空干燥保藏法与保藏期一般达 15 年以上的液氮超低温保藏法，以达到最大限度地减少传代次数，避免菌种变异和衰退的目的。我国菌种保藏多采用三种方法，即斜面低温保藏法、液氮超低温保藏法和冷冻真空干燥保藏法。

项目实施

任务一　微生物菌种斜面传代保藏和石蜡油封藏

器材准备

1. 菌种

待保藏的细菌、酵母菌、放线菌和霉菌。

2. 培养基

牛肉膏蛋白胨斜面和半固体直立柱（培养细菌）、高氏 1 号琼脂斜面（培养放线菌）、麦芽汁琼脂斜面和半固体直立柱（培养酵母菌）、马铃薯蔗糖斜面培养基（用于培养霉菌，用蔗糖代替葡萄糖有利于孢子形成）。

3. 试剂

液体石蜡。

4. 实验仪器和其他材料

高压蒸气灭菌锅、试管、接种环、接种针、吸管等。

操作方法

参见"项目七"中的"背景知识三"。

注意事项

从液体石蜡下面取培养物移种后接种环在火焰上烧灼时，培养物容易与残留的液体石蜡一起飞溅。

任务二　微生物菌种冷冻真空干燥保藏

器材准备

1. 菌种

待保藏的细菌、酵母菌、放线菌和霉菌。

2. 培养基

适于待保藏菌种的各种斜面培养基。

3. 试剂

脱脂牛奶、3% HCl 溶液等。

4. 实验仪器和其他材料

冷冻真空干燥机、安瓿管、移液管等。

操作方法

参见"项目七"中的"背景知识三"。

注意事项

熔封安瓿管时，封口处火焰燃烧要均匀，否则易造成漏气。

任务三　微生物菌种液氮超低温保藏

器材准备

1. 菌种

待保藏的细菌、酵母菌、放线菌和霉菌。

2. 培养基

适于待保藏菌种的各种斜面培养基。

3. 试剂

甘油、二甲亚砜（DMSO）等。

4. 实验仪器和其他材料

液氮罐、控制冷却速度装置、安瓿管、铝夹、低温冰箱等。

操作方法

参见"项目七"中的"背景知识三"。

注意事项

1. 从液氮罐中取安瓿管时，面部必须戴好防护罩，戴好手套，以防冻伤。

2. 放在液氮中保藏的安瓿管，管口务必熔封严密，否则当安瓿管从液氮中取出时，因液氮急剧气化、膨胀，致使安瓿管爆炸。

3. 由于微生物类型不同，每种微生物所能适应的冷却速度也不同，因此需根据具体的菌种，通过试验来决定冷却的速度。

任务四　发酵乳制品生产菌种的复壮技术

器材准备

1. 待复壮菌种

德氏乳杆菌保加利亚亚种（*Lactobacillus delbrueckii* subsp. *bulgaricus*），嗜热链球菌（*Streptococcus thermophilus*）脱脂乳试管培养物，要求至少在冰箱中保藏2周。

2. 培养基

改良 MRS 琼脂培养基、脱脂乳试管培养基。

3. 试剂

无菌生理盐水、0.1mol/L NaOH 溶液、0.5%的酚酞指示剂、0.005% 刃天青标准溶液、革兰氏染色液。

4. 实验仪器和其他材料

高压蒸气灭菌锅、恒温培养箱、电热恒温干燥箱、超净工作台、无菌吸管、无菌培养皿、75%酒精棉球、酒精灯等。

操作方法

1. 样品稀释

将待复壮菌种培养液混合均匀，用无菌吸管吸取样品 10mL，移入盛有 90mL 无菌生理盐水带玻璃珠的三角瓶中，充分振荡混合均匀，即为 10^{-1} 的样品稀释液。然后另取一支吸管自 10^{-1} 三角瓶内吸取 1mL 移入 10^{-2} 试管内，依此方法进行系列稀释至 10^{-6}。

2. 平板分离（倾注法）

用 3 支 1mL 无菌吸管分别精确吸取 10^{-4}、10^{-5}、10^{-6} 的稀释液各 0.1mL 对号注入已编号的无菌培养皿中，倒入熔化并冷却至 50℃ 左右的改良 MRS 琼脂培养基 15～20mL，于水平位置迅速转动平皿使之混合均匀。凝固后倒置于 40℃ 培养 48h 或 37℃ 培养 48～72h。

3. 观察菌落特征

对上述平板长出的菌落进行肉眼观察。由于乳酸菌的菌落微小和近于透明，必要时将平皿直接倒置于体视显微镜或低倍镜下观察，同时降低视野亮度至菌落清晰为止。从菌落的大小、形状、表面与边缘情况、隆起程度、透明度、颜色，有无光泽及光滑湿润或粗糙干燥等几方面观察乳酸菌的菌落特征。德氏乳杆菌保加利亚亚种在 MRS 平板上表面呈卷发样或菜花样构造，边缘呈不规则状，有的边缘呈假根样，灰白色，半透明至较透明，微隆起，大小为 1~3mm 的菌落，老龄菌的菌落边缘整齐呈圆形，表面光滑。嗜酸乳杆菌在 MRS 平板上表面呈凸凹不平的玻璃霜花样，边缘不规则状，有的边缘呈丝状或卷发样，灰白色，半透明至较透明，微隆起的微小菌落。

4. 纯化培养

从上述不同培养基平板中分别挑取 10 个典型的单菌落接种于 MRS 液体培养基和脱脂乳试管中，于 40℃培养 24h，牛乳培养基 37℃培养至乳凝固。

5. 镜检形态

挑取上述试管培养物 1 环，进行革兰氏染色，油镜观察菌体个体形态，确定菌种健壮、无杂菌污染后，进行菌种扩大培养。

6. 菌种扩大培养

按 1% 的接种量，将上述液体试管培养物接种于盛 100mL 灭菌脱脂乳的三角瓶中，另以同样方法分别接种具有较高活力的菌株作为对照，于 40℃培养至乳凝固，一般 37℃培养过夜至乳凝固后进行菌种活力测定。

7. 测定菌种的活力

（1）肉眼观察　观察并记录用脱脂乳扩大培养菌种的凝乳时间。

（2）酸度测定　用 NaOH 滴定法测定菌株培养液的酸度。用 0.1mol/L NaOH 溶液滴定发酵剂或酸奶的酸度，单位以°T 表示，即中和 100mL 样品中的总酸所消耗 0.1mol/L NaOH 标准溶液的体积（mL）。

测定时取 10mL 样品，用 20mL 蒸馏水稀释，加入 0.5% 的酚酞指示剂 3 滴，以标定的 NaOH 溶液滴定（注意标定后才可使用）至微红色，以 30s 不褪色为终点，将所消耗的 NaOH 体积（mL）代入以下公式计算：酸度（°T）$= CV \times 10/0.1$。式中：C 为标定后氢氧化钠的浓度（mol/L），V 为消耗标定氢氧化钠溶液体积（mL），0.1 为定义中标准氢氧化钠的浓度（mol/L），10 为样品体积数（mL）。

（3）还原刃天青能力测定　用刃天青还原试验测定发酵剂的菌种还原刃天青所需的时间。

①取 1mL 单一菌种发酵剂加入 9mL 的灭菌脱脂乳中，并加入刃天青标准溶液 1mL，共置带橡皮塞的无菌大试管中，同时做不加发酵剂的对照管。

②将试管置于 37℃水浴保温，30min 后开始检查褪色所需时间，其后每 5min 观察一次结果，用于推知发酵剂的菌种活力。淡粉红色为还原终点，以终点出现的时间，作为评价发酵剂菌种活力的指标。评价标准如下：在 35min 内还原刃天青的发酵剂的活力很强；在 50min 内还原刃天青的发酵剂活力较差，但可以使用；在 50~60min 还原刃天青的发酵剂活力很弱，不宜使用。

（4）活菌计数　采用稀释倾注平板培养法测定活菌数量。

结果报告

描述德氏乳杆菌保加利亚亚种和嗜热链球菌的菌落形态，并绘图说明它们的个体形态，根据凝乳时间最短、酸度最高、还原刃天青时间最短、活菌数最高挑选出优良菌株。

项目思考

1. 请解释以下名词：菌种衰退、菌种复壮、菌种保藏。
2. 试述菌种保藏的目的和原则？
3. 试列举五种常用菌种保藏方法，并对其保藏原理、适用范围、保藏期和优缺点进行比较。
4. 菌种保藏时需注意哪些要点？
5. 防止菌种退化的方法有哪些？
6. 常见的菌种复壮方法有哪些？
7. 某乳品企业生产酸奶的菌种活力下降了，如出现产酸慢的现象，请设计简明实验方案解决。

项目八　微生物生长量测定技能训练

项目介绍

项目背景

　　微生物的生长情况可以通过测定单位时间里微生物数量或生物量的变化来评价。通过微生物生长的测定可以反映微生物生长的规律,可以反映培养条件、营养物质或抗菌物质等对微生物生长的影响,可以监控发酵生产的进程,因此微生物生长量测定技能在发酵生产实践和科研工作中具有重要意义。

　　例如在酒精、啤酒和白酒等发酵产品的生产实践中,需要对成熟酒母进行镜检,除了要求菌体细胞饱满肥大、细胞质均匀、空泡小、出芽率高外,还要求酵母细胞数每毫升达到 1 亿个以上,以此作为酵母菌繁殖能力和培养成熟的指标。又例如在谷氨酸发酵生产中,每间隔 2~4h 就要取样用光电比浊法测定发酵液的光密度(OD),以此作为谷氨酸杆菌增殖数量的指标,有助于指导发酵过程的工艺控制。

项目任务

　　任务一　酵母菌显微镜直接计数
　　任务二　平板菌落计数
　　任务三　大肠杆菌生长曲线的制作

项目目标

知识目标

　　1. 能列举微生物的各种计数方法、原理及其适用范围。

　　2. 能阐述微生物群体生长规律,识别各个生长阶段的生长特点和生产应用意义。

　　3. 能阐述血球计数板的构造、计数规则和计算方法。

4. 能理解平板菌落计数的原理。

能力目标

1. 能根据工作目标正确选择合适的计数方法。

2. 能规范使用血球计数板，能采用显微镜直接计数法测定酵母菌的生长量。

3. 能够运用平板菌落数完成单细胞微生物总数的测定，掌握样品稀释液制备方法和菌落计数原则。

背景知识

一、微生物生长繁殖的测定方法

微生物细胞在适宜的环境条件下，不断地吸收营养物质进行新陈代谢，当合成代谢超过分解代谢时，细胞原生质总量不断增加，体积不断增大，这就是生长。单细胞微生物生长到一定程度时，母细胞分裂形成两个基本相同的子细胞，导致生物个体数目的增加，就是繁殖；多细胞微生物则通过形成孢子而使个体数目增加，也称为繁殖。若仅有细胞数量增加，个体数目不增加则属于生长。生长是基础，繁殖是生长的结果。

由于微生物个体太小，个体细胞的生长难以测定，而且生长与繁殖是交替进行的，因此，微生物的生长繁殖一般不是依据个体细胞的大小，而是以群体细胞数目的增加作为指标，即群体生长 = 个体生长 + 个体繁殖。

微生物群体生长表现为细胞数目的增加或细胞物质的增加，因此微生物生长量测定方法可分为测定细胞数量和生物量两种方法。测定细胞数量的方法有显微镜直接计数法、平板菌落计数法、光电比浊法、最大可能数法以及膜过滤法等。测定细胞生物量的方法有细胞干重法等、细胞某种成分的含量测定法（如总氮量测定法、DNA 含量测定法，代谢产物测定法）等。

测定微生物生长量的方法很多，各有优缺点，没有任何一种方法适用于所有情况，因此工作中应根据具体情况和要求加以选择。

（一）显微镜直接计数法（direct microscopic count）

1. 基本原理

显微镜直接计数法是将菌悬液放在计数器与盖玻片之间容积一定的计数室中，在显微镜下直接计数，然后根据计数结果计算单位体积内的微生物总数目，它是一种常用的微生物计数方法。目前国内外常用的计菌器有血球计数板、Pet-eroff – Hauser 细菌计菌板和 Hawksley 细菌计菌板等，它们常用于酵母、细菌、霉菌孢子等菌悬液的计数。

2. 特点

显微镜直接计数法简便、快速、直观、容易操作。缺点是难于区分活菌和死菌，所以此法又称为全菌计数法。显微计数法只适用于单细胞的微生物计数，如有与微生物形态类似的杂质常不易分辨。

一般菌体较大的酵母菌或霉菌孢子可采用血球计数板，细菌则采用细菌计数板，这两种计数板的基本原理和部件均相同。只是细菌计数板较薄，可以使用油镜观察，而血球计数板较厚，不能使用油镜，故细菌不易看清。细菌计数器盖上盖玻片后，总容积为 0.02mm^3，而且盖玻片和载玻片之间的距离只有 0.02mm，可用油镜对细菌等较小的细胞进行观察和计数。本教材将以血球计数板为例对显微镜直接计数法进行详细介绍。

3. 血球计数板的结构

血球计数板是一块特制的厚载玻片，玻片的中间部分刻有四条沟槽，形成三个平台，如图 8 - 1 （a）所示。中间的平台较宽且比两边的平台略低，其中央刻有一小方格网的计数区，计数区的面积为 1mm^2。另一种计数器中间平台的中间又被一短的横沟槽分为两半，成为两个小平台，每个小平台上面各刻有一个计数区，共有两个计数区。当盖上特定盖玻片时，盖玻片与计数室的空间厚度正好是 0.100mm，如图 8 - 1 （b）所示，这样计数室的体积为 0.1mm^3，即 0.0001mL。

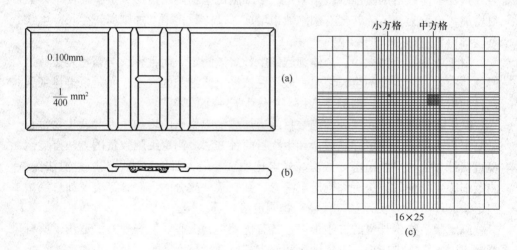

图 8 - 1　血球计数板的构造
（a）平面图（中间平台分为两半，各刻有一个方格网）
（b）侧面图（中间平台与盖玻片之间有高度为 0.1mm 的间隙）
（c）血球计数板计数网的分区和分格

每个计数区共分 9 大格，其中间的一大格常被用作微生物的计数，故又将中央大格称为计数室，如图 8 - 1 （c）所示。常见血球计数板的计数室有两种规格：一种是 16×25 型，即计数室共分为 16 个中方格，每个中方格又分为 25 个小方格；另一种是 25×16 型，即计数室先被分成 25 个中方格，每个中方格又分为 16 个小方格，如图 8 - 2 所示。但无论是哪一种规格的血球计数板，其计数室的小方格都是 400 个，如图 8-2 所示。

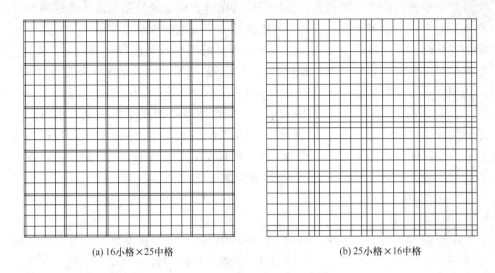

(a) 16小格×25中格   (b) 25小格×16中格

图 8-2   血球计数板计数室的两种规格

使用血球计数板直接计数时，先要测定每个小方格（或中方格）中微生物的数量，再换算成每毫升菌液（或每克样品）中微生物细胞的数量。计算公式如下：

（1）计数室为 16×25 的计数板计算公式：

细胞数/mL =（100 小格内的细胞数/100）×400×1000×稀释倍数

（2）计数室为 25×16 的计数板计算公式：

细胞数/mL =（80 小格内的细胞数/80）×400×1000×稀释倍数

4. 血球计数板的使用方法

（1）稀释样品   为了便于计数，将样品适当稀释，使每小格内有 5～10 个菌体细胞为宜。

（2）加菌液   将清洁干燥的血球计数板盖上盖玻片，再用无菌的毛细滴管将摇匀的酵母菌悬液由盖玻片边缘滴一小滴，让菌液沿缝隙靠毛细作用自动进入计数室。注意取样前要摇匀菌液，加菌液时量不应过多，加样时计数室不可有气泡产生。

（3）找计数室   加样后静止 5min，然后将血球计数板置于显微镜载物台上，先用低倍镜找到计数室所在位置，然后换成高倍镜进行计数。注意调节显微镜光线强弱，使菌体和计数室线条清晰。

（4）显微镜计数   以 16×25 规格为例，取左上、右上、左下、右下和中央 5 个中格的菌体进行计数。位于中方格边线上的菌体一般只计上边和右边线上的（或只计左边和下边线上的）。一般样品稀释度要求每小格内有 5～10 个菌体为宜。在计数前若发现菌液太浓或太稀，需重新调节稀释度后再计数。如遇酵母出芽，芽体大小达到母细胞的一半时，即作为两个菌体计数。计数一个样品要从两个计数室中计得的平均数值来计算样品的含菌量。由于酵母菌菌体无色透明，计数观察时应仔细调节光线。或者用吕氏碱性美蓝染液处理酵母菌液。美蓝是一种弱的氧化剂，还原后变为无色，酵母细胞死活的鉴别就是利用美蓝的这一特性。活的酵母细胞由于新陈代谢不断进行，能将美蓝还原，而死的酵母细胞则不能，染色须严格控制时间。

（5）清洗血球计数板　使用完毕后，将血球计数板在水龙头上用水冲洗干净，切勿用硬物洗刷，洗完后自行晾干或用吹风机吹干。镜检，观察计数室内是否有残留菌体或其他沉淀物。若不干净，则必须重复洗涤至干净为止。若计数是病原微生物，则需先浸泡在5%的石炭酸溶液中进行消毒。

（二）平板菌落计数法

1. 基本原理

平板菌落计数法（plate count）是将待测样品经适当稀释之后，其中的微生物充分分散成单个细胞，取一定量的稀释样液接种到平板上，经过培养，由每个单细胞生长繁殖而形成肉眼可见的菌落，即一个单菌落应代表原样品中的一个单细胞，统计菌落数，根据其稀释倍数和取样接种量即可换算出样品中的含菌数。

但是，由于待测样品往往不易完全分散成单个细胞，所以，长成的一个单菌落也可来自样品中的 2 ~ 3 或更多个细胞。因此平板菌落计数的结果往往偏低。为了清楚地阐述平板菌落计数的结果，现在已倾向使用菌落形成单位（colony-forming units，CFU）表示，而不以绝对菌落数来表示样品的活菌含量。一般细菌的平板菌落计数以 30 ~ 300 个为宜，霉菌或酵母菌的平板菌落计数以 10 ~ 150 个为宜。

2. 特点

平板菌落计数法的最大优点是可以获得活菌的信息，所以被广泛用于食品、饮料、水和活菌制剂等产品的含菌指数或污染程度的检测。但是，该计数方法操作过程较繁琐，费工费时，且测定结果易受多种因素的影响。

3. 稀释倾注法的操作方法

（1）稀释　取盛有9mL无菌水的试管若干，用记号笔进行编号。用1mL无菌吸管吸取1mL已充分混匀的待测样品菌悬液，置于盛有 9mL 无菌水的试管中，即为 10 倍稀释液，即稀释度为 10^{-1}。将 10^{-1} 稀释液置试管振荡器上振荡，使菌液充分混匀。另取一支 1mL 吸管插入 10^{-1} 稀释液中来回吹吸菌悬液 3 次，进一步将菌体分散、混匀。吹吸菌液时不要太猛太快，吸时吸管伸入管底，吹时离开液面，以免将吸管中的过滤棉花浸湿或使试管内液体外溢。后用此吸管吸取 10^{-1} 菌液 1mL，置于盛有 9mL 无菌水的试管中，此即为 100 倍稀释，即稀释度为 10^{-2}，其余依次类推。在稀释过程中值得注意的是，放菌液时吸管尖不要碰到液面，即每一支吸管只能接触一个稀释度的菌悬液，否则稀释不精确，结果误差较大。

微生物实用技能训练

（2）取样　取无菌平皿9套，用记号笔进行编号。用3支无菌吸管分别吸取3个不同稀释度的菌悬液各1mL，对号放入编好号的无菌平皿中，每个平皿放1mL。注意同一稀释度需要做3个重复。

（3）倒平板　尽快向上述盛有不同稀释度菌液的平皿中倒入融化后冷却至45℃左右的培养基，倾注量约15mL/平皿，置水平位置迅速旋动平皿，用于使培养基与菌液混合均匀，而又不致使培养基荡出平皿或溅到平皿盖上。由于菌液易吸附到玻璃器皿表面，所以菌液加入到培养皿后，应尽快倒入融化并于已冷却至45℃左右的培养基，立即摇匀，否则细菌将不易分散或长成的菌落连在一起，影响计数。

（4）培养　静置，待培养基凝固后，将平板倒置于37℃恒温培养箱中培养。

（5）计数　培养合适时间后，取出培养平板，观察菌落生长情况，计数。记下各平板的菌落总数后，求出同一稀释度3个平板的菌落平均数，再乘以稀释倍数，计算出原始样品中的菌落数（CFU/mL）。通常从接种后的3个稀释度中只选择1个合适的稀释度用于计算，选择标准如下：细菌一般选择每个平板上生长30～300个菌落的稀释度计算为宜，霉菌和酵母菌以每个平板上生长10～100个菌落的稀释度计算为宜。同一稀释度各个重复的菌落数相差不应太悬殊，否则表示实验不精确，应重做。到达规定的微生物培养时间，应立即计数，如不能马上计数，应将平板置于0～4℃冰箱中，但不得超过24h。计数时可用肉眼观察，也可选用菌落计数器和全自动菌落计数仪用于平板菌落计数（图8-3）。

(a) 菌落计数器　　　　　　　　　(b) 全自动菌落计数仪

图8-3　菌落计数设备

4. 稀释涂布法的操作方法

平板菌落计数法的操作除上述倾注倒平板的方式以外，还可以用涂布平板的方式进行。二者操作基本相同，所不同的是后者先将培养基融化后倒平板，待凝固后编号，并于37℃左右的温箱中烘烤30min，或在超净工作台上适当吹干，然后用无菌吸管吸取0.1mL稀释菌液对号接种于不同稀释度编号的平板上，并尽快用无菌涂布棒将菌液在平板上涂布均匀，平放于实验台上20～30min，使菌液渗入培养基表层内，然后倒置于37℃的恒温箱中培养合适时间。注意涂布法用的菌悬液量一般以0.1mL较为适宜，如果过少菌液不易涂布开，过多则在涂布完后或在培养时菌液仍会在平板表面流动，不易形成单菌落。

计算出同一稀释度3个平板上的菌落平均数，并按下列公式进行计算：

每毫升样品的菌落形成单位 = 同一稀释度3次重复的平均菌落数 × 稀释倍数

（三）光电比浊法（turbidity estimation by spectrophotometer）

1. 基本原理

光电比浊计数法是采用光电比色计或分光光度计测定菌悬液的光密度或透光度。本法常用于观察和控制在培养过程中微生物的菌数消长情况，如微生物生长曲线的测定、发酵罐中微生物生长量的控制等。

当光线通过微生物菌悬液时，由于菌体的散射及吸收作用使光线的透过量降低，如图8-4所示。在一定的范围内，微生物细胞浓度与透光度成反比，与光密度（optical density, OD）值成正比。因此，可用一系列已知菌数的菌悬液测定光密度，作出光密度 - 菌数标准曲线。然后，以样品液所测得的光密度，即可从标准曲线中查出对应的菌数。制作标准曲线时，菌体计数可采用血细胞计数板计数、平板菌落计数或细胞干重测定等方法。

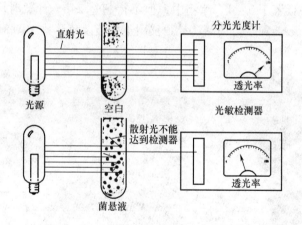

图8-4 光电比浊法测定细胞浓度的原理

2. 特点

光电比浊计数法的优点是简便、迅速，可以连续测定，适合于自动控制。但是，由于光密度或透光度除了受菌体浓度影响之外，还受细胞大小、形态、培养液成分以及所采用的光波长等因素的影响。因此，对于不同微生物的菌悬液进行光电比浊计数应采用相同的菌株和培养条件制作标准曲线。光波的选择通常在400~700nm之间，具体到某种微生物采用多大波长，还需要经过最大吸收波长以及稳定性试验来确定。另外，对于颜色太深的样品或在样品中还含有其他干扰物质的悬液不适合用此法进行测定。同时菌悬液浓度必须在10^7个/mL以上才能

微生物实用技能训练

显示可信的混浊度。此法灵敏度较差，不能区分死活菌。

3. 操作步骤

（1）标准曲线制作　取无菌试管 7 支，分别用记号笔将试管编号为 1、2、3、4、5、6、7。用血细胞计数板对菌悬液进行细胞计数，并进一步用无菌生理盐水分别稀释，调整为含有梯度菌数的菌悬液，分别装入已编好号的 1～7 号无菌试管中。将 1～7 号不同浓度的菌悬液摇均匀后于 560nm 波长处测定 OD 值，比色测定时需用无菌生理盐水作空白对照，并将 OD 值记录下，注意每管菌悬液在测定 OD 值时必须先摇匀后再倒入比色皿中测定。最后以 OD 值为纵坐标，以每毫升细胞数为横坐标，绘制标准曲线。

（2）样品测定　将待测样品用无菌生理盐水适当稀释，摇匀后，同样用 560nm 波长测定 OD 值。注意各种操作条件必须与制作标准曲线时的相同。根据所测得的光密度值，从标准曲线查得每毫升的含菌数。

（3）计算公式　每毫升样品原液菌数 = 从标准曲线查得每毫升的菌数 × 稀释倍数

（四）膜过滤法（membrane filtration）

膜过滤法适用于含菌量很少（≤10^6个/mL）的液态或气态样品。测定时取一定体积的水或空气通过膜过滤器，用于富集其中的微生物，然后将滤膜干燥，对其上面的细胞染色，与膜背景对比，在显微镜下对一定膜面积的细胞进行计数。或样品过滤后，取下滤膜进行培养，计数滤膜上的菌落，进而求出样品中所含的菌数。

滤膜法检测程序为：滤膜洗涤灭菌→滤膜过滤器安装→加水样抽滤→移滤膜贴于培养基上→培养与计数，如图 8-5、图 8-6 所示。

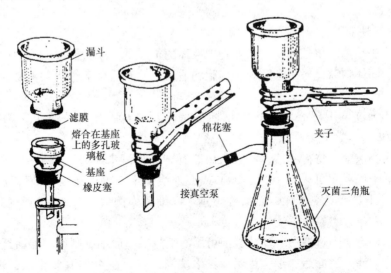

图 8-5　滤膜过滤器的装配图

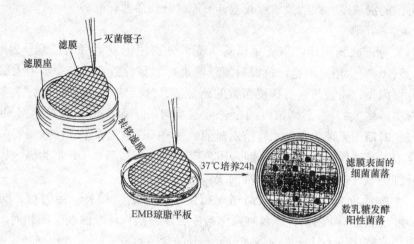

图 8-6　滤膜移贴于培养基上与培养的结果

（五）最大可能数法（most probable number，MPN）

最大可能数法是对细菌数目统计性的估算法。根据对样品细菌数的初步估计，进行适当的稀释，将稀释液作为接种物进行试管接种，根据有和没有细菌生长的试管的数目，查 MPN 统计表可以得到细胞数的近似值。

此法适用于测定在一个混杂的微生物群中虽不占优势，但却具有特殊生理功能的微生物类群，其特点是利用待测微生物的特殊生理功能的选择性来摆脱其他微生物类群的干扰，通过生理功能的表现来判断该微生物类群的存在。

此法常用于食品和水中特殊微生物类群如大肠菌群的检测，也适用于测定土壤微生物中特定类群如硝化菌、固氮菌、纤维素分解菌等的检测。此法缺点是偏差较大。

（六）干重法

干重法是测定单位体积的培养物中菌体的干质量。该法要求培养物中没有除菌体外的固体颗粒，对单细胞和多细胞均适用，尤其适合于丝状微生物的生长量的测定。

菌体干重可用离心法或过滤法收集菌体后干燥测定，一般干重为湿重的 $10\% \sim 20\%$。

在离心法中，将待测培养液放入离心管中，用清水离心洗涤 $1 \sim 5$ 次后，进行干燥。干燥温度可采用 105、100℃ 或红外线烘干，也可在较低的温度（80℃ 或 40℃）下进行真空干燥，然后称干重。以细菌为例，一个细胞的质量一般为 $10^{-13} \sim 10^{-12}$ g。

另一种方法为过滤法。丝状真菌可用滤纸过滤，而细菌则可用醋酸纤维膜等滤膜进行过滤。过滤后，细胞可用少量水洗涤，然后在 40℃ 真空干燥，称干重。以大肠杆菌为例，在液体培养物中，细胞的浓度可达 2×10^8 个/mL。100mL 培养物可得 10～90mg 干重的细胞。

二、微生物群体生长规律——生长曲线

微生物的生长可分为个体生长和群体生长。由于微生物个体很小，所以一般情况下都研究群体生长。尽管不同微生物生长速度不同，但它们在分批培养中的生长繁殖规律却类似。下面以细菌纯种培养为例，介绍微生物群体生长规律。

将少量细菌接种到一定的新鲜液体培养基中，在适宜条件下进行培养，定时取样测定细菌数目。以培养时间为横坐标，以细菌数目的对数为纵坐标，绘制出一条反应细菌从开始生长到死亡的动态过程的曲线，即为细菌的生长曲线，如图8-7所示，曲线各点的斜率称为生长速率。根据生长速率的不同，细菌的生长曲线分为以下几个阶段。

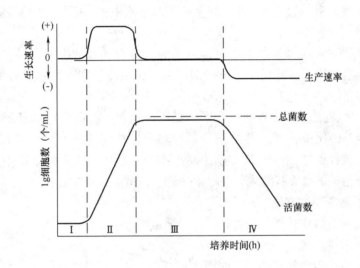

图8-7　细菌的生长曲线
Ⅰ—延迟期　Ⅱ—指数期　Ⅲ—稳定期　Ⅳ—衰亡期

（一）延迟期（lag phase）

延迟期，又称迟滞期、延滞期、迟缓期、适应期或停滞期。是指把少量菌体接种到新培养基上后，一般不立即进行繁殖，需要一段时间来适应新环境的时期。

1. 延迟期的特点

（1）有些细菌不适应新环境，代谢趋缓甚至死亡，细胞数目不会增加，甚至可能减少，所以代谢速率常数趋于0。

（2）有些细菌产生适应酶，细胞物质开始增加，促使细胞生长，个体增大。如巨大芽孢杆菌刚接种时，细胞长3.4μm；培养3.5h，其长为9.1μm；培养5.5h，长达19.8μm。

（3）细胞内 RNA 尤其是 rRNA 含量增加。

（4）合成代谢活跃，核糖体、酶类和 ATP 的合成加速，易产生诱导酶，蛋白质含量增加。

（5）对外界不良环境的抵抗能力有所下降。如对温度、NaCl 浓度、抗生素等理化因子的变化反应非常敏感。

2. 影响延迟期长短的主要因素

（1）菌种本身　细菌、酵母菌的延滞期较短，霉菌次之，放线菌最长。

（2）接种龄　处于对数期的微生物作为"种子"接种，延迟期最短。若将处于对数期的细菌接种到新鲜的、成分相同的培养基中，甚至不出现延迟期，细菌以相同速率继续生长。以延迟期或衰亡期作为"种子"时，延迟期最长。这两个时期的细菌，一方面耗尽了细胞自身的一些成分，需要时间合成新物质，另一方面，一些代谢物的过多积累，可能会引起细胞中毒，需要时间修复。稳定期的种子接种，延迟期居中。

（3）接种量　接种量的大小对延迟期的长短有明显的影响。一般来讲，接种量大，延迟期短；接种量小，延迟期则长。在工业发酵时，一般采用 1/10 的大比例接种量。

（4）培养基成分　培养基成分影响延迟期长短。把微生物接种到营养丰富的天然培养基中比接种到营养单调的组合培养基中延迟期短；接种到"熟悉"培养基中比接种到"陌生"培养基中延迟期短。所以，在发酵生产中，发酵培养基的成分与种子培养基的成分要尽量接近，并适当营养丰富。

3. 缩短延滞期的方法

（1）接种对数生长期的菌种，采用最适菌龄。

（2）加大接种量。

（3）用与培养菌种相同组分的培养基。

（二）指数期（exponential phase）

指数期，又称对数期，指在生长曲线中，延迟期后细胞数以几何级数增长的时期。

1. 对数期的特点

（1）生长速率最大，细胞分裂最快，倍增时间最短。

（2）酶系活跃，代谢作用最旺盛，细胞健壮。

（3）细胞进行平衡生长，细胞个体整齐。

（4）细胞数量呈几何级数增加，细胞数量的对数值和培养时间成直线关系。

2. 影响对数期微生物代时长短的主要因素

细胞每分裂一次所需的时间称为代时（又称世代时间或增代时间）。

（1）菌种　不同菌种其代时差别极大。如大肠埃希氏菌 12.5～17min；嗜酸乳杆菌 66～87min；活跃硝化杆菌 1200min。

（2）营养成分　同一种微生物在营养丰富的培养基上生长时，代时较短，反之则长。如：同在37℃条件下，大肠杆菌在牛奶中的代时为12.5min；在肉汤培养基中为17.0min。

（3）营养物浓度　营养物的浓度既可影响微生物的生长速率，又可影响它的生长总量。当营养浓度很低（0.1～2.0mg/mL）时，影响微生物的生长速率；当营养物质不断提高（2.0～8.0mg/mL），生长速率将不受影响，而仅影响到菌体产量；进一步提高营养物浓度（＞8mg/mL），则不再影响生长速率和菌体产量。

（4）培养温度　温度对微生物的生长速率有明显的影响。如大肠杆菌在不同温度下的代时差别很大：在10℃时，代时为860min；在20℃时，代时为90min；在30℃时，代时为29min；在40℃时，代时为17.5min。

3. 对数期对生产实践的指导意义

对数期细菌不但代谢活力强，生长速率快，而且群体中细胞的化学组分、个体形态、生理特性等都比较一致。所以，对数期细胞是代谢、生理等研究的良好实验材料，是增殖噬菌体的最适宿主，也是发酵工业中最佳的"种子"。

（三）稳定期（stationary phase）

稳定期，又称恒定期或静止期，是指对数期以后，细胞繁殖增加的数目和死亡的数目基本相等，生物群体达到动态平衡的一段时间。

1. 稳定期的特点

（1）生长速率为0，生长率和死亡率基本相等，处于动态平衡阶段。

（2）细菌开始积累贮存物质，如糖原、异染颗粒、脂肪、β-羟基丁酸等。

（3）菌体产量达到最高点，细菌总数达到最大值且恒定不变。

（4）菌体产量与营养物质的消耗呈现出有规律的比例关系。

（5）有些微生物形成荚膜，多数芽孢细菌在此时形成芽孢。

（6）有的微生物开始合成抗生素等对人类有用的各种次生代谢物。

2. 稳定期形成的主要原因

（1）营养物质尤其是限制因子耗尽，造成营养物质供不应求。

（2）由于微生物对营养物质需求量的不同及各种代谢物质的产生，导致营养物质的比例失调，如C/N比例不适宜等。

（3）酸、醇、毒素、双氧水等各种有害代谢物积累。

（4）pH、氧化还原电位等理化条件越来越不适宜。

3. 稳定期对生产实践的指导意义

稳定期是收获菌体或某些代谢产物［如单细胞蛋白（SCP）、乳酸等物质］的最佳期；是维生素、碱基、氨基酸等物质进行生物监测的最佳测定时期；促进了连续培养原理的提出，推动了工艺技术的创建与改进。

（四）衰亡期（decline phase、death phase）

衰亡期指在稳定期后，微生物的个体死亡速度超过新生速度，整个群体呈现负生长状态的时期。

1. 衰亡期的特点

（1）细胞分裂由缓慢而停止，细胞死亡率增加。

（2）培养时间和菌数的对数成反比，生长曲线显著下降。

（3）细胞形态多样。如畸形或不规则形。

（4）细胞进行内源呼吸，有的微生物因蛋白水解酶活力的增强而自溶。

（5）芽孢杆菌开始释放芽孢。

（6）有的微生物产生并释放有毒物质。

（7）有的微生物进一步合成或释放对人类有益的抗生素等次生代谢产物。

2. 衰亡期形成的主要原因

营养物质进一步缺乏，而代谢产物，尤其是有毒物质大量的积累，越来越不利于细菌的继续生长，使细胞生长受到限制，引起细胞内的分解代谢远远超过合成代谢，从而导致菌体的大量死亡。

项目实施

任务一　酵母菌显微镜直接计数

器材准备

1. 菌种

酿酒酵母（*Saccharomyces cerevisiae*）培养液。

2. 实验仪器及相关材料

普通光学显微镜、血球计数板、盖玻片、擦镜纸、吸水纸、尖嘴滴管等。

操作方法

参见"项目八"中的"背景知识一"。

结果报告

将计数结果填入表 8–1 中。

表 8–1　　　　　　　　　　　　显微镜直接计数结果

计数次数	各中格菌数					总菌数/个	每小格菌数/个	总菌数/（g/mL）
	1	2	3	4	5			
第1次								
第2次								
第3次								
血球计数格规格			稀释倍数			总菌数平均值/（g/mL）		

微生物实用技能训练

任务思考

1. 根据你的操作体会，试分析影响本实验结果的误差来源，并提出改进措施。

2. 为什么计数室内不能有气泡？试分析产生气泡可能原因。

3. 试解释计算公式中"1000"的含义？

任务二　平板菌落计数

器材准备

1. 菌种

大肠杆菌（E.coli）培养液。

2. 培养基

牛肉膏蛋白胨琼脂培养基。

3. 实验仪器及相关材料

天平、试管、三角瓶、培养皿、吸管、记号笔等。

操作方法

操作流程：培养基和无菌水制备→样品稀释操作→倾注法操作→涂布法操作→计数与报告。参见"项目八"中的"背景知识一"。

结果报告

将计数结果填入表8-2中。

表8-2　　　　　　　　　　　平板菌落计数结果

稀释度												
菌落数	1	2	3	平均	1	2	3	平均	1	2	3	平均
每毫升样品中活菌数												

结果要求

1. 空白实验平皿中不应有菌落生长。

2. 同一稀释度各个重复的菌数相差应不太悬殊。

任务思考

1. 平板菌落计数适用于哪些微生物的计数？

2. 仔细观察你的计数平板，倾注法操作和涂布法操作菌落生长有何不同？

3. 倾注法操作和涂布法操作时，平板菌落计数公式有何不同？

任务三　大肠杆菌生长曲线的制作

器材准备

1. 菌种

大肠杆菌（E.coli）。

2. 培养基

牛肉膏蛋白胨液体培养基。

3. 实验仪器及相关材料

分光光度计、比色皿、水浴振荡摇床、试管、吸管等。

操作方法

操作流程：制备菌液→标记编号→接种培养→生长量测定（比浊测定）→绘制生长曲线

（1）制备菌液 取大肠杆菌斜面菌种 1 支，接入牛肉膏蛋白胨培养液中，静置培养 18h。

（2）标记编号 取试管 11 个，分别编号为：空白、0、1、3、5、7、9、12、16、20、24h。

（3）接种培养 用 2mL 无菌吸管分别准确吸取 2mL 菌液加入三角瓶中，于 37℃振荡培养。然后分别按对应时间从三角瓶中取出 10mL 菌液注入试管中，立即放冰箱中贮存，待培养结束时一同测定 OD 值。

（4）生长量测定（比浊测定） 将未接种的牛肉膏蛋白胨培养基（空白）倾倒入比色皿中，选用 600nm 波长分光光度计上调节零点，作为空白对照，并对不同时间培养液从 0h 起依次进行测定，对浓度大的菌悬液用未接种的牛肉膏蛋白胨液体培养基适当稀释后测定，使其 OD 值在 0.2~0.8 以内，经稀释后测得的 OD 值要乘以稀释倍数，才是培养液实际的 OD 值。

（5）绘制生长曲线 以培养时间（h）为横坐标，以 OD 值为纵坐标绘制生长曲线。

结果报告

1. 将测定的细菌培养液 OD 值填入下表中。

培养时间/h	空白	0	1	3	4	7	9	12	16	20	24
OD_{600}											

2. 绘制大肠杆菌的生长曲线。

注意事项

1. 比色杯要洁净。

2. 注意无菌操作，避免杂菌污染。

3. 测定 OD 值前，将待测定的菌液振荡，使细胞分布均匀。

4. 细菌生长繁殖所经历的四个时期中哪个时期的代时最短？若细胞密度为 10^3 个/mL，培养 5h 后其密度高达 10^8 个/mL，计算其代时。

任务思考

1. 如果用活菌计数法制作生长曲线，你认为会有什么不同？两者各有什么优缺点？

2. 细菌生长繁殖所经历的四个时期中，哪个时期其代时最短？若细胞密度为 $10^3/mL$，培养 4.5h 后，其密度高达 $2 \times 10^8/mL$，请计算出其代时。

项目思考

1. 请解释以下名词：细菌生长曲线。

2. 试列举 5 种微生物生长量的测定方法，并比较其各自的适用范围和优缺点？

3. 试述血球计数板计数的主要误差来自哪些方面？应如何减少误差？

4. 试比较显微镜直接计数法和平板菌落计数法的优缺点及其应用？

5. 为什么活菌计数比显微镜计数的结果要准确？

6. 细菌群体生长有何规律？请绘出群体生长的曲线，并描述每个时期的特点。

7. 采用哪些方法可以缩短延滞期？

8. 为什么微生物细胞会进入稳定期？

9. 次生代谢产物的大量积累在哪个时期？根据细菌生长繁殖的规律，采用哪些措施可使次生代谢产物积累更多？

项目九　微生物分类与鉴定技能训练

项目介绍

项目背景

环境中微生物种类繁多，微生物的分类是根据微生物表型特征的相似性或系统发育的相关性进行分群归类，编排成系统。不同的微生物具有不同的形态特征和不同的酶系统，在其生命活动过程中表现出不同的生理特性，我们必须很好了解不同微生物的形态、生理特性和血清学特征，利用这些特性作为不同微生物分类鉴定和菌种选育的依据，利用它们的多种发酵类型和代谢产物，更有效地为发酵工业作贡献。

项目任务

任务一　微生物菌体形态和菌落特征的观察
任务二　微生物生化性能鉴定技术
任务三　细菌凝集鉴定反应

项目目标

知识目标

1. 能阐述常见微生物类群的个体形态与群体形态特征。
2. 能阐述细菌鉴定中常用生理生化反应的作用原理。
3. 能阐述微生物的国际命名规则。

能力目标

1. 能从微生物培养特征（重点是菌落特征）区分细菌、酵母菌、放线菌和霉菌。
2. 能熟练地进行微生物形态学分类鉴定操作。
3. 能熟练地进行微生物生理生化分类鉴定操作。

4. 能熟练地进行微生物常规血清学实验操作。

5. 能理解并规范地书写微生物的名称。

背景知识

一、微生物在生物界中的地位

近一百多年来，人类对生物分类从两界系统经历了三、四、五和六界系统。微生物在所有界级分类系统中，都占有最宽广的领域，占据了绝大多数的"席位"。

1977 年我国学者王大耜教授提出六界分类系统，如表 9 – 1 所示。

表 9 – 1   微生物在生物六界系统中的地位

生物界名称	主要结构特征	微生物类群名称
病毒界	无细胞结构，大小为纳米（nm）级	病毒、类病毒等
原核生物界	为原核生物，细胞中无核膜与核仁的分化，大小为微米（μm）级	细菌、蓝细菌、放线菌、支原体、衣原体、立克次氏体、螺旋体等
真核原生生物界	细胞中具有核膜与核仁的分化，为大、小型真核生物	真核藻类、原生动物等
真菌界	单细胞或多细胞，细胞中具核膜与核仁的分化，为小型真核生物	酵母菌、霉菌、蕈菌等
植物界	细胞中具核膜与核仁的分化，为大型非运动真核生物	低等植物、高等植物
动物界	细胞中具核膜与核仁的分化，为大型能运动真核生物	微型后生动物、低等动物、高等动物

微生物在该系统中分别属于病毒界、原核生物界、真核原生生物界、真菌界、植物界和动物界中的微型后生动物。

二、微生物的培养特征

微生物的培养特征是指微生物在培养基上所表现的群体形态和生长情况。

微生物培养特征的常规检验包括平板上的菌落特征、斜面培养基上的菌落特征、半固体培养基穿刺接种的生长特征和液体培养时的生长特征。

（一）微生物平板菌落特征

微生物接种在固体培养基后，在适宜的条件下以母细胞为中心迅速生长繁殖所形成的肉眼可见的子细胞群体，称为菌落（colony）。微生物在固体培养基上形成的相对稳定的形态特征，称为菌落特征。各种微生物在一定条件下形成的菌落特征具有一定的稳定性和专一性，这是衡量菌种纯度、辨认和鉴定微生物菌种的重要依据之一。

各种微生物在一定的培养条件下所形成的菌落特征包括菌落的大小、形状（如圆形、近圆形、假根状、不规则等）、隆起状（如扩展、台状、低凹、乳头状等）、边缘（如整齐、波状、裂叶状、圆锯齿状等）、表面形状（如光滑、皱褶、颗粒状、龟裂状、同心环状等）、光泽（如闪光、不闪光、金属光泽等）、质地（如黏、脆、油脂状、膜状等）、颜色，透明度（不透明、半透明）等。菌落特征的描述如图9-1所示。

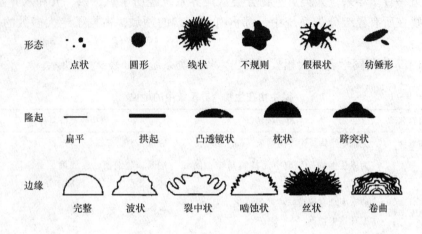

图9-1 微生物的平板菌落特征

（二）微生物在斜面培养基上的培养特征

用接种针取微生物细胞在试管内的斜面培养基上进行划线接种和培养，可鉴定微生物运动特征，如图9-2所示。

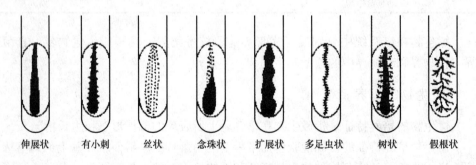

图9-2 微生物在斜面培养基上划线培养特征

（三）微生物在半固体培养基中的培养特征

用接种针取细菌细胞在试管内的半固体培养基上进行穿刺接种和培养，可鉴定细菌的呼吸类型和运动特征。

微生物实用技能训练

如微生物在穿刺线上部及培养基表面生长，则细菌为好氧菌；如沿整条穿刺线生长，则细菌为兼性厌氧菌；如在穿刺线底部生长，则细菌为厌氧菌。

如微生物只能沿穿刺线生长，则为无鞭毛、不运动细菌；如向穿刺线周围扩散生长，则为有鞭毛、运动细菌。而且，不同细菌的运动扩散形状是不同的，如图9-3所示。

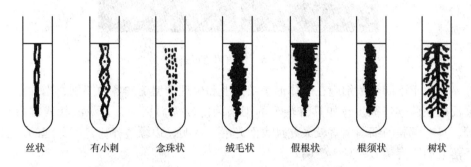

| 丝状 | 有小刺 | 念珠状 | 绒毛状 | 假根状 | 根须状 | 树状 |

图9-3　微生物在半固体培养基中穿刺培养特征

（四）微生物在液体培养基中的培养特征

液体培养基是指不含琼脂等凝固剂的培养基。将微生物接种在试管的液体培养基中，培养1~2d后，可观察微生物在液体的培养特征。微生物会因其对氧的要求、细胞特征、比重、运动性等的差异，而形成各种不同的群体形态，如混浊程度和位置、表面生长状态（菌环、菌醭、菌膜、菌岛）、是否有沉淀及其状态、是否有气泡、颜色是否改变等，如图9-4所示。

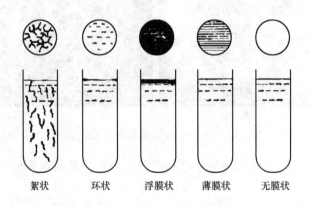

| 絮状 | 环状 | 浮膜状 | 薄膜状 | 无膜状 |

图9-4　微生物在液体培养基中的培养特征

（五）各类微生物的培养特征

1. 细菌的菌落特征

多数细菌的菌落一般呈现湿润、光滑、黏稠、较透明、易挑取、质地均匀、颜色较一致等共同特征，如图9-5所示。

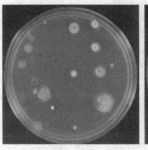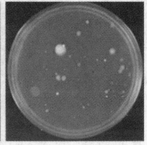

图 9-5　细菌菌落形态

　　但由于不同细菌细胞在个体形态结构上和生理类型上的各种差别，因此必然会反映在菌落特征上。如具有鞭毛的细菌菌落较大而扁平，边缘波状或锯齿状等；具有荚膜的细菌菌落较大并且表面光滑、透明，边缘整齐；具有芽孢的细菌菌落表面常有褶皱并且不透明。

　　2. 放线菌的菌落特征

　　放线菌菌落一般呈圆形或近圆形、干燥、不透明、表面绒毛状、粉末状或皱褶状，菌落颜色多样，正反不同，正面呈现孢子颜色，背面呈现菌丝颜色；菌落与培养基结合紧密，一般不易用接种环挑起，如图 9-6 所示。

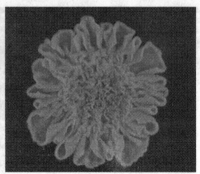

图 9-6　放线菌菌落特征

　　少数放线菌因气生菌丝不发达或缺乏气生菌丝，其菌落外形比较接近细菌，如诺卡氏菌。

　　3. 酵母菌的菌落特征

　　酵母菌在固体培养基上所形成的菌落特征与很多细菌菌落相似，如图 9-7 所示，但比细菌菌落大且厚实；酵母菌的菌落形状一般呈圆形或近圆形，边缘圆整，颜色多数呈乳白色或浅黄色，少数酵母呈红色；菌落表面一般较湿润、光滑；菌落隆起呈半圆形或圆台形；菌落质地均匀，较黏稠，呈固态油脂状，容易挑起。

多数假丝酵母的菌落则较平坦，表面皱缩粗糙，边缘不整齐或呈缺刻状。

有些酵母在液体培养基表面生长形成干而皱的菌膜或菌醭，其厚薄因种而异，也与需氧性有关，菌醭的形成及其特征有一定分类意义。

4. 霉菌的菌落特征

霉菌的菌落与放线菌相似，但因菌丝粗而长，故菌落比放线菌大而疏松，如图9-8所示。

有的霉菌长成的菌落有一定局限性，直径一般1~2cm；而有的霉菌（如根霉、毛霉、链孢霉等）生长很快，菌丝在培养基表面蔓延扩展至充满整个培养皿。霉菌的菌落一般呈圆形或近圆形，但外观结构差别很大，可归纳为棉絮状、绒毛状、蛛网状等。因不同霉菌的气生菌丝所分化出来的子实体的颜色、结构和形状各不相同，故菌落表面呈现各种不同的结构和色泽特征，如出现辐射纹、同心圆等。一般而言，越接近菌落中心的气生菌丝发育分化和成熟也越早，颜色一般也越深，故与菌落边缘尚未分化的幼龄气生菌丝，就会有明显的颜色和结构上的差异。有些霉菌因能产生色素，致使菌落背面也带有颜色。

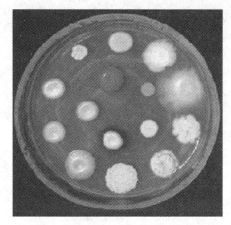

图9-7　酵母菌菌落特征

三、微生物的血清学反应

（一）血清学反应基本概念

抗原（antigen，Ag）：凡能刺激生物机体产生抗体，并能与之结合发生特异性免疫反应的物质。如某些激素、药物等。

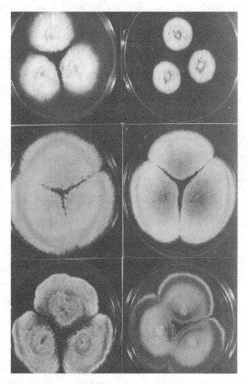

图9-8　霉菌菌落特征

抗体（antibody，Ab）：是生物机体在抗原刺激下产生的，并能与抗原特异性结合的免疫球蛋白（immunoglobulin，Ig）。Ig分五类，即IgG、IgA、IgM、IgD

和 IgE（图 9-9），与免疫测定有关的 Ig 主要为 IgG 和 IgM。

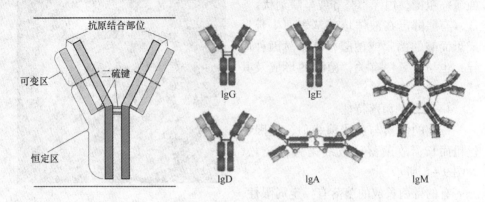

图 9-9　抗体反应示意图

　　血清学反应：相应的抗原与抗体在体外一定条件下作用，可出现肉眼可见的沉淀或凝集现象，在体外进行的抗原抗体反应称为血清学反应。在微生物检验中，常用血清学反应来鉴定分离得到的细菌，以最终确定检测结果。

　　免疫检测技术（immunoassay，IA）：是以抗原与抗体的特异性、可逆性结合反应为基础的分析检测技术。

（二）血清学反应的特点

　　1. 特异性

　　抗原和抗体的化学结构和空间构型呈互补关系，两者结合具有高度特异性。

　　2. 可逆性

　　抗原抗体结合除以空间构型互补外，主要以氢键、静电引力、范德华力和疏水键等分子表面的非共价键方式结合，结合后形成的复合物在一定条件下（改变 pH 和离子强度）可发生解离，回复抗原、抗体的游离状态，解离后的抗原和抗体仍保持原有的性质。

　　抗原抗体复合物解离度在很大程度上取决于特异性抗体超变区与相应抗原决定簇三维空间构型的互补程度，互补程度越高，作用力越大，两者结合越牢固，不易解离；反之，则容易发生解离。

　　3. 按比性

　　在抗原抗体特异性反应时，生成结合物的量与反应物的浓度有关。无论在一定量的抗体中加入不同量的抗原或在一定量的抗原中加入不同量的抗体，均可发现只有在两者分子比例合适时才出生现最强的反应。

　　以沉淀反应为例，若向一排试管中加入一定量的抗体，然后依次向各管中加入递增量的相应可溶性抗原，根据所形成的沉淀物及抗原抗体的比例关系可绘制出反应曲线（图 9-10）。从图中可见，曲线的高峰部分是抗原抗体分子比例合适的范围，称为抗原抗体反应的等价带。在此范围内，抗原抗体充分结合，沉淀物形成快而多。其中有一管反应最快，沉淀物形成最多，上清液中几乎无游离抗原或抗体存在，表明抗原与抗体浓度的比例最为合适，称为最适比。在等价带前后分别为抗体过剩则无沉淀物形成，这种现象称为带现象。出现在抗体过量时，称为前带，出现在抗原过剩时，称为后带。

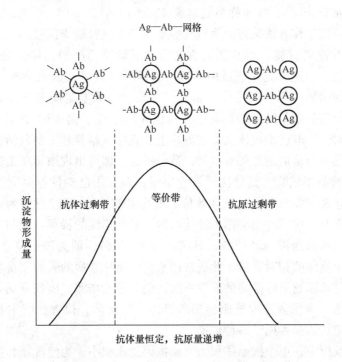

图 9-10　沉淀反应中沉淀量与抗原抗体的比例关系
Ag—抗原　Ab—抗体

4. 阶段性

血清学反应大体分为两个阶段进行，但两个阶段之间无严格界限。第一阶段为抗原抗体特异性结合阶段，反应速度很快，只需几秒至几分钟反应即可完毕，但不出现肉眼可见现象；第二阶段为抗原抗体反应的可见阶段，表现为凝集、沉淀、补体结合反应等，反应速度较慢。而且，在第二阶段反应中，电解质、pH、温度等环境因素的变化，都直接影响血清学反应的结果。

（三）血清学反应的类型

根据抗原和抗体性质的不同和反应条件的差别，抗原抗体反应表现为不同的形式。习惯上将经典的血清学反应分三种类别：凝集反应、沉淀反应和补体结合反应。

颗粒性抗原表现为凝集反应；可溶性抗原表现为沉淀反应；补体参与下细菌抗原表现为溶菌反应，红细胞抗原表现为溶血反应，毒素抗原表现为中和反应等。利用这些类型的抗原抗体反应建立了各种免疫学技术。为了提高反应的敏感性和特异性，便发展了一些新的试验类型，如标记的抗原抗体反应等。

1. 凝集反应（agglutination）

颗粒性抗原（细菌、红细胞等）与其特异性抗体结合后，在有电解质存在时，互相凝集成肉眼可见的凝集小块，称为凝集反应。参与凝集反应的抗原称为凝集原（agglutinogen），抗体称为凝集素（agglutinin）。

凝集反应按操作方法又可分为玻片凝集试验和试管凝集试验。

（1）玻片凝集试验　玻片法通常为定性试验，用已知抗体检测未知抗原，其优点是简便、快速。玻片法适用于从检测样品（食品或病人标本）中分离数量较多的未知菌种的诊断（鉴定）或血清学分型，如鉴定肠道传染病病人标本或污染肉灌肠制品中的肠道细菌等。玻片法还用于红细胞 ABO 血型的鉴定。鉴定分离菌种时，可取已知抗体滴加在玻片上，直接从培养基上刮取活菌混匀于抗血清中，如细菌与抗血清是相对应的，数分钟后，即可出现细菌凝集成块现象。

（2）试管凝集试验　试管法通常为定量试验，用已知抗原测定待检血清中有无某种抗体及其相对含量（抗体效价或凝集素效价），现已发展为微量滴定板凝集法。操作时，将待检血清用生理盐水做一系列连续的稀释，能与抗原发生明显凝集反应的最高血清稀释倍数（即稀释度的倒数），即为该免疫血清中效价，以表示血清中抗体的相对含量。此法常用来测定患传染病的人或家畜血清中的抗体效价，也是诊断肠道传染病的重要方法，例如诊断伤寒、副伤寒病。人或家畜感染了病原菌，病原菌作为抗原会刺激机体产生抗体，检查血清中有无相应抗体，即可判定机体是否患了某种传染病。

在凝聚反应中，单个抗原体积大，而抗原总面积小，为使抗原和抗体间充分结合，常须稀释抗体（抗血清）。

2. 沉淀反应（precipitation reaction）

可溶性抗原（如血清蛋白、细菌培养滤液、细菌浸出液、组织浸出液等）与相应抗体结合，在适量电解质存在下，聚合成肉眼可见的白色沉淀，称为沉淀反应。其抗原称为沉淀原（precipitonogen），抗体称为沉淀素（precipitin）。

沉淀反应原理与凝集反应原理类似，区别是沉淀反应使用的抗原是可溶性的，其单个抗原分子体积小，在单位体积溶液内所需的抗体量多，故常常需将抗原稀释，并以抗原的稀释度作为沉淀反应的效价。

沉淀反应按操作方法可分为环状沉淀试验、絮状沉淀试验、琼脂扩散试验。

（1）环状沉淀反应　将已知抗体注入特制小试管中，然后沿管壁徐徐加入等量抗原，如抗原与抗体对应，则在两液界面出现白色的沉淀圆环。该反应主要用已知的抗体鉴定未知的微量抗原，如鉴定炭疽杆菌的耐热多糖类抗原可用于炭疽病的诊断，也可用于检查皮革和肉类食品中的炭疽病原菌等。试验时以出现明显白色沉淀环的最高抗原稀释倍数（稀释度的倒数），即为该血清中沉淀素（抗体）的效价。

（2）絮状沉淀反应　将已知抗原与抗体在试管（如凹玻片）内混匀，如抗原抗体对应，而又二者比例适当时，会出现肉眼可见的絮状沉淀，此为阳性反应。

（3）琼脂扩散试验　利用可溶性抗原抗体在半固体琼脂内扩散，若抗原抗体对应，且二者比例合适，在其扩散的某一部分就会出现白色的沉淀线。每对抗原抗体可形成一条沉淀线。有几对抗原抗体，就可分别形成几条沉淀线。琼脂扩散可分为单向扩散和双向扩散两种类型。单向扩散是一种定量试验，可用于免疫蛋白含量的测定；而双向扩散多用于定性试验，如图9-11所示。由于方法简便易行，常用于测定分析和鉴定复杂的抗原成分。

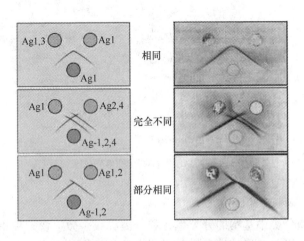

图9-11　双向免疫琼脂扩散试验

现代免疫技术（如各种标记免疫技术）多是在沉淀反应的基础上建立起来的，因此沉淀反应是免疫学方法的核心技术。

3. 补体结合反应（Complement fixation reaction）

补体结合反应是在补体参与下，以绵羊红细胞和溶血素作为指示系统的抗原抗体反应。补体无特异性，能与任何一组抗原抗体复合物结合而引起反应。如果补体与绵羊红细胞、溶血素的复合物结合，就会出现溶血现象，如果与细菌及相应抗体复合物结合，就会出现溶菌现象。因此，整个试验需要有补体、待检系统（已知抗体或抗原、未知抗原或抗体）及指示系统（绵羊细胞和溶血素）五种成分参加。其试验原理是补体不单独和抗原或抗体结合。如果出现溶菌，是补体与待检系统结合的结果，说明抗原抗体是相对应的，如果出现溶血，说明抗原抗体不相对应。此反应操作复杂，敏感性高，特异性强，能测出少量抗原和抗体，所以应用范围较广。

四、微生物的分类

微生物分类是根据一定的原则（表型特征相似性或系统发育相关性）对微

生物进行分群归类，根据相似性或相关性水平排列成系统，并对各个分类群的特征进行描述，以便查考和对未被分类的微生物进行鉴定。微生物分类是认识、研究和利用各种微生物资源的基础。

（一）微生物的分类单元

微生物的分类单元与高等动、植物一样，从大到小依次分为界、门、纲、目、科、属、种共七级。在两个主要的分类单元之间还可以有次要的分类单元，如亚门、亚目、亚科、亚属等。将特征相似的微生物列为界，在界内从类似的微生物中找出它们差别，再列为门，依此类推，再分到种。种是分类的最基本单元，种内微生物之间的差别很小，有时为了区分，小差别可用株表示，但株不是分类单元。

酿酒酵母在分类系统中的归属情况为：

门（phyllum）：真菌门（Eumycophyta）

纲（class）：子囊菌纲（Ascomyeetes）

目（order）：内孢霉目（Endomyctales）

科（family）：内孢霉科（Endomycetaceae）

属（genus）：酵母属（*Sacchromyces*）

种（species）：酿酒酵母（*Sacchromyces cerevisiae*）

（二）常用的微生物分类学术语

1. 菌种（species）

物种是生物分类中基本的分类单元和分类等级。微生物的种指一大群表型特征高度相似、亲缘关系极其接近、与同属内的其他物种有明显差异的菌株群。在微生物中，一个种只能用该种内的一个典型菌株作具体的代表，该典型菌株就是该种的模式种。种以下还可以进行不同的划分，但它们不作为分类上的单位。

2. 亚种（subspecies、subsp.）

微生物学中把实验室中所获得的稳定变异菌株称为亚种或小种，是指基本特征与典型种相同，而某一特性与典型种不同，并且这种特征是稳定的。

3. 型

亚种以下的细分，当同种或同亚种不同菌株之间的性状差异不像亚种那样显著，不足以分为新的亚种时，可以细分为不同的型。例如抗原特征的差异可分为不同的血清型，对噬菌体裂解反应的不同可分为不同的噬菌型，微生物寄主不同可分为不同寄主型等。

4. 菌株（strain）

菌株是指同种微生物不同来源的纯培养，表示任何由一个独立分离的单细胞（或单个病毒颗粒）繁殖而成的纯遗传型群体及其一切后代。从自然界中分离得到的任何一种微生物的纯培养物都可以称为微生物的一个菌株。菌株是微生物分类和研究工作中最基础的操作实体。

5. 模式菌株（type strain）

一个微生物种的具体的活培养物，是由一个被指定为命名的模式菌株传代而来，理应与原初的描述完全一致的纯培养物。模式菌株应送交菌种保藏机构保藏，以便备查考和索取。

6. 新种

指权威性的分类、鉴定手册中从未记载过的一种新分离并鉴定过的微生物。

（三）微生物的分类依据

常采用的微生物分类依据主要有形态特征、生理生化特征、生态特征、抗原特征、化学组成特征和遗传特征等。

1. 形态特征

（1）个体形态 镜检细胞形状、大小、排列，革兰氏染色反应，运动性，鞭毛位置、数目，芽孢有无、形状和部位，荚膜，细胞内含物；放线菌和真菌的菌丝结构，孢子丝、孢子囊或孢子穗的形状和结构，孢子的形状、大小、颜色及表面特征等。

（2）培养特征 在固体培养基平板上的菌落和斜面上的菌苔性状（形状、光泽、透明度、颜色、质地等）；在半固体培养基中穿刺接种培养的生长情况；在液体培养基中浑浊程度，液面有无菌膜、菌环，管底有无絮状沉淀，培养液颜色等。

2. 生理生化特征

微生物代谢类型多样性具体表现在生理生化反应的多样性。常见的生理生化反应有营养和代谢特性实验、能量代谢实验、氧需求实验等，具体有以下几类。

（1）微生物对碳源的分解利用实验 同一种微生物对不同碳源或不同微生物对同一种碳源的分解利用能力、代谢途径、代谢产物是不完全相同的，此类实验是菌种鉴定的重要依据，如糖发酵实验、醇发酵实验、乙酰甲基甲醇（V. P.）实验、甲基红（M. R.）实验、柠檬酸盐利用实验等。

（2）微生物对氮源的分解利用实验 同一种微生物对不同氮源或不同微生物对同一种氮源的分解利用能力、代谢途径、代谢产物是不完全相同的，此类实验是菌种鉴定的要重要依据，如吲哚实验、硫化氢实验、产氨实验、硝酸还原实验等。

（3）微生物对其它生物大分子的分解利用实验 不同微生物分解利用生物大分子能力不同，只有那些能够产生并分泌胞外酶的微生物才能利用相应的大分子有机物。如淀粉水解实验、油脂水解实验、明胶液化实验等。

（4）存在的酶的种类实验 如过氧化氢实验、苯丙氨酸脱氨酶实验等。

（5）能量代谢 利用光能还是化学能。

（6）对氧气的需求 专性好氧、微需氧、兼性厌氧及专性厌氧等。

3. 生态习性

生态特征包括与微生物生活相关连的环境因子，如氧、温度、pH、盐度以及与其他生物之间的相互关系等特征。

4. 血清学反应特征

有时确定微生物的种，尤其是亚种，仅依据形态、生理生化等特征很难区分开，因此，常需借助血清学反应。就是将已知菌种、型或菌株制成抗血清，根据它是否与待鉴定对象发生特异性血清反应鉴别未知菌。此反应也用于病毒分类，尤其是噬菌体分类。一般的噬菌体都是良好的抗原，把它注射到动物体内可以产生特异性抗体。噬菌体和抗体间的反应和其他常见的抗原抗体反应相似。

5. 化学组成特征

（1）细胞壁成分　不同微生物的细胞壁组成单位的物质基础或在结构方面有许多明显的特殊性。如霉菌的细胞壁主要含有几丁质；而细菌细胞壁的主要成分是肽聚糖；革兰氏阴性菌细胞壁的肽聚糖含量较低，另外还有脂多糖等；革兰氏阳性菌细胞壁肽聚糖的比例则较高，另外有磷壁酸、磷壁质等，对肽聚糖中氨基酸性质和数量进行比较研究，还有助于革兰氏阳性菌的分类；链霉菌属（*Streptomyces*）的细胞壁含丙氨酸、谷氨酸、甘氨酸和 2，6 - 氨基庚二酸，而含有阿拉伯糖是诺卡氏菌属（*Nocardia*）的特征。

（2）核糖体蛋白的组成分析　分离被测细菌的 30S 和 50S 核糖体蛋白亚单位，比较其中所含核糖体蛋白的种类及其含量，可将被鉴定的菌株分为若干类群，并绘制系统发生图。

（3）脂类分析。

（4）细胞色素类型。

（5）辅酶 Q 种类。

6. 遗传特征

生物遗传的物质基础是核酸，核酸组成上的异同反映生物之间的亲缘关系。

（1）GC 含量　就一种生物的 DNA 来说，它的碱基排列顺序是固定的。测定四种碱基中鸟嘌呤（G）和胞嘧啶（C）所占的摩尔百分比，就可了解各种微生物 DNA 分子的同源性程度。亲缘关系接近的微生物，它们的（G + C）含量相同或相近，但（G + C）含量相同或相近的两个菌株，亲缘关系不一定紧密相关，因为它们 DNA 的四个碱基的排列顺序不一定相同。

（2）DNA 杂合率　要判断微生物之间的亲缘关系，须比较它们的 DNA 的碱基顺序，最常用的方法是 DNA 杂合法，其基本原理是 DNA 解链的可逆性和碱基配对的专一性。具体方法是提取微生物菌体的 DNA，采用一定条件使之解链，再使互补的碱基重新配对结合形成双链。根据能生成双链的情况，可测知 DNA 杂合率。DNA 杂合率越高，表示两个 DNA 分子之间碱基顺序的相似度越高，它们间的亲缘关系也就越近。

（3）rRNA 的碱基顺序　RNA 的碱基顺序由 DNA 转录来的，故具有相对应的关系。提取并分离细菌内标记的 16S rRNA，以核糖核酸酶消化，可获得各种寡核苷酸，测定这些寡核苷酸上的碱基顺序，可作为微生物分类学的一种标记。

7. 噬菌反应

菌体的寄生有专一性，在有敏感菌的平板上产生噬菌斑，斑的形状和大小可作为鉴定的依据；在液体培养中，噬菌体的侵染液由混浊变为澄清。噬菌体寄生的专一性有差别，寄生范围广的为多价噬菌体，能侵染同一属的多种细菌；单价噬菌体只侵染同一种的细菌；极端专一化的噬菌体甚至只对同一种菌的某一菌株有侵染力，故可寻找适当专一化的噬菌体作为鉴定各种微生物的生物试剂。

（四）微生物的分类方法

微生物的分类目前主要采用四种方法，包括常规分类法、遗传特征分类法、化学特征分类法和数值分类法。

1. 常规分类法

常规分类法是微生物分类鉴定中最常采用的方法，是根据微生物形态、生理生化、生态和抗原等表型特征为分类依据进行分类的方法。

2. 遗传特征分类法

常规分类法是不够精确的，影响因素很多，而遗传特征反映了微生物的亲缘关系，以决定生物表型特征的遗传物质——核酸作为比较的准绳，所以它是一种最客观和可信度最高的分类方法。尤其是正式定为新属或新种，一定要描述其遗传特征。

遗传特征分类法常用的分类依据有 DNA（G + C）含量、rRNA 的碱基排序、DNA - DNA 杂交率等。

3. 化学特征分类法

化学特征分类法是应用电泳、色谱、质谱等分析技术，依据微生物细胞组分、代谢产物的组成与图谱等化学分类特征进行分类。如蛋白质或糖类代谢产物的气相、液相色谱分析已应用于梭菌、拟杆菌以及其他一些细菌的分类鉴定。

4. 数值分类法（numerical taxonomy）

数值分类法又称统计分类法（taxonometrics），是根据数值分析，借助计算机将拟分类的微生物按其性状的相似程度进行归类。

数值分类法需遵循以下原则：①根据尽可能多的性状分类，以揭示分类单位间的真实关系；②分类时视每个性状为同等重要，以避免分类者的主观偏见，使结果比较客观、明确而且可以重复；③按性状的相似度归为等同分类单元或分类群的表现群或表元。

数值分类法与传统分类法的区别主要是：①传统法采用的分类特征有主次之分，而数值法根据"等重要原则"，不分主次，通过计算菌株间的总相似值来分群归类；②传统法根据少数几个特征，排列出一个个分类群；而数值法采用的特征较多，一般是 50~60 个，多的则达到 100 个特征以上，进菌株间二二比较，数据处理量较大，需借助于计算机才能实现。

数值分类法的工作程序：①分类单元与性状的选择；②性状编码；③相似度的计算；④系统聚类；⑤聚类结果的表示；⑥菌株鉴定。

五、微生物的命名

微生物的命名与其他生物一样，采用国际上通用的双名法。双名法由两个拉丁字或希腊字或拉丁化了的其他文字组成，一般用斜体表示。属名在前，一般用拉丁字名词表示，字首字母大写；种名在后，常用拉丁文形容词表示，全部小写。出现在分类学文献中的学名，往往还加上首次定名人（外加括号）、现名定人和现名定名年份，但在一般使用时，这几个部分总是省略的。

例如，由 Ehrenberg 于 1838 年定名为 *Vibrio subtilis*（枯草弧菌）的细菌，到 1872 年，Cohn 发现弧状不是该菌的特征，它的特征是杆状具芽孢，故将它转到芽孢杆菌属，称为枯草芽孢杆菌（简称枯草杆菌），其学名为 *Bacillus subtilis* (Ehrenberg) Cohn1872。再如，可使许多科的植物生肿瘤的土壤杆菌属细菌称为根癌土壤菌，学名为 *Agrobacterium tumefaciens*（Smith&Townsend）Conn1972；寄居于温血动物肠道下部的埃希氏菌属细菌称为大肠埃希氏菌（简称大肠杆菌），其学名为 *Excherichia coli*（Migula）Castellani&Chalmers1919；葡萄球菌属呈金黄色葡萄球菌，学名为 *Staphylococcus aureus* Rosenbach1884；呈铜绿色的假单胞菌（即绿脓杆菌），其学名为 *Pseusomonas aeruginosa*（Schroeter）Migula1920。若所分离的菌株只鉴定到属，而未鉴定到种，可用 sp 来表示。例如 *Bacillus* sp.。

变种或亚种的学名按"三名法"构成。例如，有一种芽孢杆菌，能产生黑色素，其余特征与典型的枯草杆菌完全符合，该菌学名为 *Bacillus substilis* var. *niger*（枯草芽孢杆菌黑色变种）。

菌株的名称都放在学名（即属名和种的加词）的后面，可用字母、符号、编号等自行决定。例如 *B. subtilis* AS1.398 和 *B. subtilis* BF7.658 是枯草杆菌的两个菌株，前者可生产蛋白酶，后者生产 α - 淀粉酶。

项目实施

任务一　微生物菌体形态和菌落特征的观察

器材准备

1. 菌种

土壤中分离纯化培养的各种微生物。

微生物实用技能训练

2. 其他

显微镜、载玻片、酒精灯、接种环、草酸铵结晶紫、卢戈碘液、95%乙醇、番红染液。

操作方法

由于微生物个体表面结构、分裂方式、运动能力、生理特性及产生色素的能力等各不相同，因而个体及它们的群体在固体培养基上的生长状况也不一样。根据微生物在固体培养基上形成的菌落特征，可初步辨别它们的分类地位。

1. 微生物菌落形态观察

将自己培养的微生物菌落逐个辨认并编号，按号码顺序将各种的菌落特征描述记录。观察时，应从9个方面描述微生物的菌落形态特征，注意菌落的形状、大小、表面结构、边缘结构、菌丛高度、颜色、透明度、气味、黏滞性、质地软硬情况、表面光滑与粗糙情况等。

（1）菌落大小　用格尺测量菌落的直径。大菌落（＞5mm）、中等菌落（3~5mm）、小菌落（1~2mm）、露滴状菌落（＜1mm）。

（2）表面形状　分光滑、皱褶、颗粒状、龟裂状、同心环状等。

（3）凸起情况　分扩展、扁平、低凸起、凸起、高凸起、台状、草帽状、脐状、乳头状等。

（4）边缘状况　分整齐、波浪状、裂叶状、齿轮状、锯齿形等。

（5）菌落形状　分圆形、放射状、假根状、不规则状等。

（6）表面光泽　分闪光、金属光泽、无光泽等。

（7）菌落质地　分油脂状、膜状、松软、黏稠、脆硬等。于酒精灯旁以无菌操作打开平皿用接种环挑动菌落，判别菌落质地是否为松软或脆硬等。

（8）菌落颜色　分乳白色、灰白色、柠檬色、橘黄色、金黄色、玫瑰红色、粉红色等，注意观察平皿正反面或菌落边缘与中央部位的颜色不同。

（9）透明程度　分透明、半透明、不透明等。

2. 细菌、放线菌、酵母菌及霉菌菌落特征的比较

对培养微生物的菌落特征进行比较，对其异同点做详细记录。

3. 微生物菌体形态观察

用接种环按号码顺序取各种微生物少许做涂片和染色，镜检，并绘制其形态图。

任务二　微生物生化性能鉴定技术

器材准备

1. 菌种

大肠杆菌（*Escherichia coli*），金黄色葡萄球（*Staphyloccocus aureus*），枯草芽孢杆菌（*Bacillus subtilis*）。

2. 培养基

淀粉培养基、油脂培养基、蛋白胨培养基、葡萄糖蛋白胨培养基、明胶培养基、蛋白胨水培养基、柠檬酸铁铵半固体培养基等。

3. 试剂

卢戈氏碘液、碱液、0.02%甲基红试剂、40% KOH 溶液、奈氏试剂、α-萘酚、吲哚试剂、乙醚等。

4. 其他用品

培养皿、无试管、接种环、酒精灯、接种针等

操作方法

1. 淀粉水解试验

淀粉遇碘呈蓝紫色，在淀粉酶作用下，淀粉可分解为遇碘不显色的糊精等小分子物质，因而可根据培养基在加入碘液后颜色变化来观察淀粉水解情况。

操作步骤如下：

（1）制备淀粉培养基。

（2）然后接种 3 种菌种，每 1 个平板可分成 3 格，一次接种多个菌种。

（3）培养 2 ~ 5d，形成明显菌落后，在平板上滴加卢戈氏碘液，菌落周围或菌落下面琼脂不变色表示淀粉已水解，如果变色则表示淀粉没水解。

2. 脂肪水解实验

脂肪是由甘油和脂肪酸组成。某些种类的细菌能产生脂肪酶水解脂肪形成甘油和脂肪酸，脂肪酸与中性红结合形成红色斑点。脂肪酸也可与重金属盐如硫酸铜反应形成浅绿色至蓝色沉淀。

操作步骤如下：

（1）制备淀粉培养基，将油脂培养基置于沸水浴中熔化，取出充分振荡，使油脂分布均匀，再倾入无菌培养皿中，静置冷却制成平板。

（2）用接种环挑取少量待测菌种，在平板上划线接种，倒置于 27 ~ 30℃温箱中培养 4d。

（3）观察结果 在平板上滴加中性红做指示剂，菌落下面如有红色斑点出现，表示脂肪已被水解。或用饱和硫酸铜溶液淹没油脂琼脂平板，使试剂与培养基反应 15min，倾去多余试剂，再静置约 10min，如脂肪已被水解，则菌落周围形成浅绿色至蓝色。

3. 产氨实验

某些细菌具有脱氨酶，能使氨基酸脱去氨基，生成氨和各种有机酸。所产生的氨可用奈氏试剂检验，氨与奈氏试剂作用产生黄色或棕红色碘化氧双汞铵沉淀。

操作步骤如下：

（1）配制牛肉膏蛋白胨液体培养基。

（2）将待测菌种接种于牛肉膏蛋白胨培养基的试管中，置于28℃恒温箱内培养5d。

（3）观察结果　在培养1、2、3、5d时，从试管中取出少量培养液，加入奈氏试剂1～2滴，如产生黄色或棕黄色沉淀，则为阳性反应，说明有氨生成。若石蕊试纸变蓝色，奈氏试纸变黄色，也表示有氨生成。

4. 乙酰甲基甲醇（V. P.）实验

某些细菌在糖代谢过程中，能分解葡萄糖产生丙酮酸，两分子丙酮酸经缩合和脱羧生成乙酰甲基甲醇。乙酰甲基甲醇在碱性条件下，被氧化成二乙酰，二乙酰与蛋白胨中精氨酸的胍基起作用，生成红色化合物。此为 V. P. 实验遥阳性反应。在试管中加入少量的 α – 萘酚作为颜色增强剂可使反应加快。

操作步骤如下：

（1）配制葡萄糖蛋白胨液体培养基。

（2）将待测菌种接种于葡萄糖蛋白胨液体培养基的试管中，置于37℃恒温箱内培养1～2d，有时需延长培养到10d。

（3）观察结果　在培养2d的试管内，先加入40% KOH溶液10～20滴，然后再加入等量的 α – 萘酚溶液，拔去棉塞，用力振荡，再放入37℃恒温箱中保温15～30min（或在沸水浴中加热1～2min）。如培养液出现红色，为 V. P. 阳性反应。

5. 吲哚实验

有些细菌能氧化分解蛋白胨中的色氨酸，生成吲哚。吲哚无色，可与对二甲基氨基苯甲醛结合，生成红色的玫瑰吲哚。

操作步骤如下：

（1）配制蛋白胨水培养基。

（2）将待测菌种接种于蛋白胨水培养基的试管中，置于37℃恒温箱内培养2d。

（3）观察结果　在培养液中加入乙醚1～2mL，充分振荡，使吲哚溶于乙醚中，静置片刻，使乙醚层浮于培养基的上层，然后沿试管壁加入10滴吲哚试剂，切勿摇动。如果有吲哚产生，则乙醚层呈现玫瑰红色。

6. 甲基红（M. R.）实验

有些细菌在糖代谢过程中，可把培养基中的糖分解为丙酮酸，继而分解为甲酸、乙酸、乳酸等。酸的产生可由加入甲基红指示剂的变色而指示。甲基红的变色范围pH4.2（红色）～6.3（黄色）。由于细菌分解葡萄糖产酸，使培养液由原来的桔黄色变为红色，此为 M. R. 的阳性反应。

操作步骤如下：

（1）配制葡萄糖蛋白胨液体培养基。

（2）将待测菌种接种于葡萄糖蛋白胨培养基的试管中，置于37℃恒温箱内培养 2d。

（3）观察结果　沿管壁加入甲基红指示剂 3~4 滴，若培养液变为红色即为阳性，变黄色则为阴性。

7. 明胶液化实验

明胶是一种动物蛋白。明胶培养基本身在低于 20℃ 时凝固，高于 25℃ 时则自行液化。有些细菌能产生蛋白酶（胞外酶），将明胶水解小分子物质，使培养后的培养基由原来的固体状态变为液体状态，即使在低于 20℃ 的温度下也不再凝固。

操作步骤如下：

（1）配制明胶培养基。

（2）用穿刺接种法将待测菌种接种于明胶培养基中，置于 20℃ 恒温箱内培养 2d。

（3）观察结果　观察明胶液化情况。

8. 硫化氢生成实验

某些细菌能分解含硫有机物，如胱氨酸、半胱氨酸、甲硫氨酸等产生硫化氢，硫化氢遇培养基中的铅盐或铁盐时，会形成黑色的硫化铅或硫化铁沉淀。

操作步骤如下：

（1）配制柠檬酸铁铵半固体培养基。

（2）用穿刺接种法将待测菌种接种于柠檬酸铁铵半固体培养基中，置于 37℃ 恒温箱内培养 2d。

（3）观察结果　如培养基中出现黑色沉淀线者为阳性反应，同时注意观察接种线周围有无向外扩展情况，如有表示该菌具有运动能力。

结果报告

将实验结果填入表 9-2，以"＋"表示反应结果呈阳性，"－"表示阴性。

表 9-2　　　　　　　　　　　微生物生化性能鉴定结果

实验项目	大肠杆菌	枯草芽孢杆菌	金黄色葡萄球菌
淀粉水解实验			
油脂水解实验			
产氨实验			
V. P. 实验			
M. R. 实验			
明胶液化实验			
吲哚实验			
硫化氢实验			

任务三　细菌凝集鉴定反应

器材准备

1. 菌种（抗原）

大肠杆菌（*Escherichia coli*）琼脂斜面培养物。

2. 抗体

大肠杆菌免疫血清。

3. 试剂

0.85% 生理盐水。

4. 仪器及相关用品

体视显微镜、水浴锅、载玻片、接种环、小滴瓶、微量滴定板、微量移液器、微量移液器吸头等。

操作方法

1. 细菌的玻片凝集反应试验

工作流程：稀释抗体→将抗体和生理盐水分别滴于载玻片一端→加抗原混匀→静置→观察凝集现象。

操作步骤如下：

（1）稀释抗体　用生理盐水稀释大肠杆菌免疫血清，稀释度为 1∶10，装于小滴瓶中。

（2）加稀释的抗体和生理盐水　在洁净载玻片的一端用滴瓶中的小滴管加 1 滴 1∶10 大肠杆菌免疫血清，另一端加 1 滴生理盐水，两端分别做好标记。

（3）加抗原　用接种环以无菌操作自大肠杆菌琼脂斜面上挑取少许细菌混入生理盐水内，搅匀；同法挑取少许细菌混入血清内，搅匀。

（4）观察凝集现象　将载玻片略微摆动后静置于室温中 1~3min，观察一端有凝集反应出现，即有凝集块或颗粒，液体变得透明，为阳性反应。另一端为生理盐水阴性对照，仍为均匀混浊。

（5）实验结果与报告　将玻片凝集反应实验结果填入表 9-3，以"+"表示反应结果呈阳性，"-"表示阴性。

表 9-3	细菌玻片凝集反应结果	
	大肠杆菌抗血清 + 大肠杆菌	生理盐水 + 大肠杆菌
凝集反应结果（+ 或 -）		

注意事项：操作时，注意勿使液滴干燥，妨碍观察，更应注意液滴不可过大，避免转动时带菌液体碰到手上，防止实验室感染。

2. 细菌的微量滴定板凝集反应试验

操作时，将待检血清用生理盐水做连续的两倍稀释，然后于各孔中加入等量抗原悬液，在37℃中放置一定时间后观察凝集现象。视不同凝集程度记录为 ＋＋＋＋（100％凝集）、＋＋＋（100％凝集）、＋＋（50％凝集）、＋（25％凝集）、－（不凝集），以此判定血清中抗体的效价。试验时以发生明显凝集现象（2＋）的最高血清稀释倍数（稀释度的倒数），即为该血清中凝集素（抗体）的效价（也称滴度），以表示血清中抗体的相对含量。

工作流程：制备大肠杆菌悬液→稀释大肠杆菌免疫血清→加入大肠杆菌悬液→静置→观察凝集现象。

操作步骤如下：

（1）制备大肠杆菌悬液　用生理盐水洗下大肠杆菌斜面培养物，使得每毫升菌悬液含10^8个大肠杆菌，60℃水浴0.5h。

（2）稀释大肠杆菌免疫血清（凝集素）　首先在微量滴定板上标记1～10个孔，再用微量移液器套上吸头于第1孔中加80μL生理盐水，其余各孔加50μL。然后加20μL大肠杆菌抗血清于第1孔中。换一新的吸头，在第1孔中吸吹三次以充分混匀，再吸50μL至第2孔，以同样方法混匀，以此逐级稀释至第9孔，混匀后，弃去50μL（图9－12）。稀释后的血清稀释度见表9－4。

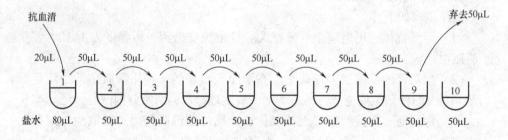

图9－12　抗血清稀释图

表9－4　　　　　　　　　　　　　　　　抗血清稀释表

孔号	1	2	3	4	5	6	7	8	9	10
生理盐水/μL	80	50	50	50	50	50	50	50	50	50
抗血清/μL	20	50	50	50	50	50	50	50	50	
稀释度	1/5	1/10	1/20	1/40	1/80	1/160	1/320	1/640	1/1 280	对照
抗原量/μL	50	50	50	50	50	50	50	50	50	50
最终稀释度	1/10	1/20	1/40	1/80	1/160	1/320	1/640	1/1 280	1/2 560	对照

（3）加入大肠杆菌悬液　每孔加大肠杆菌悬液50μL，从第10孔（对照孔）加起，逐个向前加至第1孔。而后将滴定板按水平方向摇动，以混合孔中内容物。

（4）观察凝集现象　将微量滴定板置于37℃下60min，再置于20℃、18～24h或4℃冰箱过夜，观察孔底有无凝集现象。通常阴性和对照孔的细菌沉于孔底，形成边缘整齐光滑的小圆块，而阳性孔的孔底为边缘不整齐的凝集块。亦可借助体视显微镜观察。当轻轻振荡滴定板后，阴性孔的圆块分散成均匀混浊的悬液，阳性孔则是细小凝集块悬浮在透明的液体中。

（5）记录实验结果与报告　将微量滴定板孔底凝集现象的实验结果填入表 9-5，以" + "表示反应结果呈阳性，" - "表示阴性，并确定大肠杆菌免疫血清的效价。

表 9-5　　　　　　　　　　　　细菌微量滴定板凝集反应结果

孔号	1	2	3	4	5	6	7	8	9	10
抗血清最终稀释度	1/10	1/20	1/40	1/80	1/160	1/320	1/640	1/1280	1/2560	对照
结果										

任务思考

1. 血清学反应为什么要有电解质存在？所做的玻片凝集的阳性反应端有无电解质？

2. 稀释血清时应注意哪些问题？

项目思考

1. **请解释以下名词：**微生物分类、微生物鉴定、菌种、菌株、菌落、血清学反应、凝集试验、凝集原、凝集素、沉淀试验、沉淀原、沉淀素。

2. 常见微生物类群个体形态与群体形态各有何特征，试比较说明？

3. 简述玻片凝集反应试验的原理、特点和用途。

4. 常用的凝集反应类型有哪些？各有何特点？

5. 常用的沉淀反应类型有哪些？各有何特点？

6. 试比较凝集反应和沉淀反应有何异同点？

7. 微生物的分类依据有哪些？

项目十 微生物选育技能训练

项目介绍

项目背景

优良的微生物菌种是发酵工业的基础和关键，要使发酵工业产品的种类、产量和质量有较大的改善，必须选育性能优良的生产菌种。

菌种选育在提高产品质量、增加品种、改善工艺条件和生产菌的遗传学研究等方面也发挥重大作用。菌种选育的目的是改良菌种的特性，使其符合工业生产的要求。

菌种选育包括根据菌种自然变异而进行的自然选育，以及根据遗传学基础理论和方法，人为引起的菌种遗传变异或基因重组，如诱变育种、杂交育种、原生质体融合和基因工程等技术。后一类方法在微生物的菌种选育工作中占居主导地位，其中通过分子生物学手段，定向构建基因工程菌是微生物育种的重要发展趋势。当然，菌种选育的前提条件是从自然界获得相应的原始菌种。

假设你作为某发酵企业的菌种选育人员，接到一个工作任务：要求从特定环境中筛选某一性能优良菌株，并做进一步的性能改良。

项目任务

任务　紫外线诱变筛选淀粉酶活力高的菌株

项目目标

知识目标

1. 能阐述不同微生物类群的繁殖方式。
2. 能理解微生物遗传变异的物质基础。
3. 能理解微生物突变和基因重组的特点和种类。
4. 阐述微生物育种的基本原理。

能力目标

1. 能选择合适的诱变手段完成诱变育种。
2. 能设计微生物育种实验方案，实施各项操作。

背景知识

一、微生物的繁殖方式

（一）细菌的繁殖

细菌的繁殖方式较简单，一般为无性繁殖，表现为细胞横分裂，称为裂殖。

如果裂殖形成的子细胞大小相等，则称为同形裂殖（homotypic division）。大多数细菌繁殖属同形裂殖。也有少数种类的细菌的分裂偏向一边，分裂产生两个大小不等的子细胞，称为异形裂殖（heterotypic division），在陈旧培养基中偶尔也会出现这种现象。

细菌分裂分三步进行，如图10-1所示。

（1）核分裂　细菌染色体复制后，随着细胞的生长而移向细胞两极，与此同时，细胞赤道附近的质膜从外向内环状推进，然后闭合形成一个垂直于长轴的细胞质隔膜，将细胞质和两个"细胞核"隔开。

（2）形成横隔壁　随着细胞膜向内凹陷，母细胞的细胞壁向内生长，将细胞质隔膜分成两层，每层分别成为子细胞的细胞质膜。随后，横隔膜也分成两层。这时，每个子细胞便都有了一个完整的细胞壁。

（3）子细胞分离　有些细菌细胞在横隔壁形成后不久便相互分离，呈单个游离状态。而有的种在横隔壁形成后暂时不发生分离，呈双球菌、双杆菌、链状菌等。一些球菌，因分裂面的变化，成为四联球菌、八叠球菌等。

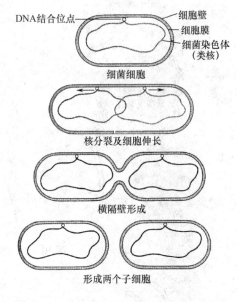

图10-1　细菌裂殖示意图

除无性繁殖外，细菌还可能存在有性繁殖方式，如大肠杆菌的有性接合（图10-2），但频率较低，仍以裂殖法为主。

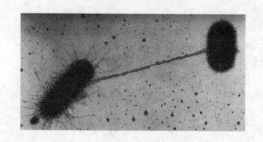

图 10 - 2　大肠杆菌有性接合的电镜照片

（二）放线菌的繁殖

放线菌主要通过无性孢子进行繁殖，无性孢子主要有分生孢子和孢子囊孢子，也可通过菌丝断片繁殖。

以链霉菌为例，了解放线菌的生活史，如图 10 - 3 所示。

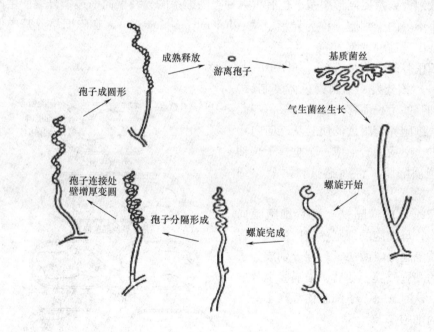

图 10 - 3　链霉菌生活史

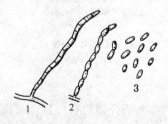

图 10 - 4　分生孢子形成过程

（1）分生孢子　孢子丝形成孢子是以横隔分裂方式产生（图 10 - 4）。横隔分裂有两种方式：胞质膜内陷，逐渐向内收缩并合成横隔膜，孢子丝分隔成许多孢子；细胞壁和质膜同时内陷，向内缢缩，孢子丝缢裂成连串的孢子。

（2）孢子囊孢子　菌丝盘卷形成孢子囊，在孢囊内形成孢囊孢子。孢子囊成熟后，释放出孢子。

孢子囊可在气生菌丝、也可在基内菌丝上形成。

（3）菌丝断片　在液体培养中，放线菌主要靠菌丝断裂片断进行繁殖。工业发酵生产抗生素时，放线菌就以此方式大量繁殖。

（三）酵母菌的繁殖

酵母菌的繁殖方式有无性繁殖和有性繁殖两类。其中，无性繁殖包括芽殖、裂殖和产生无性孢子；有性繁殖主要是产子囊孢子。各种酵母的繁殖方式不尽相同。发酵工业中常用酵母以无性繁殖中的芽殖为主。

1. 无性繁殖（asexual reproduction）

（1）芽殖（budding）　酵母菌最常见的繁殖方式。在营养良好的培养条件下，酵母菌生长迅速，这时，可以看到所有细胞上都长有芽体，而且芽体上还可形成新的芽体。出芽过程如图 10-5 所示。母细胞与子细胞分离后，母细胞上留下了出芽痕，而子细胞相应位置留下了诞生痕。有的酵母的芽长到正常大小后，仍不脱落，并继续出芽，细胞成串排列，成为具发达分枝或不分枝的假菌丝，故称假丝酵母。假丝酵母的细胞间相连面极窄。这是与真菌丝的不同之处。

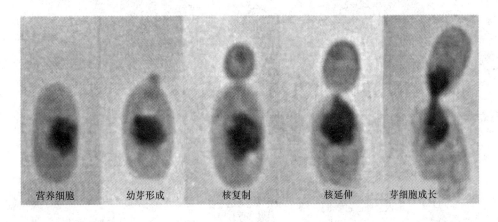

| 营养细胞 | 幼芽形成 | 核复制 | 核延伸 | 芽细胞成长 |

图 10-5　酵母菌芽殖过程

（2）裂殖（fission）　裂殖酵母属（*Schizosaccharomyces*）是以细胞横分裂而繁殖，与细菌的裂殖相似。其过程是细胞生长到一定大小时，细胞拉长，核分裂，细胞中间产生隔膜，然后，细胞分开，末端变圆。进行裂殖的酵母菌种类很少。

（3）产生无性孢子　掷孢子（ballistospore）是掷孢酵母属（*Sporobolomyces*）等少数酵母菌产生的无性孢子，其外形呈肾状，这种孢子是在卵圆形的营养细胞上生出的小梗上形成的。孢子成熟后，通过一种特殊的喷射机制将孢子射出。因此，在倒置培养皿培养掷孢酵母并使其形成菌落，则常因射出掷孢子可使皿盖上见到由掷孢子组成的菌落模糊镜像。此外，有的酵母如白假丝酵母还能在假丝的顶端产生厚垣孢子（chlamydospore）。

2. 有性繁殖（sexual reproduction）

酵母菌以形成子囊孢子（ascospore）的方式进行有性繁殖。

子囊孢子繁殖过程是：首先由两个具有性亲和性的单倍体酵母细胞各伸出一根管状原生质体突起，然后吻合而成一接合桥，先行质配，继而进行核配，形成一个双倍体。随后在一定的条件下双倍体细胞成为子囊进行减数分裂；进而分裂成不同数的子核，形成子囊孢子。也有未经性细胞结合而形成子囊孢子的。一般一个子囊只形成 4 个子囊孢子（图10-6）。子囊孢子的形态各异（图10-7），这是酵母菌分类的特征。

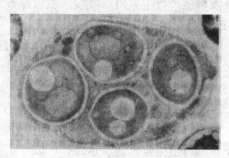

图10-6　酿酒酵母菌的子囊和子囊孢子

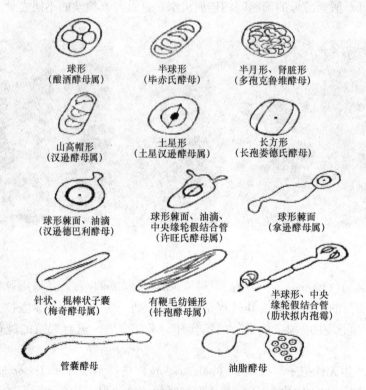

球形
（酿酒酵母属）

半球形
（毕赤氏酵母）

半月形、肾脏形
（多孢克鲁维酵母）

山高帽形
（汉逊酵母属）

土星形
（土星汉逊酵母属）

长方形
（长孢娄德氏酵母）

球形棘面、油滴
（汉逊德巴利酵母）

球形棘面、油滴、
中央缘轮假结合管
（许旺氏酵母属）

球形棘面
（拿逊酵母属）

针状、棍棒状子囊
（梅奇酵母属）

有鞭毛纺锤形
（针孢酵母属）

半球形、中央
缘轮假结合管
（肋状拟内孢霉）

管囊酵母

油脂酵母

图10-7　酵母菌的子囊孢子形态

（四）霉菌的繁殖

霉菌包括了藻状菌纲、子囊菌纲和半知菌类的微生物，它们的进化程度不同，繁殖方式也是多样的。有的只能无性繁殖，有的既能进行无性繁殖，又能采取有性繁殖的方式。一般来讲，工业发酵中常见真菌的有性生殖只在特定条件下发生，通常的培养条件下少见，所以，只能根据无性繁殖的形式对它们加以区分。

1. 无性繁殖

霉菌的无性孢子直接由生殖菌丝的分化而形成，常见的有节孢子、厚垣孢子、孢囊孢子和分生孢子四种类型。

（1）孢囊孢子（sporangiospre）　在孢子囊内形成的孢子叫孢囊孢子。孢子囊是由菌丝顶端细胞膨大而成，膨大部分的下方形成隔膜与菌丝隔开，孢子囊内有许多核，每个核外包围原生质，逐渐围绕着核生成壁，于是产生了孢子囊孢子。孢子成熟后，孢子囊破裂，释放出孢子囊孢子。有的孢子囊壁不破裂，孢子从孢子囊上的管或孔溢出。孢子囊孢子的形状、大小和纹饰因种而异。

（2）分生孢子（canidium）　分生孢子是大多数子囊菌纲及全部半知菌的无性繁殖方式。分生孢子是由菌丝分化并在胞外形成的，是一种外生孢子，其作用可能是有利于借助空气传播。分生孢子梗的顶端形态、分生孢子在菌丝上着生位置和排列方式有所区别。如曲霉属的分生孢子梗的顶端膨大成为球形的顶囊，孢子通过初生、次生小梗孢子着生其上，而青霉属的分生孢子梗呈帚状，分生孢子生于小梗上。

（3）厚垣孢子（chlamydospore）　某些霉菌种类在菌丝中间或顶端发生局部的细胞质浓缩和细胞壁加厚，最后形成一些厚壁的休眠孢子，称为厚垣孢子。厚垣孢子也是菌体的休眠体，它能抗热、干燥等不良的环境条件。如毛霉属中的总状毛霉（*Mucor racemosus*）。

（4）节孢子（arthrospore）　菌丝生长到一定阶段时出现横隔膜，然后从隔膜处断裂而形成的细胞称为节孢子。如白地霉（*Geotrichum candidum*）。

2. 有性繁殖

霉菌的有性繁殖过程一般分为三个阶段，即质配、核配和减数分裂。质配是两个配偶细胞的原生质融合在同一个细胞中，而两个细胞核并不结合，每个核的染色体数都是单倍的。核配即两个核结合成一个双倍体的核。减数分裂则使细胞核中的染色体数目又恢复到原来的单倍体。有性孢子常常只在一些特殊的条件下产生。

常见的有性孢子有卵孢子、接合孢子、子囊孢子和担孢子，分别由鞭毛菌亚门、接合菌亚门、子囊菌亚门和担子菌亚门的霉菌所产生。

（1）卵孢子（oospore）　菌丝分化成形状不同的雄器和藏卵器，雄器与藏卵器结合后所形成的有性孢子叫卵孢子。藻状菌中除毛霉目外，许多菌的有性繁殖方式是产生卵孢子。

（2）接合孢子（zygospore）　由菌丝分化成两个形状相同、但性别不同的配子囊结合而形成的有性孢子叫接合孢子。

（3）子囊孢子（ascospore）　菌丝分化成产囊器和雄器，两者结合形成子囊，在子囊内形成的有性孢子即为子囊孢子。

（4）担孢子（basidiospora）　菌丝经过特殊的分化和有性结合形成担子，在担子上形成的有性孢子即为担孢子。

（五）病毒的繁殖

病毒不能在普通培养基中培养，只能在特定的活细胞内代谢和繁殖。

病毒的繁殖过程基本可分为吸附、侵入、生物合成、成熟、释放等步骤，如图10-8所示。

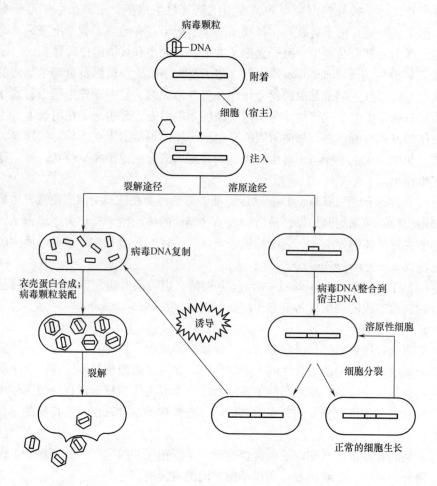

图10-8　病毒的繁殖过程示意图

现以噬菌体为例简要地说明病毒的繁殖过程。根据噬菌体与宿主细胞的相互关系，可将其分为烈性噬菌体和温和噬菌体两大类，下面将分别介绍两者的繁殖过程。

微生物实用技能训练

1. 烈性噬菌体的繁殖过程

烈性噬菌体侵染宿主菌时，将其头部 DNA 注入菌体细胞内，并在细胞内形成大量的子代噬菌体，从而引起菌体细胞裂解死亡，同时释放出成熟的子代噬菌体。

（1）吸附　噬菌体利用尾部末端的尾丝高度专一性地吸附于宿主细胞表面的特定部位。

（2）侵入　噬菌体吸附后，尾髓末端所携带的少量溶菌酶水解局部细胞壁的肽聚糖产生一小孔洞，然后尾鞘收缩将头部的核酸注入到宿主细胞中，而将蛋白质外壳留在细胞外。

（3）生物合成　病毒核酸注入寄主细胞后，一方面抑制寄主细胞的正常生长，另一方面利用寄主细胞内的原料与合成系统合成自己的核酸和蛋白质。

（4）成熟　成熟过程实际是噬菌体的装配过程。当分开合成的噬菌体 DNA、头部蛋白质亚单位以及尾部各组件完成后，首先 DNA 收缩聚集，被头部外壳蛋白包围，形成二十面体的头部。尾部的各个组件和尾丝独立完成装配，再与头部连接，最后才装上尾丝，整个噬菌体就装配完毕，成为新的成熟子代噬菌体。

（5）裂解　当大量的子代噬菌体在宿主菌内完全成熟后，由于所产生的脂肪酶和溶菌酶分别对细胞质膜和细胞壁的水解作用，促使宿主细胞产生裂解作用，从而使大量的子代噬菌体释放出来。

2. 温和噬菌体的繁殖过程

当噬菌体吸附并侵入宿主细胞后，能将其 DNA 插入（整合）到宿主细胞核 DNA 的一定位置上成为前（原）噬菌体，并可长期随宿主 DNA 的复制而同步复制，因而在一般情况下不进行增殖和不引起宿主细胞裂解，这一类噬菌体称为温和噬菌体。

温和噬菌体侵入宿主菌后，因生长条件不同，可以选择两条截然不同的生长途径。一条是将其 DNA 整合到宿主菌染色体上，宿主菌可继续生长繁殖，此即溶源化途径；另一条是与烈性噬菌体相同的生长路线，引起宿主菌的裂解死亡，即溶菌（裂解）途径。

二、微生物的遗传变异

（一）微生物遗传变异基本概念

遗传和变异是生物体最本质的属性之一。

遗传（heredity 或 inheritance）：生物的上一代将自己的遗传因子传递给下一代的行为或功能，具有极其稳定的特性。

遗传型（genotype）：某一生物所含有的遗传信息即 DNA 中核苷酸序列。生物体通过这个核苷酸序列控制蛋白质或 RNA 的合成，一旦功能性蛋白质合成，可调控基因表达。遗传型是一种内在可能性或潜力，其实质是遗传物质上所负载的特定遗传信息。具有某遗传型的生物只有在适当的环境条件下通过自身的代谢和发育，才能将它具体化，即产生表型。

表型（phenotype）：某一生物体所具有的一切外表特征及内在特性的总和，是遗传型在合适环境条件下的具体体现。

变异（variation）：生物体在某种外因或内因作用下引起的遗传物质结构改变，即遗传型的改变。变异的特点是在群体中以极低几率（一般为 $10^{-6} \sim 10^{-5}$）出现、性状变化幅度大、变化后的新性状是稳定可遗传的。

（二）微生物的遗传

绝大多数生物的遗传物质是 DNA，只有部分病毒（多为植物病毒，少数为噬菌体）的遗传物质才是 RNA。

不同生物体内的每个细胞核内往往有不同数目的染色体。除染色体数目外，染色体的套数也有不同：如果在一个细胞中只有一套相同功能的染色体，称之为单倍体，自然界中发现的微生物多数为单倍体；如果一个细胞中包括两套相同功能染色体，则称为双倍体，少数微生物（如酿酒酵母的营养细胞）才是双倍体。

基因是在生物体内具有自主复制能力的遗传功能单位，是一个具有特定核苷酸顺序的核酸片段。基因是合成有功能的蛋白质多肽链或 RNA 所必需的全部核酸序列（通常是指 DNA 序列）。基因既包括编码蛋白质多肽链的核酸序列，也包括保证转录所必需的核酸调控序列以及 5′ 和 3′ 端的非翻译序列。由于各种微生物所含核酸分子的大小不同，使得它所含基因的数量差异较大。大肠杆菌 DNA 中约有 7500 个基因，噬菌体 T_2 约有 360 个基因，而最小的 RNA 噬菌体 MS_2 却只有 3 个基因。

基因不仅存在染色体上，还存在于染色体外的遗传因子上。质粒（plasmid）是游离于染色体外，具有独立复制能力的小型共价闭合环状 DNA。在细胞质中，环状质粒 DNA 自身卷曲，呈现超螺旋结构。质粒携带着某些染色体所没有的基因，可赋予细菌等原核生物对其生存并非必不可少的某些特殊功能，如接合、产毒、抗药、固氮、产特殊酶、降解毒物等（图10-9）。如在假单胞菌属（*Pseudomonas*）中发现的降解性质粒，此类质粒可为一系列能降解复杂物质的酶编码，从而使微生物能利用一般细菌所难以分解的物质，这些质粒常以其所分解的底物命名，如 OCT（辛烷）质粒、XYL（二甲苯）质粒、SAL

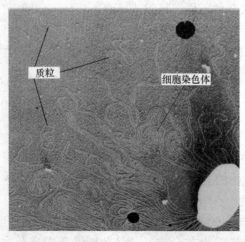

图 10-9　细菌染色体和质粒的电镜图片

（水杨酸）质粒、NAP（萘）质粒和 TOL（甲苯）质粒等。

（三）微生物的基因突变

微生物的变异主要分基因突变和基因重组两类。

突变（mutation）指生物的遗传物质核酸（DNA 或病毒中的 RNA）的分子结构或数量突然发生了可遗传的变化。

1. 基因突变的特点

（1）自发性　各种性状的突变都可以在没有任何人为诱变因素的作用下自发产生，这就是基因突变的自发性。

（2）不对应性　基因突变的性状与引起突变的因素之间无直接的对应关系。任何诱变因素或通过自发突变过程都能获得任何性状的变异。就是说，在紫外线诱变下可以出现抗紫外线菌株，通过自发或其他诱发因素也可以获得同样的抗紫外线菌株，紫外线诱发的突变菌株也有不抗紫外线的，也可以是抗青霉素的，或是出现其他任何变异性状的突变。

（3）低几率性　虽然自发突变随时都可能发生，但自发突变发生的几率是很低的。自发突变率一般在 $10^{-6} \sim 10^{-9}$。

（4）独立性　突变对每个细胞是随机的，对每个基因也是随机的。每个基因的突变是独立的，既不受其他基因突变的影响，也不会影响其他基因的突变。

（5）可诱变性　通过人为的诱变剂作用，可以提高菌体的突变率，一般可以将突变率提高 $10 \sim 10^5$ 倍。诱变剂仅仅是提高突变率，自发突变与诱发突变所获得的突变株并没有本质区别。

（6）稳定性　基因突变的原因是遗传物质的结构发生了变化，因此，突变所产生新的变异性状是稳定的，也是可遗传的。

（7）可逆性　由原始的野生型基因变异成为突变型基因的过程称为正向突变，相反的过程称为回复突变。实验证明，任何遗传性状都可发生正向突变，也可发生回复突变。

2. 突变的类型

如果从突变的发生条件和原因的不同，可分为自发突变和诱发突变两大类。自发突变是由自然条件引起的，诱发突变是采用各种诱变剂的人工方法而引起的变异。就其本质来说，两种变异没有区别，只是人工诱变的突变几率大大提高。诱变突变在工业微生物菌种选育中占有极重要的地位。

如果从研究者能否在微生物群体中迅速检出和分离出个别突变体的目的来看，可分为选择性突变和非选择性突变两类。选择性突变具选择性标记，可通过某种环境条件使它们得到生长优势，从而取代原始菌株，例如营养缺陷型等。营养缺陷型（auxotroph）是指原菌株由于发生基因突变，致使合成途径中某一步骤发生缺陷，从而丧失了合成某些物质的能力，必须在培养中外源补加该营养物质才能生长的突变型菌株。非选择性突变没有选择性标记，而只是一些数量上的差异，例如菌落颜色深浅、某代谢物产量高低等。

如果从突变的表现型的不同划分，可将突变分为形态突变、生化突变、致死突变和条件致死突变四类。

（1）形态突变型　突变的菌体发生形态可见的变化，如细胞形态、鞭毛、纤毛、芽孢、荚膜和菌落形态等的改变。

（2）生化突变型　突变的菌体原有特定的生化功能发生改变或丧失，但在形态上不一定有可见的变化，通过生化方法可以检测到。如菌体对营养物（糖、氨基酸、维生素、碱基等）的需求、对过量代谢产物或代谢产物结构类似物的耐性、抗药性发生的变化。另外，它也包括细胞成分尤其是细胞表面成分（细胞壁、荚膜及鞭毛等）的变异而引起抗原性变化的突变。生化突变对于发酵工业生产具有重大意义。如很多氨基酸和核苷酸生产菌株就是一些营养缺陷型的突变菌株，或是对某些代谢产物及其结构类似物的抗性菌株。

（3）致死突变型　突变造成菌体死亡或生活能力下降。致死突变若是隐性基因决定的，那么双倍体生物能够以杂合子的形式存活下来，一旦形成纯合子，则发生死亡。

（4）条件致死突变型　突变后的菌体在某些条件下，可以生存，但在另一些条件下则发生死亡。温度敏感突变型是最典型的条件致死突变型。有些菌体发生突变后对温度变得敏感了，在较窄的温度范围内才能存活，超出此温度范围则死亡，其原因是有些酶蛋白（DNA 聚合酶，氨基酸活化酶等）肽链中的几个氨基酸被更换，从而降低了原有的抗热性。如有些大肠杆菌突变菌株能在 37℃ 生长，但不能在 42℃ 生长。

以上突变类型的划分并不是绝对的，只是关注的角度不同，它们并不彼此排斥，往往会同时出现。营养缺陷型突变是生化突变型，但也是一种条件致死突变型，而且常伴随着菌体形态的变化，即形态突变型。所有的突变从本质上看都可认为是生化突变型。

（四）微生物的基因重组

凡是将不同性状个体内的遗传基因转移到一起，经过遗传物质分子间的重新组合，形成新遗传型个体的方式，称为基因重组。

1. 原核微生物的基因重组

原核微生物基因重组的方式主要有接合、转导、转化、原生质体融合等形式。

（1）接合（conjugation）　指供体菌通过其性菌毛与受体菌相接触，传递 DNA（包括质粒）遗传信息的现象。接合现象存在于细菌和放线菌中，其中，对大肠杆菌的接合现象已研究得较为清楚，如图 10-2 所示。

（2）转导（transduction）　借助温和型噬菌体为媒介，把供体细胞中 DNA 片段携带到受体细胞中，从而使后者获得前者部分遗传性状的现象。获得新遗传性状的受体细胞称为转导子（transductant）。转导过程不需要细胞接触，而是以噬菌体为载体。

（3）转化（transformation）　某一基因型的细胞直接从周围介质中吸收另一基因型细胞的 DNA，并将它整合到自己的基因组中，造成基因型和表型发生相应变化的现象。两个菌株间能否在菌体间发生转化，与它们在进化中亲缘关系紧密相关。但即使在转化率很高的菌种中，不同的菌株间也不一定都能发生转化。研究表明，能被转化的细胞还必须处于感受态。所谓感受态（competence）就是指细胞能从周围环境吸收 DNA 分子，将其整合入自己的基因组，并保证不被体内 DNA 酶破坏的生理状态。它与受体细胞的遗传性、生理状态、菌龄和培养条件等因素有关。如肺炎链球菌的感受态出现在生长曲线中的对数生长期的后期，而芽孢杆菌的一些菌种大多出现在对数生长期末及稳定期。

（4）原生质体融合（protoplast fusion）　原生质体融合是通过人工方法，使遗传性状不同的两个细胞的原生质体发生融合，并进而发生遗传重组以产生同时带有双亲改善且遗传性状稳定的融合子的过程，此过程也可称为"细胞融合"（cell fusion）。原生质体融合技术始于 1976 年，最早是在动物细胞实验中发展起来的，后来，在酵母菌、霉菌、高等植物以及细菌和放线菌中也得到了应用。原生质体融合技术是继转化、转导和接合等微生物基因重组方式之后，又一个极其重要的基因重组技术。应用原生质体融合技术后，细胞间基因重组的频率大大提高了。如今，能借助原生质体融合技术进行基因重组的细胞极其广泛，不仅包括原核微生物，而且还包括真核微生物、动植物和人体的细胞。发生基因重组亲本的选择范围也更大了，原来的杂交技术一般只能在同种微生物之间进行，而原生质体融合可以在不同种、属、科，甚至更远缘的微生物之间进行。这为利用基因重组技术培育更多、更优良的生产菌种提供了可能。

2. 真核微生物的基因重组

在自然环境中，真核微生物就存在有性生殖和准性生殖等基因重组的形式。利用这些基因重组形式所进行的有性杂交和准性杂交，可以培育出优良的生产菌株。

（1）有性杂交　指性细胞间的接合和随之发生的染色体重组，并产生新遗传型后代的一种育种技术。凡是能产生有性孢子的微生物，原则上都可应用与高等动植物杂交育种相似的有性杂交方法进行育种。在生产实践中利用有性杂交培育优良品种的例子很多。例如，用于酒精发酵的酵母和用于面包发酵的酵母虽都是酿酒酵母，但它们是两个不同的菌株，前者产酒精率高而对麦芽糖和葡萄糖的利用能力较弱，而后者正好相反。通过两者之间的有性杂交，就可得到既能较好地生产酒精，又能较高地利用麦芽糖和葡萄糖的杂交株。

（2）准性杂交　指不经过减数分裂就能导致基因重组的生殖过程。准性生殖是一种类似于有性生殖，但比它更原始的生殖方式。准性生殖可发生在同一生物的二个不同来源的体细胞之间，经细胞融合但不发生减数分裂，导致低频率的基因重组。准性生殖常见于某些真菌，尤其是半知菌类。准性生殖过程包括菌丝联结、异核体的形成、核融合（二倍体的形成）、体细胞交换和单倍体化。菌丝联结发生在一些形态上无区别，但遗传特性有差别的两个同种亲本的体细胞之间，发生的频率较低。菌丝联结后，细胞核由一根菌丝进入另一根菌丝，从而形成含两种或两种以上基因型的异核菌丝，称异核体。异核体能独立生活，而且生活能力往往更强。异核体中的二个核偶尔会发生核融合，形成杂合双倍体，它较异核体稳定，产生的孢子比单倍体菌丝产生的孢子大一倍。杂合双倍体在有丝分裂过程中，其中极少数核内染色体会发生交换，这一过程称为体细胞交换，并可能以单倍数量的染色体进入新细胞，即单倍体化，产生具有新性状的单倍体杂合子。从准性生殖的过程可以看出，该过程出现了新基因的组合，因此，可成为遗传育种的重要手段。

三、微生物菌种的选育

（一）理想发酵菌种的要求

用发酵法生产产品，首先要有一个良好的菌种。菌种选育在提高产品质量、增加品种、改善工艺条件等方面发挥重大作用。菌种选育的目的是改良菌种的特性，使其符合工业生产的要求。理想的工业发酵菌种应符合以下要求。

（1）遗传性状稳定。

（2）生长速度快，不易被噬菌体等污染。

（3）目标产物的产量尽可能接近理论转化率。

（4）目标产物最好能分泌到胞外，以降低产物抑制并利于产物分离。

（5）尽可能减少产物类似物的产量，以提高目标产物的产量及利于产物分离。

（6）培养基成分简单、来源广、价格低廉。

（7）对温度、pH、离子强度、剪切力等环境因素不敏感。

（8）对溶氧的要求低，便于培养及降低能耗。

（二）微生物菌种选育方法

微生物菌种选育的目的是要人为地使某种发酵代谢产物过量积累，把微生物生物合成的代谢途径朝人们所希望的方向加以引导，实现人为控制微生物，获得高产、优质和低耗的菌种。

菌种选育包括选种和育种两方面的内容。选种是根据微生物的特性，挑选出符合需要的菌种，一方面可以根据有关信息向菌种保藏机构、工厂或科研单位直接索取；另一方面根据所需菌种的形态、生理、生态和工艺特点的要求，采用各种分离筛选方法，从自然界特定的生态环境中以特定的方法分离出新菌株。其次是育种的工作，根据菌种的遗传特点，在已有的菌种基础上，采用诱变或杂交等方法，迫使菌种发生变异，改良菌株的生产性能，使产品产量、质量不断提高。

菌种选育包括经验育种和定向育种。经验育种是通过菌种突变和筛选技术进行育种，又可细分为自然选育和诱变育种；定向育种是根据遗传学基础理论和方法，人为引起菌种的遗传变异或基因重组，如杂交育种、原生质体融合、基因工程等技术。目前，定向育种方法在菌种选育工作中占居主导地位。其中，通过分子生物学手段，定向构建基因工程菌是微生物育种的重要发展趋势。

1. 自然选育

自然选育是指在生产过程中，不经过人工诱变处理，根据菌种的自发突变（或自然突变）而进行菌种筛选的过程。

自然界中微生物资源极其丰富，新的微生物菌种需要从自然生态环境中混杂的微生物群体中挑选出来，必须要有快速而准确的新种分离和筛选方法。

典型的微生物菌种分离筛选步骤为：设计方案→采样→增殖培养→纯种分离→筛选（初筛、复筛）→单株纯种分离→性能考察（生产性能试验、毒性试验、菌种鉴定）。

（1）采样　采样地点的确定要根据筛选的目的、微生物分布情况、菌种的主要特征及其与外界环境关系等因素，进行综合、具体地分析来决定。如果预先不了解某种生产菌的具体来源，一般可从微生物的大本营土壤中分离。季节、表面植被、温湿、通风、养分、水分、酸碱度和光照等条件都会影响土壤中的微生物分布，故在采土样时应予以重视。采土样地点选好后，用小铲子去除表土，取离地面 5~15cm 处的土壤几十克，盛入预先灭菌处理的牛皮纸袋或器皿中，并记录采样时间、地点、环境情况等情况，以备考查。各种水体也是工业微生物菌种的重要来源，许多具有光合作用能力的微生物及兼性或专性厌氧微生物都能从各种水体中筛选得到。由于采样后的环境条件与天然条件有着不同程度的差异，一般应尽快分离。

（2）增殖　收集到的样品，如含目标菌株较多，可直接进行分离。如果样品含目标菌种很少，就要设法增加该菌的数量，进行增殖培养（又名富集培养）。所谓增殖培养就是给混合菌群提供一些有利于目标菌株生长或不利于其他菌株生长的条件，以促使目标菌株大量繁殖，从而有利于分离它们。其实质就是让天然样品中的劣势菌转变为人工环境中的优势菌，便于将它们从样品中分离。如筛选纤维素酶产生菌时，以纤维素作为唯一碳源进行增殖培养，使得不能分解纤维素的菌不能生长；分离放线菌时，可先在样品悬液中加 10% 的酚液数滴，以抑制霉菌和细菌的生长。

（3）纯化　增殖培养的结果并不能获得微生物的纯种。即使在增殖培养过程中设置了许多限制因素，但其他微生物并没有死去，只是数量相对减少。一旦遇到适宜条件就会快速生长繁殖。故增殖后得到的微生物培养物仍是多种微生物的混合体。为了获得某一特定的微生物菌种，必须进行微生物的纯化即纯培养。常用的菌种纯化方法很多，大体可将它们分为二个层次：一个层次较粗放，一般只能达到"菌落纯"的水平，从"种"的水平来说是纯的，其方法有划线分离法、涂布分离法和倾注分离法；另一层次较为精细，即单细胞或单孢子分离法，它可达到细胞纯即"菌株纯"的水平，其方法是利用培养皿或凹玻片等分离小室进行细胞分离，也可利用复杂的显微操作装置进行单细胞挑取。在具体的工作中，究竟采取哪种方法，应视微生物的实际情况和实验条件而定。为了提高筛选工作效率，在纯种分离时，培养条件对筛选结果影响也很大，可通过控制营养成分、调节 pH、添加抑制剂、改变培养温度和通气条件及热处理等方法来提高筛选效率。平板分离后挑选单个菌落进行生产能力测定，从中选出性能优良的菌株。

（4）性能测定　尽管在菌种纯化中能获得大量的目标菌株，它们都具备一些共性，但只有经过进一步的生产性能测定，才能确定哪些菌株更符合生产要求。如果对每一菌株都作全面或精确的性能测定，工作量十分巨大，而且是不必要的。一般采用两步法，即初筛和复筛，经过多次重复筛选，可获得 1~3 株性能较好的菌株，供发酵条件的摸索和生产试验，进而作为育种的出发菌株。这种直接从自然界分离得到的菌株称为野生菌株，它不同于用人工育种方法得到的变异菌株（亦称突变株）。

2. 诱变育种

诱变育种是指利用物理、化学等各种诱变剂处理均匀而分散的微生物细胞，显著提高基因的随机突变频率，然后采用简便、快速、高效的筛选方法，从中筛选出少数符合育种目的的优良突变株，以供科学实验或生产实践使用。

诱变育种主要环节：①选择合适的出发菌株，制备单孢子（或单细胞）悬浮液；②选择简便有效的诱变剂，确定最适的诱变剂量；③设计高效率的筛选方案和筛选方法，即利用和创造形态变异、生理变异与产量间的相关指标进行初筛，再通过初筛的比较进行复筛，精确测定少量潜力大的菌株的代谢产物量，从中极少数性能优良的正变异株，以达到培育优良菌株的目的。常采用摇瓶或台式发酵罐放大实验，以进一步接近生产条件的生产性能测定。

目前，发酵工业中使用的生产菌种几乎都是经过人工诱变处理后获得的突变株，这些突变株是以大量生成某种代谢产物（发酵产物）为目的筛选出来的，因而它们属于代谢调节失控的菌株。例如土霉素的原始产生菌株在培养过程中产生大量泡沫，经诱变处理后可改变遗传特性，发酵泡沫减少，可节省大量消泡剂并增加培养液的装量。

人工诱变能提高突变频率和扩大变异谱，具有速度快、方法简便等优点，是当前菌种选育的一种主要方法，在生产中使用得十分普遍。但是人工诱变随机性大，因此诱发突变必须与大规模的筛选工作相配合才能收到良好的效果。

能诱发基因突变并使突变率提高到超过自然突变水平的物理化学因子都称为诱变剂。诱变剂的种类很多，可分为物理诱变剂和化学诱变剂两大类。常见的物理诱变剂有紫外线、X 射线、γ 射线、激光和快中子等；化学诱变剂主要有烷化剂、碱基类似物和吖啶类染料。

诱变育种的程序如图 10 - 10 所示。

（1）出发菌株的选择　工业上用来进行诱变处理的菌株，称为出发菌株。在许多情况下，微生物的遗传物质具有抗诱变性，这类遗传性质稳定的菌株用来生产是有益的，但作为诱变育种材料是不适宜的。出发菌株通常有三种：从自然界分离得到的野生型菌株；通过生产选育，即由自发突变经筛选得到的高产菌株；已经诱变过的菌株，这类菌株作为出发菌株较为复杂。一般认为诱变获得高产菌株，再诱变易产生负突变，再度提高产量比较困难。采用连续诱变的方法，在每次诱变之后选出 3 ~ 5 株较好的菌株继续诱变，如果遇到高产菌株再诱变进一步提高产量效果不佳时，可以先行杂交，再作为诱变的出发菌株，这样有可能收到比较好的效果。

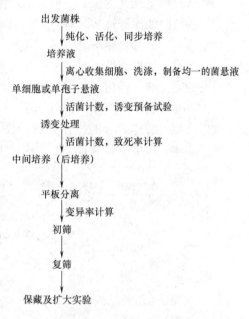

图 10 - 10　诱变育种的程序

（2）单细胞（或单孢子）菌悬液的制备　采用生理状态一致的单细胞或孢子进行诱变处理，这样不但能均匀地接触诱变剂，还可减少分离现象的发生。处理前细胞尽可能达到同步生长状态，细胞悬液经玻璃珠振荡打散，并用脱脂棉或滤纸过滤，以达到单细胞状态。一般处理细菌的营养细胞，采用生长旺盛的对数期，其变异率较高且重现性好。霉菌的菌株一般是多核的，因此对霉菌都用孢子悬浮液进行诱变，对放线菌一般也如此。但孢子生理活性处于休眠状态，诱变时不及营养细胞好，因此最好采用刚刚成熟时的孢子，其变异率高。或在处理前将孢子培养数小时，使其脱离静止状态，则诱变率也会增加。一般处理真菌的孢子或酵母时，其菌悬液的浓度大约为 10^6 个/mL，细菌和放线菌的孢子的浓度大约为 10^8 个/mL。

（3）前培养　诱变处理前，将细胞在添加嘌呤、嘧啶等碱基或酵母膏的培养基中培养 20 ~60min，再进行诱变处理，则变异率可大幅度提高。

（4）诱变。

（5）变异菌株的分离和筛选　通过诱变处理，在微生物群体中出现各种突变型的个体，但其中多数是负突变体。为在短时间内获得好的效果，应采用效率较高的筛选方案或筛选方法。实际工作中，一般分初筛和复筛两阶段进行，前者以量为主，后者以质为主。此外，菌株筛选时除了考虑高产性状外，还要考虑其他有利性状，如生长速度快、产孢子多、能有效利用廉价发酵原材料、改善发酵工艺中某些缺陷如泡沫过多、对温度波动敏感、菌丝量太多、自溶早、过滤困难等。但是所定的筛选目标不可太多，要充分估计人力、物力和测试能力等，要考虑实现这些目标的可能性。要选出一个达到一定产量的高产菌株，往往要筛选数千个左右的突变株，经历多次诱变和筛选，才能达到目的。

3. 原生质体融合

微生物原生质体融合的操作过程如图 10 - 11 所示，主要步骤为选择亲株、制备原生质体、原生质体融合、原生质体再生和筛选优良性状的融合子。

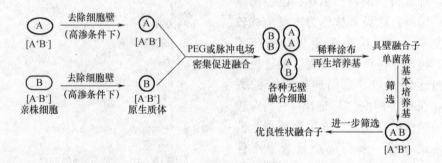

图 10 - 11　原生质体融合操作过程示意图

（1）选择亲株　为了获得高产优质的融合子，首先应该选择遗传性状稳定、具有优势互补且带有选择性遗传标记（营养缺陷型或抗药性等）的两个亲株。

（2）原生质体制备　去除细胞壁是制备原生质体的关键。一般是在高渗溶液中，采用酶解法去壁。根据微生物细胞壁组成和结构的不同，需分别采用不同的酶，如细菌用溶菌酶处理、酵母菌用蜗牛酶处理、霉菌用纤维素酶等。有时需结合其他一些措施，如在生长培养基中添加甘氨酸、蔗糖或抗生素等，以提高细胞壁对酶解的敏感性。

（3）原生质体融合　将形成的原生质体进行离心至今，并加入促融剂聚乙二醇（PEG）或通过紫外线照射、脉冲电场等物理因素处理促进原生质体融合。

（4）原生质体再生　原生质体再生就是使原生质体重新长出细胞壁，恢复完整的细胞形态结构。不同微生物的原生质体的最适再生条件不同，甚至一些非常接近的种，最适再生条件也往往有所差别，如再生培养基成分、培养温度等。但最重要的一个共同点是都需要高渗透压。能再生细胞壁的原生质体只占总量的一部分，如细菌再生率一般为 3% ~ 10%，真菌再生率一般在 20% ~80%。

（5）筛选优良性状融合重组子　原生质体融合后，来自两亲代的遗传物质经过交换并发生重组而形成的子代称为融合重组子。这种重组子通过两亲株遗传标记的互补而得以识别。如两亲株的遗传标记分别为营养缺陷型 A^+B^- 和 A^-B^+，融合重组子应是 A^+B^+ 或 A^-B^-。重组子的检出方法有两种：直接法和间接法。直接法将融合液涂布在不补充亲株生长需要的生长因子的高渗再生培养基平板上，直接筛选出原养型重组子；间接法把融合液涂布在营养丰富的高渗再生平板上，使亲株和重组子都再生成菌落，然后用影印法将它们复制到选择培养基上检出重组子。从实际效果来看，直接法虽然方便，但由于选择条件的限制，对某些重组子的生长有影响。虽然间接法操作上要多一步，但不会因营养关系限制某些重组子的再生，特别是对一些有表型延迟现象的遗传标记，宜用间接法。若原生质体融合的两亲株带有抗药性遗传标记，可以用类似的方法筛选重组子。最后测定重组子的其他生物学性状和生产性能，从中筛选出符合育种要求性能优良的重组子。

原生质体融合技术也可以改善传统诱变育种的效果，因为去除了细胞壁的障碍，诱变剂的诱变效率将提高，特别对于那些本来对诱变剂反应迟钝的微生物。

4. 基因工程

基因工程是用人为的方法将所需的某一供体生物的遗传物质 DNA 分子提取出来，在离体条件下切割后，把它与作为载体的 DNA 分子连接起来，然后导入某一受体细胞中，让外来的遗传物质在其中进行正常的复制和表达，从而获得新物种的一种崭新的育种技术。

基因工程的主要过程见图 10 - 12。

通过基因工程改造后的菌株称为工程菌。近年来，工程菌已逐渐开始应用发酵生产中。如利用基因工程技术生产氨基酸，利用基因工程技术将氨基酸合成酶基因克隆是提高氨基酸产量的有效途径。目前，几乎所有的氨基酸合成酶基因都可以在不同系统中克隆与表达，其中苏氨酸、色氨酸、脯氨酸和组氨酸等的工程菌已达到工业化生产水平。例如在 L - 色氨酸生产中，利用色氨酸合成酶基因和丝氨酸转羟甲基酶基因的重组质粒，在大肠杆菌中克隆化。通过添加甘氨酸来制造 L - 色氨酸，该方法能使上述两种酶的活性提高而增产 L - 色氨酸。

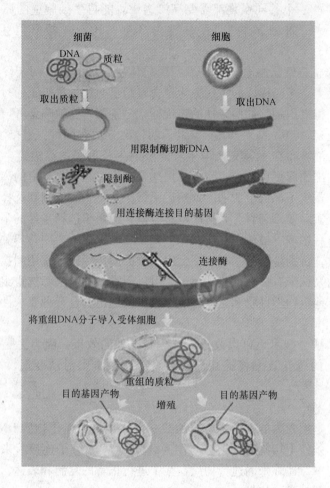

细菌　　　　　　　　　　细胞

DNA　质粒

取出质粒　　　　　　　　　　取出DNA

用限制酶切断DNA

限制酶

用连接酶连接目的基因

连接酶

将重组DNA分子导入受体细胞

重组的质粒

目的基因产物　　　　增殖　　　　目的基因产物

图 10 - 12　基因工程操作过程示意图

项目实施

任务　紫外线诱变筛选淀粉酶活力高的菌株

器材准备

1. 菌种

枯草芽孢杆菌（*Bacillus subtilis*）牛肉膏蛋白胨斜面培养物。

2. 培养基

牛肉膏蛋白胨斜面培养基、牛肉膏蛋白胨液体培养基、淀粉琼脂培养基。

3. 试剂

碘液、无菌 0.85% 生理盐水（9mL/管，装 20mL/100mL 三角瓶，带适量玻璃珠)。

4. 仪器及相关用品

紫外灯箱、台式离心机、培养箱、振荡培养箱、无菌平皿、无菌离心管、无菌吸管、三角瓶、试管、量筒、烧杯、接种环、涂布棒、酒精灯、记号笔、黑布或黑纸、红灯等。

操作方法

操作流程：制备菌悬液→活菌计数→UV 处理→稀释涂平板→计算存活率和致死率→观察诱变效应。

(1)菌悬液的制备 挑取枯草芽孢杆菌斜面原菌转接于新鲜牛肉膏蛋白胨斜面上，经 30℃活化培养 24h 后，取一环接种于盛 20mL 牛肉膏蛋白胨液体培养基的三角瓶中，30℃摇瓶培养 14～16h，即为对数生长期的菌种。倒入无菌离心管，以 3000r/min 离心 15min，弃上清液，将菌体用无菌生理盐水离心洗涤 2 次后，转入盛有 20mL 生理盐水带玻璃珠的三角瓶中，在漩涡混合器上振荡 30s，以打散菌团，用显微镜直接涂片计数法计数，调整菌悬液的细胞浓度为 10^8 个/mL。

(2)菌悬液的活菌计数 取菌悬液 1mL 按 10 倍稀释法逐级稀释至 10^{-7}，取 10^{-5}、10^{-6}、10^{-7} 三个稀释度各 0.1mL 移入淀粉琼脂培养基平板上，作为对照平板，用无菌涂布棒涂布均匀，每个稀释度涂 2 个平板，置 30℃培养 48h 后进行菌落计数。根据平均菌落数计算诱变处理前 1mL 菌悬液内的活菌数，据此数再计算诱变处理后的存活率和致死率。

(3)紫外线诱变处理 打开紫外灯预热约 20min，分别吸取菌悬液 5mL 移入 2 套无菌培养皿中，放入无菌磁力搅拌棒，置磁力搅拌器上。距 15W 紫外灯下 30cm 处，打开磁力搅拌器，再打开皿盖，开始计时，边搅拌边照射，照射剂量分别为 3min 和 5min。盖上皿盖，关闭紫外灯。所有操作必须在红灯下进行。

(4)稀释涂平板 在红灯下分别取 3min 和 5min 诱变处理菌悬液 1mL 于装有 9mL 无菌生理盐水的试管中，按 10 倍稀释法逐级稀释至 10^{-4}，取 10^{-2}、10^{-3}、10^{-4} 三个稀释度（3min 和 5min 处理）各 0.1mL 移入淀粉琼脂培养基平板上，用无菌玻璃涂布棒涂布均匀，每个稀释度涂 2 个平板。用黑布或黑纸包好平板，于 30℃避光培养 48h 后进行菌落计数。根据平均菌落数计算诱变处理后的 1mL 菌液内的活菌数。注意：在每个平板背后要标明处理时间、稀释度、组别。

(5)计算存活率和致死率 将培养好的平板取出进行菌落计数。根据对照平板上菌落数，计算出每毫升菌液中的活菌数。同样计算出紫外线处理 3min 和 5min 后每毫升菌液中的活菌数。

存活率 =（处理后每毫升活菌数/处理前每毫升活菌数）×100%

致死率 =［（处理前每毫升活菌数 – 处理后每毫升活菌数）/处理前每毫升活菌数］×100%

(6)观察诱变效应（初筛） 枯草芽孢杆菌能分泌淀粉酶，分解周围基质中的淀粉产生透明圈。分别向菌落数在 5 ~ 6 个的平板内加数滴碘液，在菌落周围将出现透明圈，观察并测定平板上透明圈直径（C）与菌落直径（H），并计算 C/H 值，与对照平板进行比较。一般透明圈越大，淀粉酶活力越高；透明圈越小，则酶活力越低。根据 C/H 值作为鉴定高产淀粉酶菌株的指标。挑取 C/H 值大且菌落直径也大的单菌落 40 ~ 50 个移接到新鲜牛肉膏蛋白胨斜面上，30℃ 培养 24h 后，留待进一步复筛用。

结果报告

1. 将实验结果填入表 10 - 1，并分别计算出存活率和致死率。

表 10 - 1　　　　　　　　　　　　　　实验结果

	UV 处理前的菌液			UV 处理 3min 的菌液			UV 处理 5min 的菌液		
	10^{-5}	10^{-6}	10^{-7}	10^{-2}	10^{-3}	10^{-4}	10^{-2}	10^{-3}	10^{-4}
1									
2									
活菌数/（CFU/mL）									
存活率/%									
致死率/%									

2. 测量经 UV 处理后的枯草芽孢杆菌菌落周围的透明圈直径与菌落直径，并计算比值（C/H）与对照菌株进行比较。

注意事项

1. 紫外线照射时注意保护眼睛和皮肤。应戴防护眼镜，以防紫外线灼伤眼睛。

2. 诱变过程及诱变后的稀释操作均在红灯下进行，并在黑暗中培养，避免可见光的照射，这是因为经紫外线损伤的 DNA，能被可见光复活。

3. 空气在紫外灯照射下，会产生臭氧，臭氧也有杀菌作用。臭氧过高，会引起人不舒服，同时也会影响菌体的成活率。臭氧在空气中的含量不能超过 0.1%。

项目思考

1. 请解释以下名词：遗传、变异、遗传型、表型、突变、接合、转化、转导、原生质体融合、营养缺陷型突变株、诱变育种、原生质体融合育种、基因工程育种。

2. 试列举常见微生物类群的繁殖方式。

3. 微生物突变具有哪些特点？

4. 理想的工业发酵菌种应符合哪些要求？

5. 工业微生物菌种选育的方法有哪些？哪种是最常用的选育方法？

6. 简要说明诱变育种的步骤。诱变育种应注意哪些问题？

7. 简要说明原生质体融合育种的步骤？

8. 试比较诱变育种技术、原生质体融合技术、DNA 重组技术三种育种方法的优缺点？

9. 你认为在从事菌种分离与筛选工作时，应当注意什么问题？

项目十一 微生物技能在食品行业的应用

项目介绍

项目背景

微生物与人类生活有着密切的关系，在食品行业领域可生产发酵食品和功能性食品等，为人类造福，另外，某些微生物可引起食品变质，并可能引发食源性疾病，如沙门氏菌、肉毒杆菌、金黄色葡萄球菌等。

掌握食品相关微生物的生命活动规律和微生物操作技能，可在食品制造过程中充分利用有益微生物的作用生产多种多样的发酵食品，在食品保藏过程中控制有害微生物的生长繁殖，预防食品腐败变质，在食品检验过程中监控食品微生物污染问题，预防食物中毒及食源性疾病的发生。

项目任务

任务一 酸奶的制作
任务二 甜酒酿的酿制
任务三 食品菌落总数测定
任务四 食品大肠菌群计数

项目目标

知识目标

1. 能够认识微生物与食品加工、食品腐败变质、食品检测之间的紧密联系。
2. 能够阐述微生物污染食品的来源和渠道。
3. 微生物检验工作的重要性，了解微生物检验的工作职责。
4. 能阐述食品微生物检验的基本流程和要求。
5. 能列举食品卫生标准中的常见的微生物指标，并阐述其检测意义。
6. 能阐述食品质量与菌落和大肠菌群数量的重要关系。

能力目标

1. 建立在食品产品的原料、生产、包装、运输、贮藏、销售等各环节都需要进行微生物控制的产品质量意识。

2. 能利用微生物进行常见发酵食品的制作。

3. 能查阅相关的食品卫生标准，并依此完成微生物检验任务。

4. 能根据要求正确采集食品样本。

5. 能正确分析检测结果、能正确规范的填写检测报告。

6. 能对食品中污染的活细菌菌落进行计数，以判别食品的卫生质量。

7. 能对食品中的菌落总数、大肠菌群等指标进行检测。

背景知识

一、微生物与食品腐败变质

（一）食品腐败变质的定义和引发原因

食品腐败变质（food spoilage）一般是指食品在一定的环境因素影响下，由微生物为主的多种因素作用下所发生的食品降低或失去食用价值的一切变化，包括食品成分和感官性质的各种变化，如鱼肉的腐臭、油脂的酸败、水果蔬菜的腐烂和粮食的霉变等。

引起食品腐败变质的原因有微生物的作用和食品本身的组成和性质（包括食品本身的成分、所含水分、pH 高低和渗透压的大小）。微生物的作用是引起食品腐败变质的重要原因。

引起食品腐败变质的微生物种类很多，有细菌、霉菌和酵母菌，但主要是由细菌引起，其原因是细菌分解食物中的蛋白质和氨基酸，产生恶臭或异味，通常还会伴随产生有毒物质，引起食物中毒。酵母菌在碳水化合物含量较高的食品中易繁殖，而在富含蛋白质的食品中则生长缓慢，在 pH5 左右的微酸性环境中生长较好。由于霉菌的好气性，多数微生物在有氧、富含淀粉和糖的食品中容易滋生，无氧的环境可抑制其生长繁殖。

（二）污染食品的微生物来源

微生物在自然界中分布十分广泛，不同的环境中存在的微生物类型和数量不尽相同。食品中微生物污染的主要来源包括土壤、空气、水、操作人员、动植物、加工设备、包装材料、食品原辅料等方面。

1. 土壤

土壤素有"微生物的天然培养基"和"微生物大本营"之称，土壤中的微生物数量可达 $10^7 \sim 10^9$ 个/g。这是因为土壤为微生物的生长繁殖提供了有利的营养条件和环境条件，即土壤中含有大量可被微生物利用的碳源和氮源，还含有大量的硫、磷、钾、钙、镁等无机元素及硼、钼、锌、锰等微量元素，加之土壤具有一定的保水性、通气性和适宜的酸碱度（pH3.5～10.5），表面土壤的覆盖可保护微生物免遭太阳紫外线的危害。

土壤中的微生物种类十分庞杂，其中细菌占有比例最大，可达70%～80%，放线菌占5%～30%，其次是真菌、藻类和原生动物。

不同地区、不同气候、不同肥沃度的土壤中微生物的种类和数量有很大差异。地面下3～25cm是微生物最活跃的场所，肥沃的土壤中微生物的数量和种类较多，果园土壤中酵母菌的数量较多。

土壤中的微生物除了自身发展外，分布在空气、水和人及动植物体中的微生物也会不断进入土壤中。许多病原微生物就是随着动植物残体以及人和动物的排泄物进入土壤的。同时，土壤中还存在着能够长期生活的土源性病原菌。

2. 空气

空气中不具备微生物生长繁殖所需的营养物质和充足的水分条件，加之日光的紫外线照射，所以空气不是微生物生长繁殖的场所。但空气中仍然含有一定种类和数量的微生物，这些微生物是随风飘扬而悬浮在大气中或附着在飞扬起来的尘埃或液滴上的。这些微生物可能来自土壤、水、人和动植物体表的脱落物及呼吸道、消化道的排出物。

空气中的微生物主要为霉菌和放线菌的孢子、细菌的芽孢及酵母菌。

不同环境空气中微生物的数量和种类有很大差异。空气中的尘埃越多，所含微生物的数量也就越多，如公共场所、街道、畜舍、屠宰场及通气不良处的空气中微生物的数量较高。而海洋、高山、乡村、森林等空气清新的地方微生物的数量较少。空气中可能存在一些病原微生物，它们直接来自人或动物呼吸道、皮肤干燥脱落物及排泄物或间接来自土壤，如结核杆菌、金黄色葡萄球菌、沙门氏菌、流感嗜血杆菌和病毒等，例如患病者口腔喷出的飞沫小滴中含有1万～2万个细菌。

3. 水

自然界中的江、河、湖、海等各种淡水与咸水水域中都生存着相应的微生物。不同水域中的微生物种类和数量呈明显差异。通常，水中微生物的数量主要取决于水中有机物质的含量，有机物质含量越多，其中微生物的数量也就越大。

淡水域中的微生物可分为两大类型：一类是清水型水生微生物，即习惯于在洁净的湖泊和水库中生活，以自养型微生物为主，如硫细菌、铁细菌、衣细菌及含有光合色素的蓝细菌、绿硫细菌和紫细菌等。另一类是腐败型水生微生物，它们是随腐败有机物质进入水域，获得营养而大量繁殖的，是造成水体污染、传播疾病的重要原因，其中数量最大的是G^-细菌。当水体受到人畜排泄物的污染后，会使肠道菌的数量增加，如大肠杆菌、粪链球菌、沙门氏菌、炭疽杆菌、破伤风芽孢杆菌等。

海水中也含有大量的水生微生物，主要是细菌，它们均具有嗜盐性。近海中常见的细菌有假单胞菌、无色杆菌、黄杆菌、微球菌属、芽孢杆菌属等，它们中有的是海产鱼类的病原菌。海水中还存在有可引起人类食物中毒的病原菌，如副溶血性弧菌。

矿泉水和深井水中通常含有很少的微生物数量。

4. 人及动物体

人体及各种动物（如犬、猫、鼠等）的皮肤、毛发、口腔、消化道、呼吸道均带有大量的微生物。

当人或动物感染了病原微生物后，体内会存在有不同数量的病原微生物，其中有些菌种是人畜共患病原微生物，如沙门氏菌、结核杆菌等。这些微生物可以通过直接接触或通过呼吸道和消化道向体外排出，进而污染食品。

蚊、蝇和蟑螂等各种昆虫也都携带有大量的微生物，其中可能有多种病原微生物，它们接触食品后同样会造成微生物的污染。

5. 食品加工机械设备

各种食品加工机械设备本身没有微生物所需的营养物质，但在食品加工过程中，由于食品的汁液或颗粒黏附于内表面，食品加工结束时机械设备如果没有得到灭菌处理，原本少量的微生物可能大量生长繁殖，进而使机械设备成为造成食品微生物污染的来源之一。

6. 食品包装材料

各种食品包装材料如果处理不当也会带有微生物。一次性包装材料通常比循环使用的材料所带有的微生物数量要少。塑料包装材料由于带有电荷会更容易吸附灰尘和微生物。

7. 食品原辅料

（1）动物性原料 屠宰前健康的畜禽具有健全而完整的免疫系统，能有效地防御和阻止微生物的侵入和在肌肉组织内扩散。所以，正常畜禽机体组织内部（包括肌肉、脂肪、心、肝、肾等）一般是无菌的，而畜禽体表、被毛、消化道、上呼吸道等器官通常有微生物存在，如未经清洗的动物皮毛中微生物数量可达 $10^5 \sim 10^6$ 个/cm^2，家畜粪便中微生物数量可多达 10^7 个/g。

患病的畜禽器官和组织内部可能都有微生物存在，如病牛体内可能带有结核杆菌、口蹄疫病毒等。

健康禽类所产生的鲜蛋内部本应是无菌的，但是鲜蛋中经常可发现微生物存在，即使是刚产出的鲜蛋也是如此。

刚生产出来的鲜乳总是会含有一定数量的微生物，主要有微球菌属、链球菌属、乳杆菌属。当乳畜患乳房炎时，乳房内还会含有病原菌，如化脓棒状杆菌、乳房链球菌和金黄色葡萄球菌等。

鱼类生活在水中，由于水中含有多种微生物，所以鱼的体表、鳃、消化道内都有一定数量的微生物。近海和内陆水域中的鱼还可能受到人或动物排泄物的污染，这些肠道病原菌在鱼体上存在的数量不多，不会直接危害人类健康，但如贮藏不当，病原菌大量繁殖后则可引起食物中毒。捕捞后的鱼类在运输、贮存、加工、销售等环节中，还可能进一步被陆地上的各种微生物污染。

（2）植物性原料　健康的植物在生长期与自然界广泛接触，其体表存在有大量的微生物，所以收获后的粮食一般都含有其原来生活环境中的微生物。植物体表还会附着有植物病原菌和来自人畜粪便的肠道微生物及病原菌。健康的植物组织内部应该是无菌的或仅有极少数菌。

感染病后的植物组织内部会存在大量的病原微生物，这些病原微生物是在植物的生长过程中通过根、茎、叶、花、果实等不同途径侵入组织内部的。

果蔬汁是以新鲜水果为原料，经加工制成的。由于果蔬原料本身带有微生物，而且在加工过程中还会再次感染，所以制成的果蔬汁中必然存在大量微生物。果汁的 pH 一般在 2.4～4.2 之间，糖度较高，因而在果汁中生存的微生物主要是酵母菌，其次是霉菌和极少数的细菌。

粮食在加工过程中，经过洗涤和清洁处理，可除去籽粒表面上的部分微生物，但某些工序可使其受环境、机具及操作人员携带的微生物再次污染。

（三）微生物污染食品的途径

食品在加工前、加工过程中以及加工后都可能受到外源性和内源性微生物的污染。微生物污染途径比较多，食品可在原料、生产、加工、贮藏、运输、销售、烹饪到食用等各个环节受到微生物的污染，其污染的途径可分为两大类。

1. 内源性污染

凡是作为食品原料的动植物体在生活过程中，由于本身带有的微生物而造成食品的污染称为内源性污染，也称第一次污染。

畜禽在生活期间，其消化道、上呼吸道和体表总是存在一定类群和数量的微生物。当受到病原微生物感染时，畜禽的某些器官和组织内就会有病原微生物的存在。如当家禽感染了鸡白痢、鸡伤寒等传染病，病原微生物可通过血液循环侵入卵巢，在蛋黄形成时被病原菌污染，使所产卵中也含有相应的病原菌。

2. 外源性污染

食品在生产加工、运输、贮藏、销售、食用过程中，通过水、空气、人、动物、机械设备及用具等而使食品发生微生物污染称外源性污染，也称第二次污染。

（1）通过水污染　在食品的加工生产过程中，水既是许多食品的原料或配料成分，也是清洗、冷却、冰冻不可缺少的物质，设备、地面及用具的清洗也需要大量用水。各种天然水源包括地表水和地下水，不仅是微生物的污染源，也是微生物污染食品的主要途径。自来水是天然水净化消毒后而供饮用的，在正常情况下含菌较少，但如果自来水管出现漏洞、管道中压力不足以及暂时变成负压时，则会引起管道周围环境中的微生物渗漏进入管道，使自来水中的微生物数量增加。在食品加工生产中，即使使用符合卫生标准的水源，由于方法不当也会导致微生物的污染范围扩大。如在屠宰加工场中的动物宰杀、除毛、开膛取内脏等工序中，皮毛或肠道内的微生物都可通过水的散布而造成禽畜之间的相互感染。所以水的卫生质量和规范使用与食品的卫生质量有密切关系。食品生产用水必须符合饮用水标准，循环使用的冷却水要防止被畜禽粪便及下脚料污染。

（2）通过空气污染　空气中的微生物可能来自土壤、水、人及动植物的脱落物和呼吸道、消化道的排泄物，它们可随着灰尘、水滴的飞扬或沉降而污染食品。如人在讲话或打喷嚏时，距人体 1.5m 内的范围是直接污染区，大的水滴可悬浮在空气中达 30min 以上，小的水滴可在空气中悬浮 4～6h，因此食品暴露在空气中被微生物污染是不可避免的。

（3）通过人及动物接触污染　从事食品加工生产的人员，如果他们不保持清洁，身体和衣帽不经常清洗，就会有大量的微生物附着其上，通过皮肤、毛发、衣帽与食品接触而造成污染。在食品的加工、运输、贮藏及销售过程中，如果被鼠、蝇、蟑螂等直接或间接接触，同样能造成食品的微生物污染。

（4）通过加工设备和包装材料接触污染　在食品的加工生产、运输、贮藏过程中所使用的各种机械设备及包装材料，在未经消毒或灭菌前，总是会带有不同数量的微生物而成为微生物污染食品的途径。在食品生产过程中，通过不经消毒灭菌的设备越多，造成微生物污染的机会也越多。已经过消毒灭菌的食品，如果使用的包装材料未经过无菌处理，则会造成食品的重新污染。

（四）控制微生物引起食品腐败变质的措施

1. 加强卫生管理

（1）加强生产环境的卫生管理　食品加工厂和畜禽屠宰场必须符合卫生要求，及时清除废物、垃圾、污水和污物等。生产车间、加工设备及工具要经常清洗、消毒，严格执行各项卫生制度。操作人员必须定期进行健康检查，患有传染病者不得从事食品生产。工作人员要保持个人卫生及工作服的清洁。

（2）严格控制加工过程中的污染　应选用健康无病的动植物原料，采用科学卫生的处理方法进行分割、冲洗。食品原料如不能及时处理，应采用有效的方法加以贮藏，避免微生物大量繁殖。食品加工中的灭菌要能满足商业灭菌的要求。使用过的生产设备、工具要及时清洗、消毒。

（3）加强贮藏、运输和销售卫生监管　保持食品贮藏环境符合卫生标准。运输车辆应做到专车专用，并有防尘装置，车辆应经常清洗、消毒。

2. 加工处理食品

（1）热加工　热加工是将食品经过高温处理杀灭大部分微生物后，再进行贮藏的加工方式，这是常用的最为有效的方法，如煮沸、烘烤、油炸等，还有将牛乳、饮料等进行消毒的巴斯德消毒法、罐头工业生产中的高温灭菌法等都属于这一类。这类方法可能不一定全部杀死微生物，但可以杀死绝大部分不产芽孢的微生物，尤其是不产芽孢的致病菌。

（2）辐射处理　将食品经过 X 射线、γ 射线照射后再贮藏。食品上附着的微生物经过这些射线照射后，其新陈代谢、生长繁殖等生命活动受到抑制或破坏，导致死亡。射线穿透力强，不仅可杀死表面的微生物和昆虫等其他生物，而且可以杀死内部的各种有害生物。由于射线不产生热，因此不破坏食品的营养成分以及色、香、味等。

（3）发酵或腌渍食品　利用盐、糖、蜜等腌渍新鲜食品，可大大提高食品和环境的渗透压，使微生物难以生存，甚至死亡，这是常用而十分有效的方法。大多数微生物的生长繁殖在酸性条件下将受到严重抑制，甚至被杀死，因此，将新鲜蔬菜和牛乳等食品进行乳酸发酵，不仅可以产生特异的食品风味，而且还可以明显地延长其贮存期，如泡菜、干酪、酸奶、酸酪乳等。

（4）干燥加工　微生物生长需要适宜的水分，许多细菌实际上存在于表面水膜之中，因此，将食品进行干燥，减小食品中水的可供性，提高食品渗透压，使微生物难以生长繁殖，这是古今都使用的传统方法。干燥方法可以利用太阳、风、自然干燥和冷冻干燥等自然手段，也可以利用热风、喷雾、薄膜、冰冻、微波、添加干燥剂、真空干燥和真空冰冻干燥等人为手段。

3. 选择合适的贮藏方式

（1）低温冷藏　食品贮藏于低温时可以大大抑制微生物的生长繁殖，从而延长食品的保质期，保持食品的新鲜度。但各类食品对于冷藏的温度要求不一样，如果保藏的时间较短，则置于冰冻温度以上进行保藏；如需保藏较长时间，则应置于冰冻温度以下进行保藏。但应注意的是，在低温保藏环境中仍有低温微生物生长。因此低温保藏的食品仍有可能发生腐败变质。

（2）气调贮藏　气调贮藏是指在适宜低温条件下，改变贮藏环境气体成分的一种贮藏方式。传统的气调贮藏是利用果蔬呼吸作用，并采用机械气调设备，降低密闭系统中 O_2 含量，提高 CO_2 含量，以达到抑制或杀死好氧微生物的目的，例如塑料薄膜大帐法、硅胶窗薄膜封闭法等。

（3）添加食品防腐剂　在食品贮藏前，加入一定剂量的可抑制或杀死微生物的防腐剂，可使食品的保藏期延长，这是目前常用的方法，在食品贮藏中具有重要意义。但在使用这些化学防腐剂时必须注意使用剂量的问题，不能过量，否则防腐剂会对于人体产生危害。

二、微生物与食品加工

数千年前，人类在没有亲眼见到微生物的情况下，就开始凭借智慧和经验，巧妙地利用自然发酵来获得食品及饮料，在西方有啤酒、葡萄酒、面包和干酪，在东方有酱油、酱和清酒，在中东和近东有乳酸等发酵产品。人们在长期的实践中积累了丰富的经验，利用微生物制造了种类繁多的食品。随着科学技术的进步，微生物在食品工业中的应用前景更加广阔。

微生物在食品加工生产中的应用有两种方式：①微生物菌体的应用，如用于蔬菜和乳类发酵的乳酸菌、食用菌等，都是人们可以直接食用的微生物；②微生物代谢产物的应用，如酒类、食醋、味精、豆腐乳、酱油等都是人们通过微生物代谢活动生产出来的食品。自然发酵时代使用的微生物往往是混合菌种，而目前，人们已从自然发酵步入纯种液体深层发酵技术新阶段，将单一的微生物菌种用于各种发酵工业，对提高产品生产效率、稳定产品质量及防腐等方面均起到了重要作用。

微生物在食品加工生产领域中的应用主要体现在以下几个方面。

（一）在单细胞蛋白生产中的应用

目前世界上面临的主要问题之一是人口爆炸，传统农业将不能提供足够的食物来满足人类的需求，尤其是蛋白质短缺。因此人们在不懈地寻求新的蛋白质资源，研究开发和应用推广微生物生产单细胞蛋白（single cell protein，SCP）成为一条重要的途径，日益受到普遍关注。

单细胞蛋白，也称微生物蛋白，是指用细菌、真菌和某些低等藻类生物发酵生产的高营养价值的单细胞或丝状微生物个体而获得的菌体蛋白。目前生产出的单细胞蛋白既可供人食用，也可供饲料用。

与传统动植物蛋白质生产相比，微生物单细胞蛋白具有以下优点：①生产效率高，一些微生物的生产量每隔 $0.5 \sim 1h$ 便增加 1 倍；②微生物中的蛋白质含量极为丰富，一般细菌含蛋白质 $60\% \sim 80\%$，酵母为 $45\% \sim 65\%$，霉菌为 $35\% \sim 50\%$，藻类为 $60\% \sim 70\%$ 等，且还含有丰富的维生素和矿物质；③微生物在相对小的连续发酵反应中大量培养，占地小，不受季节气候及耕地的影响和制约；④微生物培养基来源广泛且价格低廉，可利用农业废料、工业废料作原料，变废为宝；⑤微生物比动植物更容易进行遗传操作，它们更适宜于大规模筛选高生长率的个体，更容易实施转基因技术。

酵母菌是进行商业化生产单细胞蛋白最好的材料。前苏联利用发酵法大量生产酵母，最高产量曾达到每年 60 万 t，成为世界上最大的单细胞蛋白生产大国。用于生产 SCP 的微生物还有微型藻类，藻体所含主要营养成分明显优于人类主要食物如稻谷、小麦等，现在许多国家都在积极开发球藻及螺旋藻的单细胞蛋白，如 20g 小球藻所含维生素、必需氨基酸和矿质元素大约相当 1kg 的普通蔬菜，成年人每天食用 20g 小球藻干粉就可满足正常需要。螺旋藻含有极为丰富全面的营养成分，蛋白质含量高达 $59\% \sim 71\%$，并且含有多种生理活性物质，是目前所知食物营养成分最全面、最充分、最均衡的食品，因而被联合国世界食品协会誉为"明天最理想的食品"，联合国粮农组织（FAO）已将螺旋藻正式列为 21 世纪人类食品资源开发计划。

（二） 在食品添加剂生产中的应用

食品添加剂的生产过去采用从动植物中提取或化学合成法生产，从动植物中萃取食品添加剂的成本较高，且来源有限，化学合成法生产食品添加剂虽成本较低，但化学合成率较低，周期长，且有可能危害人体健康。采用基因工程及细胞融合技术生产出"工程菌"，进行发酵工艺，可使食品添加剂的生产成本下降、污染减少，产量成倍增加。

微生物发酵法生产的食品添加剂主要有甜味剂（木糖醇、甘露糖醇、阿拉伯糖醇、甜味多肽等）、酸味剂（苹果酸、柠檬酸）、增稠剂（黄原胶、热凝性多糖）、鲜味剂（氨基酸、核苷酸）、食用色素（红曲色素、β-胡萝卜素）、风味添加剂（脂肪酸酯、异丁醇）、维生素（维生素 C、维生素 B）、防腐剂（乳酸链球菌素）等。

举例来说，作为鲜味剂或营养添加剂的氨基酸主要用于食品的调味和营养强化，如谷氨酸及天冬氨酸的钠盐是烹调所必备的鲜味剂，甲硫氨酸、赖氨酸、色氨酸、半胱氨酸及苯丙氨酸等是重要的营养添加剂。目前，除甘氨酸和蛋氨酸还是由采用化学方法合成外，氨基酸的生产主要是由微生物发酵法生产。氨基酸发酵所用的菌种主要是谷氨酸棒杆菌、黄短杆菌等。

（三） 在功能性食品生产中的应用

功能性食品是指其在某些食品中含有某些有效成分，它们具有对人体生理作用产生功能性影响和调节的功效，实现医食同源，具有良好的营养性、保健性和治疗性，达到健康及延年益寿的目的。

灵芝、冬虫夏草、银耳、香菇等大型食用或药用真菌含有提高人体免疫机能、抗癌或抗肿瘤、防衰老的有效成分，因此真菌是功能性食品的一个主要的原料来源。一方面可通过传统农业栽培真菌实体然后提取其有效成分；另一方面可通过发酵途径实行工业化生产，首先在短时间内得到大量的真菌菌丝体，随后从发酵菌丝体中提取真菌多糖、真菌蛋白和其他活性物质，用于生产功能性食品。

超氧化物歧化酶（SOD）能清除人体内过多的氧自由基，延缓衰老，提高人体免疫能力。利用 SOD 制品或富含 SOD 原料可加工出富含 SOD 的功能性食品，目前上市的 SOD 功能性食品已有 SOD 泡泡糖、SOD 饮料、SOD 啤酒等。国内 SOD 制品主要是从动物血液（如猪血、牛血、马血等）的红细胞中提取的，受到了血源和得率的限制。微生物具有可以大规模培养的优势，故利用微生物发酵法制备 SOD 具有更大的实际意义，能制备 SOD 的菌株有酵母、细菌和霉菌。

（四） 在发酵食品生产中的应用

微生物用于食品制造是人类利用微生物的最早、最重要的一个方面，在我国已有数千年的历史。在食品工业中，可利用微生物加工出许多食品，如发酵乳等乳酸饮料、酱油等调味品、白酒等酒精类饮料等。

下面选择几种常见微生物发酵食品作简要介绍。

1. 发酵乳 (fermented milk)

发酵乳是以生牛（羊）乳或乳粉为原料，经杀菌、发酵后制成的 pH 降低的产品。

发酵乳的工艺流程如下：鲜乳或复原乳→杀菌→均质→接入发酵菌剂→装瓶发酵→冷却贮藏→成品。

发酵乳一般使用嗜热链球菌（*Streptococcus thermophilus*）和保加利亚乳杆菌（*Lactobacillus bulgaricus*）两种菌的混合菌作为纯培养发酵剂（图 11-1）。

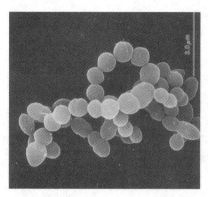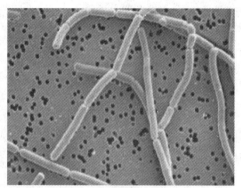

(a)嗜热链球菌(*Streptococcus thermophilus*)　　(b)保加利亚乳杆菌(*Lactobacillus bulgaricus*)

图 11-1　发酵乳中常见乳酸菌

发酵乳中含有大量的活乳酸菌，一般要求每克中有 $10^6 \sim 10^7$ 个之多。研究表明，这些乳酸菌能增强消化、促进食欲，加强肠的时运和机体的物质代谢，因此经常饮用发酵乳有益于增强人体的健康。

2. 白酒 (distillate spirits)

白酒是由淀粉或含可发酵糖的物质为原料，经过蒸煮、糖化、发酵、蒸馏、陈酿和勾兑而酿制而成的一种蒸馏酒，是中国特有的一种蒸馏酒。白酒酒质无色（或微黄）透明，气味芳香纯正，入口绵甜爽净，酒精含量较高，经贮存老熟后，具有以酯类为主体的复合香味。

白酒生产一般需采用"酒曲"（图 11-2），酒曲酿酒是中国酿酒的精华所在，酒曲中所生长的微生物主要是霉菌，还有酵母和细菌。酿酒加曲，是因为酒曲上生长有大量的微生物，还有微生物所分泌的酶（淀粉酶、糖化酶、蛋白酶等），酶具有生物催化作用，可以加速将谷物中的淀粉转化为单糖、蛋白质转化为氨基酸、糖分在酵母菌分泌酶的作用下，可分解成乙醇，即酒精。白酒在发酵过程中除产生酒精外，还可产生较多的酯类、高级醇类以及挥发性游离酸等物质，因而比其他酒更具香味。

图 11 - 2　酒曲

3. 腐乳（sufu）

　　腐乳又称豆腐乳，是大豆制品经过多种微生物（毛霉、酵母、细菌）及其产生的酶，将蛋白质分解为胨、多肽和氨基酸类等物质，同时生成一些有机酸、有机醇、酯类，最后制成具有特殊色香味的豆制品。

　　腐乳是中国传统的发酵调味品之一，迄今已有 1000 多年的生产历史。它风味独特，滋味鲜美，是一种富有营养的蛋白质发酵食品，不仅备受国内外广大消费者的喜爱，而且在国外也有很大的消费市场。腐乳在世界发酵食品中独树一帜，西方人称之为"东方的植物奶酪"。

　　腐乳是以大豆为原料，将大豆洗净、浸泡、磨浆、煮沸、加入适量凝固剂，除去水分制成豆腐，将豆腐切成小方块，接种微生物进行发酵，然后经过腌制，配料装坛后发酵即成。

　　豆腐乳不仅保留了大豆的营养成分，而且除去了大豆中对人体极不利的溶血素和胰蛋白酶抑制物质。另外，通过微生物发酵，水溶性蛋白质及氨基酸含量增多，提高了人体对大豆蛋白的利用率。此外，由于微生物作用，产生了大量的核黄素和维生素 B_{12}。因此，腐乳不仅是一种很好的调味品，而且是人体营养物质的来源。

　　由于各地腐乳的生产工艺、形状大小、配料等不同，故品种较多，风味各异。

　　现在用于腐乳制作的菌种很多，有腐乳毛霉（*Mucer sufu*）、鲁氏毛霉（*M. rouxianus*），五通桥毛霉（*M. wutungkial*）、总状毛霉（*M. recemosus*）、华根霉（*Rhizopus chinensis*）等。另外也有利用微球菌属（*Micrococcus*）酿造的细菌型腐乳。毛霉形态见图 11 - 3。

　　腐乳的制作工艺比较简单，一般分为三个阶段：制豆腐坯、人工发霉和装坛发酵。

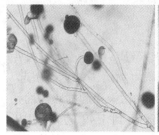

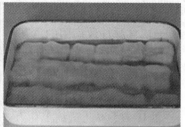

(a)毛霉菌体形态　　　　　　(b)毛霉菌丝　　　　　　(c)长有毛霉的豆腐坯

图 11 - 3　毛霉形态

　　腐乳的生产流程：大豆→浸泡→磨浆→刮浆过滤→点浆→压榨→豆腐→切坯→豆腐坯→人工接种→毛坯加入辅料→装坛→后发酵→腐乳成品。

　　腐乳的酿造是几种微生物及其所产生的酶的不断作用的过程（图 11 - 4）：在发酵前期，主要是毛霉等的生长发育期，在豆乳坯周围布满菌丝，同时分泌各种酶，引起豆乳中少量淀粉的糖化和蛋白质的逐步降解；此时由外界来到坯上的细菌、酵母菌也随之繁殖，参与发酵；加入食盐、红曲、黄酒等辅料，装坛后即进行厌氧的后发酵。

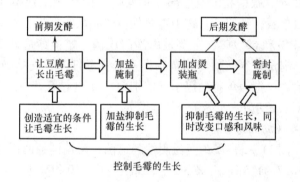

图 11 - 4　腐乳制作的基本流程和原理

三、食源性致病菌

　　近年来，随着自然、经济、社会环境的变化，食品贸易全球化进程日益加快，食品安全方面的恶性、突发事件频频发生，食源性疾病造成的死亡人数逐年上升。食品安全问题已成为国际组织、各国政府、工商企业和消费者关注的焦点，更是当前科研的热点。据统计，在食源性疾病中，由致病菌引发的食物中毒是食品安全的主要问题。

　　食源性致病菌就是指在食品的加工和流通过程中引入的细菌，这些细菌在食品中存活、生长代谢引起食物的变质和破坏，同时有些细菌分泌有毒物质，直接或者间接致病。

（一）食源性致病菌的危害

近年来，全球食源性疾病发病率呈不断上升的趋势。WHO 统计，全球每年发生约 15 亿腹泻病人，估计有 70% 的腹泻病人是由受微生物污染的食品引起。每年在食源性疾病上的花费达数十亿美元，因食源性微生物污染引起的腹泻而死亡的 0 ~ 15 岁儿童约 170 万。仅仅美国政府就要花费 6500 万到 3.49 亿美元用于研究食源性疾病。美国疾病控制和预防中心（CDC）估计，美国每年由食源性致病菌造成大约 7600 万例疾病，3215 万例住院治疗，5200 例死亡；其中由已知致病菌引起的食源性疾病大约 1400 万例，6 万例住院治疗和 1800 例死亡。澳大利亚每年因食源性疾病带来的经济损失可达 26 亿澳元。

近年来，全球各地连续发生的一系列食源性疾病暴发事件：沙门氏菌、霍乱、肠出血性大肠杆菌感染、甲型肝炎等食源性疾病在发达和发展中国家均有暴发流行；美国和日本大肠杆菌 O157：H7 食物中毒、英国的"疯牛病"、比利时的"二恶英事件"、日本发生的雪印牌低脂牛奶大规模中毒和奶粉中阪崎肠杆菌的污染，德国由于大肠杆菌 O104 引起的"毒豆芽"等造成大量的人群致死，层出不穷的严重事件无不说明食品安全面临着严峻的挑战。

2010—2012 年，根据我国卫生部发布的《全国食物中毒事件情况的通报》，从食物中毒原因来看，细菌性食物中毒事件报告起数和报告中毒人数最多，分别占到总数的 36.9% 和 60.1%，主要是由沙门氏菌、蜡样芽孢杆菌、副溶血性弧菌、大肠杆菌、肉毒毒素、葡萄球菌肠毒素、变形杆菌、气单胞菌、志贺氏菌、肺炎克雷伯杆菌、椰毒假单胞菌等引起的细菌性食物中毒。

（二）常见食源性致病菌

1. 沙门氏菌（*Salmonella*）

沙门氏菌（图 11 – 5）属革兰氏阴性肠道菌，两端钝圆的短杆菌（比大肠杆菌细），大小（0.7 ~ 1.5μm）×（2 ~ 5μm），无荚膜和芽孢，除鸡白痢沙门氏菌、鸡伤寒沙门氏菌外都具有周身鞭毛，能运动，大多数具有菌毛，能吸附于宿主细胞表面或凝集豚鼠红细胞。

图 11 – 5　沙门氏菌形态

沙门氏菌属革兰氏阴性肠道杆菌，已发现的有 1800 种以上。按其抗原成分，可分为甲、乙、丙、丁、戊等基本菌组。其中与人体疾病有关的主要有甲组的副伤寒甲杆菌，乙组的副伤寒乙杆菌和鼠伤寒杆菌，丙组的副伤寒丙杆菌和猪霍乱杆菌，丁组的伤寒杆菌和肠炎杆菌等。除伤寒杆菌、副伤寒甲杆菌和副伤寒乙杆菌引起人类的疾病外，大多数仅能引起家畜、鼠类和禽类等动物的疾病，但有时也可污染人类的食物而引起食物中毒。

感染沙门氏菌或食用被带菌者粪便污染的食品，可使人发生食物中毒。据统计在世界各国的种类细菌性食物中毒中，沙门氏菌引起的食物中毒常列榜首。沙门氏菌中毒的症状主要由急性肠胃炎为主，潜伏期一般为 4~48h，前期症状有恶心、头疼、全身乏力和发冷等，主要症状有呕吐、腹泻、腹疼，粪便以黄绿色水样便，有时带脓血和黏液，一般发热的温度在 38~40℃，重病人出现打寒战、惊厥、抽搐和昏迷的症状。病程为 3~7d，一般预后良好，但是老人、儿童和体弱者如不及时进行急救处理也可导致死亡。

2012 年 8 月 20 日，据美国媒体报道，美国州内和联邦政府官员称，全美有20 个州出现了沙门氏菌感染病例，已造成 2 人死亡、141 人感染。肯塔基州的感染人数最多，共有 50 人感染。

2. 单核细胞增生李斯特菌（*Listeria monocytogenes*）

单核细胞增生李斯特菌，简称单增李斯特菌，是一种人畜共患病的病原菌，它能引起人、畜的李斯特菌病，感染后主要表现为败血症、脑膜炎和单核细胞增多。

单增李斯特菌（图 11-6）为革兰氏阳性短杆菌，大小为 0.5μm×（1.0~2.0）μm，直或稍弯，两端钝圆，常呈 V 字型排列，偶有球状、双球状、兼性厌氧、无芽孢，一般不形成荚膜，但在营养丰富的环境中可形成荚膜，在陈旧培养中的菌体可呈丝状和革兰氏阴性，该菌有周毛，但周毛易脱落。

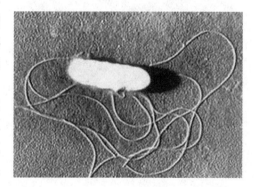

图 11-6 单增李斯特菌

单增李斯特菌对理化因素抵抗力较强，广泛存在于自然界中，在土壤、地表水、污水、废水、植物、青储饲料、烂菜中均有该菌存在。据报道，健康人粪便中单增李斯特菌的携带率为 0.6%~16%，有 70% 的人可短期带菌，4%~8% 的水产品、5%~10% 的奶及其产品、30% 以上的肉制品及 15% 以上的家禽均被该菌污染。

食品中存在的单增李斯特菌对人类的安全具有危险，人主要通过食入软奶酪、未充分加热的鸡肉、未再次加热的热狗、鲜牛奶、巴氏消毒奶、冰激凌、生牛排、羊排、卷心菜色拉、芹菜、西红柿等而感染，约占 85~90% 的病例是由被污染的食品引起的。该菌在 4℃ 的环境中仍可生长繁殖，是冷藏食品威胁人类健康的主要病原菌之一。

3. 金黄色葡萄球菌（*Staphyloccocus aureus*）

金黄色葡萄球菌（图 11 - 7）是革兰氏阳性菌，呈葡萄串状排列，直径为 0.5～1μm，无芽孢、无鞭毛、无荚膜。

在普通肉汤培养基上，形成圆形、凸起、边缘整齐、表面光滑的菌落，菌落色素不稳定，但多数为金黄色。需氧或兼性厌氧，最适生长温度为 30～37℃，最适生长 pH6～7。耐盐性强，能在含 7%～15% 氯化钠的培养基中生长。对氯化汞、新霉素、多黏菌素具有很强的抗性。多数产肠毒素的菌株在血琼脂平板上能形成溶血圈（图 11 - 8），并能产生血浆凝固酶，这些是鉴定致病性金黄色葡萄球菌的重要指标。

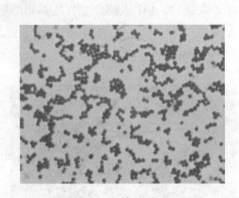

图 11 - 7　金黄色葡萄球菌

图 11 - 8　金黄色葡萄球菌在血琼脂
平板上形成溶血圈现象

金黄色葡萄球菌是人类的一种重要病原菌，在自然界中无处不在，空气、水、灰尘及人和动物的排泄物中都可找到。因而，食品受其污染的机会很多。中毒食品种类多，如奶、肉、蛋、鱼及其制品。此外，剩饭、油煎蛋、糯米糕及凉粉等引起的中毒事件也有报道。

葡萄球菌性食物中毒是由葡萄球菌肠毒素所引起的疾病，可引发不同程度的急性胃肠炎症状，恶心、呕吐最为突出而且普遍，腹痛、腹泻次之。当金黄色葡萄球菌污染了含淀粉及水分较多的食品，如牛奶和奶制品、肉、蛋等，在温度条件适宜时，经 8～10h 即可产生相当数量的肠毒素。

金黄色葡萄球菌是人类化脓感染中最常见的病原菌，可引起局部化脓感染，也可引起肺炎、伪膜性肠炎、心包炎等，甚至败血症、脓毒症等全身感染。金黄色葡萄球菌的致病力强弱主要取决于其产生的毒素和侵袭性酶。金黄色葡萄球菌肠毒素是个世界性卫生难题，在美国由金黄色葡萄球菌肠毒素引起的食物中毒，占整个细菌性食物中毒的 33%，加拿大则更多，占到 45%，我国每年发生的此

微生物实用技能训练

类中毒事件也非常多。

4. 大肠杆菌 O157∶H7（*Escherichia coli* O157∶H7）

肠出血性大肠杆菌（EHEC）是能引起人的出血性腹泻和肠炎的一群大肠埃希氏菌，以 O157∶H7 血清型为代表菌株。革兰氏染色阴性，无芽孢，有鞭毛，如图 11-9 所示。

大肠杆菌 O157∶H7 属于人体病原微生物，是一种能引发人的出血性肠炎的病原菌，故又名出血性埃希氏大肠杆菌。它是一种扩散性的病原菌，可通过餐饮过程传播和污染。*E. coli* O157∶H7 的感染剂量极低，潜伏期为 3~10d，病程 2~9d，通常是突然发生剧烈腹痛和水样腹泻，数天后出现出血性腹泻，可发热或不发热，严重者可导致死亡。

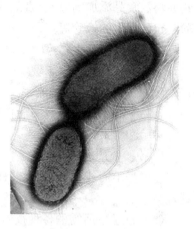

图 11-9 肠出血性大肠杆菌形态

5. 志贺氏菌（*shigella*）

志贺氏菌属是人类细菌性痢疾最为常见的病原菌，通称痢疾杆菌。该菌是革兰氏阴性杆菌，大小为（0.5~0.7）μm×（2~3）μm，无芽孢，无荚膜，无鞭毛，多数有菌毛。兼性厌氧菌。与肠杆菌科各属细菌的主要区别为不运动。本属细菌对理化因素的抵抗力较其他肠道杆菌弱。一般 56~60℃ 处理 10min 即被杀死，在 37℃ 水中存活 20d，在冰块中存活 96d，对化学消毒剂敏感，1% 石炭酸溶液处理 15~30min 死亡。

四、食品微生物检验

（一）食品微生物检验的意义

食品中微生物检验就是应用微生物学的理论和实验方法，根据卫生学的观点来研究食品中有无微生物，微生物的种类、数量、性质、活动规律以及对人类生产和健康的影响。

食品微生物检验是衡量食品卫生质量的重要指标之一，也是判定被检食品能否食用的科学依据之一。通过食品微生物检验，可以判断食品加工环境及食品卫生情况，能够对食品被细菌污染的程度作出正确的评价，为各项卫生管理工作提供科学依据，提供传染病和人类、动物食品中毒的防治措施。此外，食品微生物检验是以贯彻"预防为主"的卫生方针，可以有效减少食物中毒和人畜共患病的发生，保障人们的身体健康；同时，它对提高产品质量，避免经济损失，保证出口等方面具有政治上和经济上的重大意义。

（二）食品微生物检验的对象

微生物的污染可能发生在食品加工的任何一个环节，甚至加热灭菌后的包装、运输和销售，都有可能出现问题。因此，食品微生物检验范围包括生产环境的检验（如车间用水、空气、地面、加工设备等）、原辅料的检验（如食用动植物原料、食品添加剂等）、食品从业人员的卫生状况检验、食品半成品和成品检验、包装材料的检验等。

目前，食品微生物检验项目主要包括菌落总数、大肠菌群、致病菌（金黄色葡萄球菌、沙门氏菌、志贺氏菌等）、真菌及其毒素和寄生虫等。

（三）食品微生物检验的流程

食品中微生物的检验一般程序包括四个步骤：检验前的准备、样品的采集、样品检验和结果报告。

1. 检验前的准备

应根据不同样品特征和采样环境对采样物品和试剂进行事先准备和灭菌处理。

（1）准备好所需的各种仪器，如冰箱、恒温水浴箱、显微镜、天平等。

（2）准备好所需的各种玻璃仪器，如吸管、平皿、广口瓶、试管等均需刷洗干净，包装，湿法（121℃，20min）或干法（160～170℃，2h）灭菌，冷却后送无菌室备用。

（3）准备好所需的各种采样工具，如开启容器所需的剪刀、钳子、开罐器等，移取样品所需的铲子、勺子、取样器、镊子等，盛放样品所需的无菌聚乙烯袋、金属容器，运输样品所需的便携式冰箱或保温箱等。对采样工具一定要提前做灭菌处理。取样尽量不用玻璃容器，防止在运输途中破碎造成取样失败。

（4）准备好实验所需的各种试剂、药品，制备所需溶液，如无菌的磷酸盐缓冲液、无菌的生理盐水、消毒剂等。

（5）制备好选择性培养基，根据需要分装试管平皿，保存在46℃水浴中或保存在4℃冰箱中备用。

（6）无菌室灭菌，必要时需进行无菌室的空气检验，把琼脂培养基暴露在空气中15min，培养后每个平板上不得超过15个菌落。

（7）检验人员的工作服、帽、鞋、口罩、手套等灭菌后备用，也可使用无菌的一次性物品。

2. 样品的采集（采样）

采样是指在一定质量或数量的产品中，取一个或多个单元用于检测的过程。样品的采集是食品微生物检验工作中最重要的步骤，实验室获取的检样是否具有代表性和适时性决定了检验结果的准确性。

GB 4789.1—2010《食品安全国家标准 食品微生物检验 总则》指出食品微生物检验的采样原则为：①根据检验目的、食品特点、批量、检验方法、微生物的危害程度等确定采样方案；②应采用随机原则进行采样，确保所采集的样品具有代表性；③采样过程遵循无菌操作程序，防止一切可能的外来污染；④样品在保存和运输的过程中，应采取必要的措施防止样品中原有微生物的数量变化，保持样品的原有状态。

要想获得代表性样品需要满足四个条件：①确定整批产品的采样点；②建立能够代表整个产品特征的采样方法；③选择样品大小；④规定采样的频率。

食品微生物采样常包括以下取样点：原辅料、生产线（半成品、环境）、成品、库存样品、零售商店或批发市场、进口或出口口岸。原辅料样品包括食品生产所用的原始材料、添加剂、辅助材料及生产用水等。生产线样品是指食品生产过程中不同加工环节所取的样品，包括半成品、加工台面、与被加工食品接触的仪器面以及操作器具等，对生产线样品的采集能够确定细菌污染的来源，可用于食品加工企业对产品加工过程卫生状况的了解和控制，同时能够用于特定产品生产环节中关键控制点确定和危害分析与关键控制点（HACCP）的验证工作，此外还可以配合生产加工在生产前后或主产过程中对环境样品（如地面、墙壁、天花板以及空气等）取样进行检验，以检测加工环境的卫生状况。库存样品的取样检验可以测定产品在保质期内微生物的变化情况，同时也可以间接对产品的保质期是否合理进行验证。零售商店或批发市场的样品的检测结果能够反映产品在流通过程中微生物的变化情况，能够对改进产品的加工工艺起到反馈作用。进口或出口样品通常是按照进出口商所签订的合同进行取样和检测的。但要特别注意的是，进出口食品的微生物指标除满足进出口合同或信用证条款的要求外，还必须符合进口国的相关法律规定。

正确的采样方法能够保证检测样品的有效性和代表性。采样必须遵循无菌操作程序，采样工具如整套不锈钢勺子、镊子、剪刀等应当高压灭菌，防止一切可能的外来污染。盛放检样的采样容器必须清洁、无菌、干燥、防漏、广口和大小适宜。取样全过程应采取必要的措施防止食品中固有微生物的数量和生长能力发生变化。应注意样品的均质性和来源，确保检样的代表性。进行食品微生物检验时，针对不同的食品，取样方法各不相同。国际食品微生物标准委员会（IC-MSF）对食品的混合、加工类型、贮存方法及微生物检测项目的抽样方法都有详细的规定。

应对采集的样品进行及时、准确的记录和标记，采样人应清晰填写采样单（包括采样人、采样地点、时间、样品名称、来源、批号、数量、保存条件等信息）。

采样后，应将样品在接近原有贮存温度条件下尽快送往实验室检验。运输时应保持样品完整。如不能及时运送，应在接近原有贮存温度条件下贮存。

3. 样品的检验

（1）样品处理　实验室接到送检样品后应认真核对登记，确保样品的相关信息完整并符合检验要求。实验室应按要求尽快检验。若不能及时检验，应采取必要的措施保持样品的原有状态，防止样品中目标微生物因客观条件的干扰而发生变化。冷冻食品应在45℃以下不超过15min，或2~5℃不超过18h解冻后进行检验。

（2）检验方法的选择　每种指标都有一种或几种检验方法，应根据不同的食品、不同的检验目的选择合适的检验方法，应主要参考现行有效的国家标准方法（GB标准、GB/T标准）。但除了国标外，国内还有行业标准（轻工业部标准QB、商业部标准SB、农业部标准NB等）和地方标准（DB），国外尚有国际标准（FAO标准、WHO标准等）和每个食品进出国的标准（美国FDA标准、日本厚生省标准、欧共体标准等）。食品微生物检验方法标准中对同一检验项目有两个及两个以上定性检验方法时，应以常规培养方法为基准方法。食品微生物检验方法标准中对同一检验项目有两个及两个以上定量检验方法时，应以平板计数法为基准方法。

4. 检验结果报告

样品检验过程中应即时、准确地记录观察到的现象、结果和数据等信息。

样品检验完毕后，检验人员按照检验方法中规定的要求，准确、客观地报告每一项检验结果，完成检验报告单填写，签名后送主管人核实签字，加盖单位印章，以示生效。

检验结果报告后，被检样品方能处理。检出致病菌的样品要经过无害化处理。检验结果报告后，剩余样品或同批样品不进行微生物项目的复检。

（四）菌落总数测定（aerobic plate count）

1. 菌落总数的概念

GB 4789.2—2010《食品安全国家标准　食品微生物学检验　菌落总数测定》中规定菌落总数是指食品检样经过处理，在一定条件下（如培养基、培养温度和培养时间等）培养后，所得每1g（mL）检样中形成的微生物菌落总数。

菌落总数不同于细菌总数。食品中细菌总数测定通常是将食品经过适当处理（溶解和稀释），在显微镜下对细菌细胞数进行直接计数，这样计数的结果，既包括活菌，也包括尚未被分解的死菌体，因此称为细菌总数。而菌落总数是指培养基上长出来的菌落数，不包括死菌，因而菌数总数的测定又称为活菌计数。菌落总数仅是检样中细菌数的一部分，有些细菌因种种培养条件所限并不能生长繁殖，如果欲将各种细菌都培养出来，就必须创造各种不同的培养条件。但在实际应用中，没有必要培养出所有的细菌。GB 4789.2—2010 的培养条件下所得的结果，只包括能在平板计数琼脂培养基上生长的嗜中温需氧菌或兼性厌氧菌的菌落总数。

2. 菌落总数测定的意义

检测食品中的菌落总数至少有两个方面的食品卫生学意义。

（1）可以作为食品被污染程度的标志　一般来讲，天然食品内部一般没有或只有很少的细菌，食品中细菌主要来自生产、储存、运输、销售等各个环节的外界污染。食品中的菌落总数能够反映出食品的新鲜程度、是否变质以及加工过程的卫生状况等。食品中菌落总数越多，则表明该食品污染程度越重，腐败变质速度越快。

（2）可以用来预测食品存放的期限程度　例如，在0℃条件下，每1cm²细菌总数为10⁵的鱼只能保存6d；如果细菌总数为10³，就可延至12d。

菌落总数指标只有和其他一些指标配合起来，才能对食品卫生质量作出比较正确的判断。因为有些食品（如酸泡菜或酸乳）本身就是活菌制品，食品中的菌落总数很多，但并不一定出现腐败变质的现象。有些食品的菌落总数并不高，但由于已有细菌繁殖并产生了毒素，因而也会对人产生危害。因此，菌落总数的测定对评价食品的卫生质量有着一定的指标作用，但不能单凭这一项指标判定食品的卫生质量。

3. 菌落总数检验程序（参照 GB/T 4789.2—2010）

菌落总数的检验程序：25g（mL）检样和225mL稀释液混合均质→10倍系列稀释→选择2～3个适宜稀释度的样品匀液，各取1mL分别加入无菌培养皿内→每皿中加入15～20mL平板计数琼脂培养基，混匀→培养→计数各平板菌落数→计算菌落总数→报告。

4. 菌落总数检验步骤（参照 GB/T 4789.2—2010）

（1）样品的稀释

①固体和半固体样品：称取25g样品置盛有225mL磷酸盐缓冲液或生理盐水的无菌均质杯内，5000～10000r/min均质1～2min，或放入盛有225mL稀释液的无菌均质袋中，用拍击式均质器拍打1～2min，制成1:10的样品匀液。

②液体样品：以无菌吸管吸取25mL样品置盛有225mL磷酸盐缓冲液或生理盐水的无菌锥形瓶（瓶内预置适当数量的无菌玻璃珠）中，充分混匀，制成1:10的样品匀液。

用1mL无菌吸管或微量移液器吸取1:10样品匀液1mL，沿管壁缓慢注于盛有9mL稀释液的无菌试管中（注意吸管或吸头尖端不要触及稀释液面），振摇试管或换用一支无菌吸管反复吹打使其混合均匀，制成1:100的样品匀液。

另取1mL无菌吸管，按操作程序，制备10倍系列稀释样品匀液。每递增稀释一次，换用一次1mL无菌吸管或吸头。

根据对样品污染状况的估计，选择2～3个适宜稀释度的样品匀液（液体样品可包括原液），在进行10倍递增稀释时，每个稀释度分别吸取1mL样品匀液加入两个无菌平皿内。同时分别取1mL稀释液加入两个无菌平皿作空白对照。

及时将15～20mL冷却至46℃的平板计数琼脂培养基（可放置于46℃±1℃恒温水浴箱中保温）倾注平皿，并转动平皿使其混合均匀。

（2）培养　琼脂凝固后，将平板翻转，36℃±1℃培养48h±2h。水产品30h±1℃培养72h±3h。

如果样品（如面粉、脱水蔬菜等）中可能含有在琼脂培养基表面弥漫生长的菌落时，可在凝固后的琼脂表面覆盖一薄层琼脂培养基（约4mL），凝固后翻转平板进行培养。

（3）菌落计数　可用肉眼观察，必要时用放大镜、菌落计数器或菌落计数仪（图11-10）记录稀释倍数和相应的菌落数量。菌落计数以菌落形成单位（colony-forming units，CFU）表示。

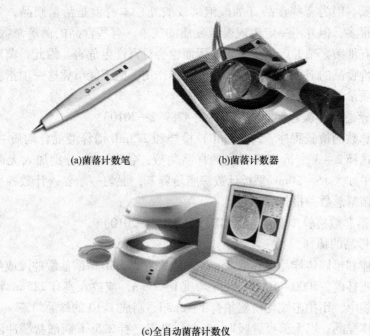

(a)菌落计数笔　　　　　　(b)菌落计数器

(c)全自动菌落计数仪

图11-10　不同类型的菌落计数器

选取菌落数在30~300CFU、无蔓延菌落生长的平板计数菌落总数。低于30CFU的平板记录具体菌落数，大于300的可记录为多不可计。每个稀释度的菌落数应采用两个平板的平均数。

其中一个平板有较大片状菌落生长时，则不宜采用，而应以无片状菌落生长的平板作为该稀释度的菌落数；若片状菌落不到平板的一半，而其余一半中菌落分布又很均匀，即可计算半个平板后乘以2，代表一个平板菌落数。

当平板上出现菌落间无明显界线的链状生长时，则将每条单链作为一个菌落计数。

（4）菌落总数的计算方法

①若只有一个稀释度平板上的菌落数在适宜计数范围内，计算两个平板菌落数的平均值，再将平均值乘以相应稀释倍数，作为每1g（mL）中菌落总数结果。

②若有两个连续稀释度的平板菌落数在适宜计数范围内时，按下式计算：

$$N = \sum C / [(n_1 + 0.1 n_2)d]$$

式中：N—样品中菌落数；$\sum C$—平板（含适宜范围菌落数的平板）菌落数之和；n_1—第一稀释度（低稀释度）平板个数；n_2—第二稀释度（高稀释度）平板个数；d—稀释因子（第一稀释度）。

举例见表 11 −1。

表 11 −1 菌落总数测定实验举例

样品编号	稀释度	1∶100（第一稀释度）	1∶1000（第二稀释度）
样品 1	菌落数（CFU）	232，244	33，35
样品 2	菌落数（CFU）	232，244	33，29

样品 1：$N = \sum C / (n_1 + 0.1 n_2)d = (232 + 244 + 33 + 35) / [(2 + 0.1 \times 2) \times 10^{-2}] = 544/0.022 = 24727 \approx 2.5 \times 10^4 \text{CFU/g}$（CFU/mL）

样品 2：$N = \sum C / (n_1 + 0.1 n_2)d = (232 + 244 + 33) / [(2 + 0.1 \times 1) \times 10^{-2}] = 509/0.021 = 24238 \approx 2.4 \times 10^4 \text{CFU/g}$（CFU/mL）

③若所有稀释度的平板上菌落数均大于 300，则对稀释度最高的平板进行计数，其他平板可记录为多不可计，结果按平均菌落数乘以最高稀释倍数计算。

④若所有稀释度的平板菌落数均小于 30，则应按稀释度最低的平均菌落数乘以稀释倍数计算。

⑤若所有稀释度（包括液体样品原液）平板均无菌落生长，则以小于 1 乘以最低稀释倍数计算。

⑥若所有稀释度的平板菌落数均不在 30 ~ 300 之间，其中一部分小于 30 或大于 300 时，则以最接近 30 或 300 的平均菌落数乘以稀释倍数计算。

（5）菌落总数的报告

①菌落数在 100 以内时，按"四舍五入"原则修约，采用两位有效数字报告。如菌落总数为 95.5CFU/g（CFU/mL），则报告为 96CFU/g（CFU/mL）。

②大于或等于 100 时，第三位数字采用"四舍五入"原则修约后，取前两位数字，后面用 0 代替位数；也可用 10 的指数形式来表示，按"四舍五入"原则修约后，采用两位有效数字。如菌落总数为 1690CFU/g（CFU/mL），则报告为 1700CFU/g（CFU/mL）或 1.7×10^3 CFU/g（CFU/mL）。

③若所有平板上为蔓延菌落而无法计数，则报告"菌落蔓延"。

④若空白对照上有菌落生长，则此次检测"结果无效"。

⑤称重取样以 CFU/g 为单位报告，体积取样以 CFU/mL 为单位报告。

（五）大肠菌群计数（enumeration of coliforms）

1. 大肠菌群的概念

GB 4789.3—2010《食品安全国家标准 食品微生物学检验 大肠菌群计数》中规定大肠菌群是指在一定培养条件下能发酵乳糖、产酸产气的需氧和兼性厌氧革兰氏阴性无芽孢杆菌。

大肠菌群不是细菌学上的分类命名，而是根据卫生学方面的要求，提出的与粪便污染有关的细菌，即作为食品、水体等是否受过人畜粪便污染的指示菌，这些细菌在生化及血清学方面并非完全一致。根据进一步的生化鉴定试验，可将大肠菌群细分为大肠埃希氏菌属（Escherichia，俗称大肠杆菌）、柠檬酸杆菌属（Citrobacter）、阴沟肠杆菌属（Enterobacter）、克雷伯菌属（Klebsiella）中的一部分细菌所组成。

拓展知识窗

大肠菌群、粪大肠菌群、大肠杆菌和致泻性大肠埃希氏菌

粪大肠菌群（faecal coliforms）：一群在44.5℃培养24~48h能发酵乳糖、产酸产气的需氧和兼性厌氧革兰氏阴性无芽孢杆菌，该菌群来自人和温血动物粪便，作为粪便污染指标评价食品的卫生状况，推断食品中肠道致病菌污染的可能性。

大肠埃希氏菌（Escherichia coli）：俗称大肠杆菌，归属于肠杆菌科埃希氏菌属，是指广泛存在于人和温血动物的肠道中，能够在44.5℃发酵乳糖发酵产酸产气，IMViC（靛基质、甲基红、VP试验、柠檬酸盐）生化试验结果呈 + + - - 或 - + - - 的革兰氏阴性杆菌。以此作为粪便污染指标来评价食品的卫生状况，推断食品中肠道致病菌污染的可能性。

致泻性大肠埃希氏菌（diarrheogenic Escherichia coli）：指侵入肠黏膜上皮细胞，引起食品中毒的一群大肠杆菌。致病性大肠杆菌与非致病性大肠杆菌在形态、培养特性及生化特性上是不能区别的，只有用血清学方法按抗原性质来区分。致泻性大肠埃希氏菌属主要分为5大类：①产肠毒素大肠埃希氏菌（ETEC），可引起肠胃炎、旅行性腹泻；②侵袭性大肠埃希氏菌（EIEC），可引起杆菌性痢疾；③致病性大肠埃希氏菌（EPEC），可引起婴儿腹泻；④出血性大肠埃希氏菌（EHEC），可引起出血性结肠炎；⑤黏附性大肠埃希氏菌（EAEC），可引起急慢性腹泻。

与食品肠道菌检测相关的国家标准有：

GB 4789.3—2010 食品安全国家标准 食品微生物学检验 大肠菌群计数

GB 4789.38—2012 食品安全国家标准 食品微生物学检验 大肠埃希氏菌

计数

GB 4789.39—2013 食品安全国家标准　食品卫生微生物学检验　粪大肠菌群计数

GB/T 4789.6—2003 食品卫生微生物学检验　致泻大肠埃希氏菌检验

GB/T 4789.36—2008 食品卫生微生物学检验　大肠埃希氏菌 O157：H7/NM 检验

2. 大肠菌群检测的意义

检测大肠菌群的食品卫生学意义主要在于以下两方面。

第一，它可作为粪便污染食品的指标菌。如果食品中能检出大肠菌群，则表明该食品曾受到人与温血动物粪便的污染。如有典型大肠杆菌存在，即说明该食品近期受到粪便污染。这主要是由于典型大肠杆菌常存在排出不久的粪便中；如有非典型大肠杆菌存在，说明该食品受到粪便的陈旧污染，这是因为非典型大肠杆菌主要存在于陈旧粪便中。

第二，它可以作为肠道致病菌污染食品的指标菌。食品安全性的主要威胁是肠道致病菌。如沙门氏菌属等。如要对食品逐批或经常检验肠道致病菌有一定困难，特别是当食品中致病菌含量极少时，往往不能检出。由于大肠菌群在粪便中存在数量较大（约占 2%），容易检测，与肠道致病菌来源又相同，而且一般条件下在外界环境中生存时间也与主要肠道致病菌相近，故常用来作为肠道致病菌污染食品的指标菌。当食品检出有大肠菌群时，肠道致病菌就有存在的可能。大肠菌群数值愈高，肠道致病菌存在的可能性就愈大。当然也有可能没有致病菌存在，因为这两者之间并非一定平行存在。

3. 大肠菌群计数——大肠菌群 MPN 计数法（参照 GB/T 4789.3—2010）

我国和许多其他国家均采用大肠菌群最可能数（most probable number, MPN）来表示大肠菌群检验结果，它是基于泊松分布的一种间接计数方法。

大肠菌群 MPN 计数法的检验程序如图 11 - 11 所示。

大肠菌群 MPN 计数法的操作步骤如下。

（1）样品的稀释

①固体和半固体样品：称取 25g 样品，放入盛有 225mL 磷酸盐缓冲液或生理盐水的无菌均质杯内，8000 ~ 10000r/min 均质 1 ~ 2min，或放入盛有 225mL 磷酸盐缓冲液或生理盐水的无菌均质袋中，用拍击式均质器拍打 1 ~ 2min，制成 1∶10 的样品匀液。

②液体样品：以无菌吸管吸取 25mL 样品，置盛有 225mL 磷酸盐缓冲液或生理盐水的无菌锥形瓶（瓶内预置适当数量的无菌玻璃珠）中，充分混匀，制成 1∶10 的样品匀液。

样品匀液的 pH 应在 6.5 ~ 7.5，必要时分别用 1mol/L NaOH 溶液或 1mol/L

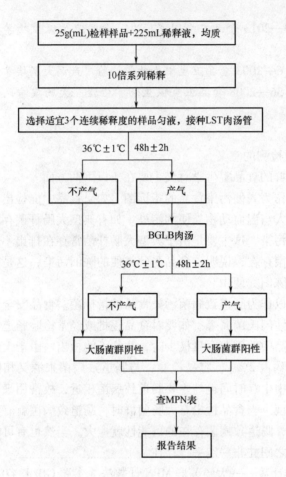

图 11 – 11　大肠菌群 MPN 计数法检验程序

HCl 溶液调节。

　　用 1mL 无菌吸管或微量移液器吸取 1∶10 样品匀液 1mL，沿管壁缓缓注入 9mL 磷酸盐缓冲液或生理盐水的无菌试管中（注意吸管或吸头尖端不要触及稀释液面），振摇试管或换用 1 支 1mL 无菌吸管反复吹打，使其混合均匀，制成 1∶100 的样品匀液。

　　根据对样品污染状况的估计，按上述操作，依次制成 10 倍递增系列稀释样品匀液。每递增稀释 1 次，换用 1 支 1mL 无菌吸管或吸头。从制备样品匀液至样品接种完毕，全过程不得超过 15min。

　　（2）初发酵试验　每个样品，选择 3 个适宜的连续稀释度的样品匀液（液体样品可以选择原液），每个稀释度接种 3 管月桂基硫酸盐胰蛋白胨（LST）肉汤，每管接种 1mL（如接种量超过 1mL，则用双料 LST 肉汤），36℃±1℃培养 24h±2h，观察倒管内是否有气泡产生，产气者则进行复发酵试验，如未产气则

微生物实用技能训练

继续培养至48h±2h。未产气者为大肠菌群阴性。

（3）复发酵试验　用接种环从产气的 LST 肉汤管中分别取培养物 l 环，移种于煌绿乳糖胆盐肉汤（BGLB）管中，36℃±1℃培养48h±2h，观察产气情况。产气者，计为大肠菌群阳性管。

（4）大肠菌群最可能数（MPN）的报告

根据大肠菌群 LST 阳性管数，检索 MPN 表（表11-2），报告每1g（mL）样品中大肠菌群的 MPN 值。

表11-2　　　　　　　　大肠菌群最可能数（MPN）检索表

阳性管数			MPN	95%可信限		阳性管数			MPN	95%可信限	
0.10	0.01	0.001		上限	下限	0.10	0.01	0.001		上限	下限
0	0	0	<3.0	—	9.5	2	2	0	21	4.5	42
0	0	1	3.0	0.15	9.6	2	2	1	28	8.7	94
0	1	0	3.0	0.15	11	2	2	2	35	8.7	94
0	1	1	6.1	1.2	18	2	3	0	29	8.7	94
0	2	0	6.2	1.2	18	2	3	1	36	8.7	94
0	3	0	9.4	3.6	38	3	0	0	23	4.6	94
1	0	0	3.6	0.17	18	3	0	1	38	8.7	110
1	0	1	7.2	1.3	18	3	0	2	64	17	180
1	0	2	11	3.6	38	3	1	0	43	9	180
1	1	0	7.4	1.3	20	3	1	1	75	17	200
1	1	1	11	3.6	3.8	3	1	2	120	37	420
1	2	0	11	3.6	42	3	1	3	160	40	420
1	2	1	15	4.5	42	3	2	0	93	18	420
1	3	0	16	4.5	42	3	2	1	150	37	420
2	0	0	9.2	1.4	38	3	2	2	210	40	430
2	0	1	14	3.6	42	3	2	3	290	90	1000
2	0	2	20	4.5	42	3	3	0	240	42	1000
2	1	0	15	3.7	42	3	3	1	460	90	2000
2	1	1	20	4.5	42	3	3	2	1100	180	4100
2	1	2	27	8.7	94	3	3	3	>1100	420	—

注：①本表采用3个稀释度［0.1g（或0.1mL）、0.01g（或0.01mL）和0.001g（或0.001mL）］，每个稀释度接种3管。

②表内所列检样量如改用1g（或0.1mL）、0.1g（或0.1mL）和0.01g（或0.01mL）时，表内数字应相应降低10倍；如改用0.01g（或0.01mL）、0.001g（或0.001mL）和0.0001g（或0.0001mL）时，则表内数字应相应增高10倍，其余类推。

4. 大肠菌群的测定——大肠菌群平板计数法（参照 GB/T 4789.3—2010）

大肠菌群平板计数法的检验程序：25g（mL）检样和225mL 稀释液混合均

质→10 倍系列稀释→选择 2~3 个适宜稀释度的样品匀液接种 VRBA 平板→培养→计数典型和可疑菌落→接种 BGLB 肉汤→培养→报告结果，如图 11 - 12 所示。

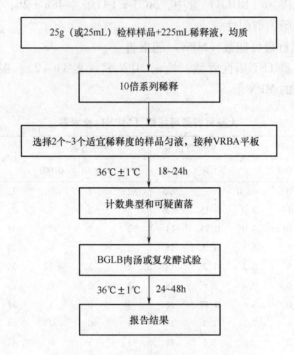

图 11 - 12 大肠菌群平板计数检验程序

大肠菌群 MPN 计数法的操作步骤如下。

（1）样品的稀释 同"大肠菌群 MPN 计数法"。

（2）平板计数 选取 2 个 ~3 个适宜的连续稀释度，每个稀释度接种 2 个无菌平皿，每皿 1mL。同时取 1mL 生理盐水加入无菌平皿作空白对照。

及时将 15 ~20mL 冷至 46℃ 的结晶紫中性红胆盐琼脂（VRBA）约倾注于每个平皿中。小心旋转平皿，将培养基与样液充分混匀，待琼脂凝固后，再加 3 ~4mL VRBA 覆盖平板表层。翻转平板，置于（36 ±1）℃培养 18 ~24h。

（3）平板菌落数的选择 选取菌落数在 15 ~150CFU 的平板，分别计数平板上出现的典型和可疑大肠菌群菌落典型菌落为紫红色，菌落周围有红色的胆盐沉淀环，菌落直径为 0.5mm 或更大。

（4）证实实验 从 VRBA 平板上挑取 10 个不同类型的典型和可疑菌落，分别移种于 BGLB 肉汤管内，（36 ±1）℃培养 24 ~48h，观察产气情况。凡 BGLB 肉汤管产气，即可报告为大肠菌群阳性。

（5）大肠菌群平板计数的报告 经最后证实为大肠菌群阳性的试管比例乘以大肠菌群计数的平板菌落数，再乘以稀释倍数，即为每 1g（mL）样品中大肠菌群数。

例：10^{-4} 样品稀释液 1mL，在 VRBA 平板上有 100 个典型和可疑菌落，挑取其中 10 个接种 BGLB 肉汤管，证实有 6 个阳性管，则该样品的大肠菌群数为：$100 \times 6/10 \times 10^{4}/g$（mL）$= 6.0 \times 10^{5} CFU/g$（mL）。

（六）致病菌的测定

致病菌是指能够引起宿主发病的细菌，也称为病原微生物或病原菌。

食品中的致病菌是指食品中能使人致病的细菌。目前，国际上比较常见的食源性致病菌主要包括沙门氏菌、金黄色葡萄球菌、单增李斯特菌、空肠弯曲菌、大肠杆菌 O157:H7 等，中国根据国情还增加了志贺菌、副溶血弧菌等。

食品卫生标准规定，食品中一般情况下不得检出致病菌，否则人们食用后会发生食物中毒，危害身体健康。

由于致病菌的种类很多，而在污染食品中的致病菌含量相对来讲又不是太多，这样就无法对所有的致病菌逐一进行检验。另外某些致病菌的检测还存在着一定的局限性，加上检验方法本身的允许误差，因此也不易准确判断食品中有无致病菌的存在。在实际检测中，一般是根据不同食品的特点，选定较有代表性的参考菌群作为检测的重点，并以此来判断某种食品中有无致病菌的存在。例如，海产品以副溶血性弧菌作为参考菌群，蛋与蛋制品以沙门氏菌、金黄色葡萄球菌、变形杆菌等作为参考菌群，米、面类食品以蜡样芽孢杆菌、变形杆菌、霉菌等作为参考菌群，罐头食品以耐热性芽孢菌作为参考菌群等。

如果把致病菌的检测结果和菌落总数、大肠菌群等其他相关指标一起进行综合分析，就能对某食品的卫生质量做出更为准确的结论。

（七）酵母菌和霉菌及其毒素

霉菌和酵母广泛分布于自然界并可作为食品中正常菌相的一部分。长期以来，人们利用某些霉菌和酵母加工一些食品，如酿酒和制酱。但在某些情况下，霉菌和酵母也可造成食品腐败变质，由于它们生长缓慢和竞争能力不强，故常常在不适于细菌生长的食品中出现，这些食品是 pH 低、湿度低、盐或糖含量高、含有抗菌素、低温贮藏的食品。有些霉菌能够合成有毒代谢产物，即霉菌毒素。霉菌和酵母还可能使食品表面失去色香味，如酵母在食品中繁殖，可使食品发生难闻的异味，它还可以使液体发生混浊，产生气泡，形成薄膜，改变颜色，并散发不正常的气味等。因此，霉菌和酵母也作为评价食品卫生质量的指示菌，并以霉菌和酵母计数来制定食品被污染的程度。

目前已有若干个国家制订了某些食品的霉菌和酵母限量标准。我国已制订了一些食品中霉菌和酵母的限量标准。

（八）其他

针对某些特定种类的食品，还有一些需要检测的指标，如寄生虫、病毒、有益微生物（如酸乳中的乳酸菌等）、商业无菌检测（如罐头食品、超高温消毒奶）等。

五、食品微生物检验技术的发展

传统的细菌检验方法灵敏度高，费用低，能够得到食品样品中细菌数量和特性等方面的定性及定量结果。但是传统的检测方法耗时费力，获得结果通常需要几天的时间，并且要求所要检测的细菌增殖为可见菌落。培养基制备、细菌培养、菌落计数和生化指标的检测都增加了实验室的工作量。

近年来，国内外关于微生物快速、自动化检测的研究突飞猛进，相关的产品层出不穷，正从传统的培养和生理生化的方法向基于培养及生理生化特征的快速检测方法、自动化仪器检测方法、分子生物学检测方法、快速的免疫学检测方法、生物传感器检测方法方面发展。

食品微生物检验技术的发展方向是提高检验效率，即方便、快速和大批量，实验条件标准化，高精度和高灵敏度。

(一) 显色培养基

显色培养基是一类利用微生物自身代谢产生的酶与相应显色底物反应显色的原理来检测微生物的新型培养基。这些相应的显色底物是由发色基团和微生物部分可代谢物质组成，在特异性酶作用下，游离出发色基团显示一定颜色，直接观察菌落颜色即可对菌种作出鉴定。酶底物是种属特异性的，某些情况下目标微生物不需要进一步的确证实验。

显色培养基是一种新型分离培养基，与使用传统培养基相比，它具有以下优势：①有效缩短培养时间，仅 18~24h 就可得到初步检验结果；②酶-底物显色反应特异性强，降低假阳性率和假阴性率，避免漏检，并减少后期鉴定工作量；③菌落颜色一目了然、易于辨认，降低对检测人员技术水平要求。

(二) 微生物测试片法

微生物测试片就是将选择性培养基和吸水凝胶进行组合，应用吸水滤纸或者吸水凝胶保持水分，通过膜进行密封和保水处理的即用型微生物检测产品，可分别快速测定菌落总数、金黄色葡萄球菌、大肠菌群等。微生物测试片代表性产品有美国 3M Petrifilm™ 测试片（图 11-13）、北京路桥 Easy Test™ 快速测试片等。和传统的检测方法相比较，微生物测试片能省节细菌培养中培养基配制和灭菌的过程，缩短了微生物检测时间，操作程序更加简便，只需接种、培养、计数三步，如图 11-14 所示。

(三) 微量生化法

Bachman 和 Weaver 在 20 世纪 40 年代后期首先开创了微量生化法的先河。之后随着人们对细菌进行快速生化特性的需求增加，使高精密度和高重现性的微生物快速鉴定系统和商业试剂盒得以快速发展。

对于致病菌检测而言，当其定性检测的结果呈阳性时，需要对其进行鉴定试验，法国梅里埃 API 微生物生化鉴定系统、美国 Biolog 微生物生化鉴定系统等都

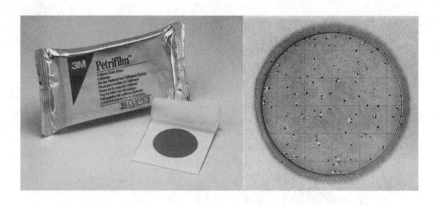

图 11-13　大肠菌群测试片及其检测结果（美国 3M 公司）

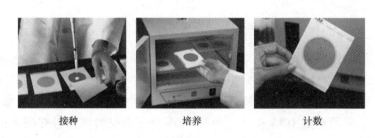

接种　　　　　　　　培养　　　　　　　　计数

图 11-14　微生物测试片检测操作程序

是依据伯杰氏手册原理研制而成的微生物生化鉴定系统。

以 API（Analytic Products INC）鉴定系统（图 11-15）为例作一简单介绍。

API 系统是细菌数值分类分析鉴定系统，它将标准化和微型化引入至微生物鉴定技术中，使细菌鉴定变得简单、快速和可靠。API 20E 是被开发的第一个鉴定系统，用于鉴定革兰氏阴性菌，它将一个生化试验试剂条和一个数据库相结合，微生物生化实验主要由 20 个含干燥培养基的微管组成，其中的培养基用于进行酶促反应或糖发酵试验。

API 检验时将预处理的菌悬液加入微管中培养后观察颜色变化，并记录，输入 API LAB Plus 软件得出结果。API 创建了独特的数值鉴定法，可鉴定 15 个系列、700 多个细菌种，简单快速又可靠。

（四）分子生物学技术

1. 核酸探针技术

核酸探针是指带有标记的特异 DNA 片断。核酸探针技术，也称 DNA 探针技术或基因探针技术，其检测依据是核酸杂交反应，其工作原理是根据碱基互补配对原则，核酸探针能特异性的与目标 DNA 杂交，最后用特定的方法检测标记物。

已知每个生物体的各种性质和特征都是由其所含遗传基因所决定的，例如一

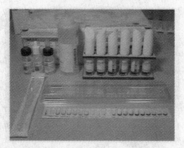

(a) API20E试剂盒组成

(b) API20E试剂条

图 11 - 15　API 微生物鉴定系统

种微生物病原性就是由于这种微生物含有并表达了某个或某些有害的基因而产生的。从理论上讲，任何一个决定生物体特定生物学特性的 DNA 序列都应该是独特的。如果将某一种微生物的特征基因 DNA 双链中的一条进行标记（如用^{32}P 同位素标记），即可制成 DNA 探针。由于 DNA 分子杂交时严格遵守碱基配对的原则，通过考察待测样品与标记性 DNA 探针能否形成杂交分子，即可判断样品中是否含有此种病原微生物，还可进一步通过测定标记物的放射性强度考察样品中微生物的数量。

用核酸杂交技术检测食品微生物的关键是核酸探针的构建。为了保证检测方法的高度特异性，必须以待测微生物中的特异性保守基因序列为目标 DNA，构建各种不同的 DNA 探针。例如与其他微生物相比，大肠杆菌具有葡萄糖苷酸酶的特性，用大肠杆菌中编码该酶的基因序列作为目标 DNA，并制成 DNA 探针，用以检测食品中的总大肠杆菌。而对不同种类的大肠杆菌，如产毒素的大肠杆菌、致肠出血大肠杆菌以及致肠病的大肠杆菌等的检测鉴别，已分别使用产毒素基因序列、致肠出血的基因序列及致肠病的基因序列作为目标 DNA，构造出相应的 DNA 探针，用以鉴别上述不同种类的大肠杆菌。

核酸探针技术的特点是直观、准确。例如 AOAC990. 13GENE - TRAK 沙门氏菌检测、AOAC993. 09GENE - TRAK 李斯特氏菌检测均采用了核酸探针技术。

2. 多聚酶联反应技术（polymerase chain reaction，PCR）

基因探针技术虽已广泛应用，但主要问题是灵敏度不够高，使基因探针技术应用受到限制。1983 年，美国 Cetus 公司和加利福尼亚大学的 Hulis 和 Erlich 创建了一种能在体外进行 DNA 扩增的简易、快速、灵敏和高特异性的 PCR 技术，在一定程度上解决了基因探针所存在的问题。

微生物实用技能训练

PCR 技术又称基因体外扩增法，是指在体外合适的条件下，先将靶 DNA 变性成为单链，以单链 DNA 为模板，以人工设计与合成的寡核苷酸为引物，在热稳定的 DNA 聚合酶和 4 种 dNTPs 存在的条件下，沿 $5'\rightarrow3'$ 方向特异性地扩增 DNA 片断的技术。整个反应过程通常由"高温变性—低温复性—适温延伸"三个步骤组成。高温时，DNA 变性，氢键打开，双链变成单链，作为 DNA 扩增的模板；低温时，寡核苷酸引物与单链 DNA 模板特异性地互补结合即复性；最后，在适宜的温度下，DNA 聚合酶以单链 DNA 为模板，沿 $5'\rightarrow3'$ 方向掺入核苷酸，使引物延伸合成模板的互补链，经过多个"变性—复性—延伸"的 PCR 循环，使得 DNA 片断得到有效的扩展。PCR 产物的检测方法较多，如凝胶电泳法、比色测定法、化学发光测定法等。

利用 PCR 方法对病原菌进行检测早在 1992 年就有报道，但在近几年才比较广泛应用。PCR 技术同时也是检测转基因食品的最常用方法。

目前，已有自动化 PCR 检测试剂盒与仪器，使用方便，如美国杜邦快立康公司的 BAX 病原菌检测系统，可检测沙门氏菌、大肠杆、单增李斯特菌等。虽需增菌，且需专用设备。但 PCR 技术是一项全新的技术，快速、灵敏、准确，在细菌诊断方面具有广阔的前景。

（五）免疫学技术

免疫是机体识别和排除进入体内的抗原性异物的保护性应答反应。免疫学技术是基于抗原抗体特异性识别和结合反应为基础的分析方法，通过对抗原或抗体进行标记（放射性核素、酶、荧光素标记等），利用标记物的生物、物理或化学放大作用来进行工作，它集抗原抗体反应的高特异性与测定的高灵敏性于一体。

1. 免疫荧光技术（immunofluorescence technique）

免疫荧光技术是用荧光素标记的抗体检测抗原或抗体的免疫学标记技术，又称荧光抗体技术。所用的荧光素标记抗体通称为荧光抗体，免疫荧光技术在实际应用上主要有直接法和间接法。直接法是在检测样品上直接滴加已知特异性荧光标记的抗血清，经洗涤后在荧光显微镜下观察结果。间接法是在检样上滴加已知的细菌特异性抗体，待作用后经洗涤，再加入荧光标记的第二抗体，最后在荧光显微镜下观察结果。如研制成的抗沙门氏菌荧光抗体，用于 750 例食品样品的检测，结果表明与常规培养法符合率基本一致。

荧光抗体检测技术简便、快速、经济，但有时受到样本中非特异性荧光的干扰，影响结果的判定，并且需要购置昂贵的荧光显微镜。

2. 免疫酶技术（EIA）

免疫酶技术是将抗原、抗体特异反应和酶的高效催化作用原理有机结合的一种新颖、实用的免疫学分析技术。它通过共价结合将酶与抗原或抗体结合，形成酶标抗原或抗体，或通过免疫方法使酶与抗酶抗体结合，形成酶抗体复合物。这些酶标抗体（抗原）或酶抗体复合物仍保持免疫学活性和酶活性，可以与相应的抗原（抗体）结合，形成酶标记的抗原－抗体复合物。在遇到相应的底物时，这些酶可催化底物反应，从而生成可溶或不溶的有色产物，或者发光，可用仪器定性或定量。

常用酶技术分为固相免疫酶测定技术、免疫酶定位技术、免疫酶沉淀技术。

固相免疫酶测定技术分为限量抗原底物酶法、酶联免疫分析法（ELISA）。

酶联免疫分析法自 20 世纪 70 年代问世以来，就因其高度的准确性、特异性、适用范围宽、检测速度快、技术要求低、携带方便、操作简便和经济等优点，成为一种应用最为广泛和发展最为成熟的生物检测与分析技术。

酶联免疫分析法的基础是抗原或抗体的固相化及抗原或抗体的酶标记，根据酶反应底物显色的深浅进行定性或定量分析。由于酶的催化效率很高，间接放大了免疫反应的结果，使测定具有极高的灵敏度，在应用中一般采用商品化的试剂盒进行测定。完整的 ELISA 试剂盒包含 7 个组分，分别是：包被了抗原或抗体的固相载体、酶标记的抗原或抗体、酶的底物、阴性和阳性对照品、参考标准品和控制血清、结合物及标本的稀释液、洗涤液、酶反应终止液。GB/T 5009.22—2003《食品中黄曲霉毒素 B_1 的测定方法》第二法就采用了酶联免疫分析法。

3. 免疫磁珠分离法（IMS）

免疫磁珠分离法是非常有效的从食品成分中分离靶细菌的方法。应用抗体包被的免疫磁珠，用一个磁场装置即可收集铁珠，不仅缩短分析时间，而且克服了选择性培养基的抑制作用问题。

4. 免疫印迹技术（immunoblot）

免疫印迹法分三个步骤：①SDS 聚丙烯酰胺凝胶电泳（SDS－PAGE），是将蛋白质抗原按分子大小和所带电荷的不同分成不同的区带；②电转移，目的是将凝胶中已分离的条带转移至硝酸纤维素膜上；③酶免疫定位，该步的意义是将前两步中已分离，但肉眼不能见到的抗原带显示出来。将印有蛋白抗原条带的硝酸纤维素膜依次与特异性抗体和酶标记的第二抗体反应后，再与能形成不溶性显色物的酶反应底物作用，最终使区带染色。本法综合了 SDS－PAGE 的高分辨率及 ELISA 的高敏感性和高特异性，是一种有效的分析手段。

（六）电阻抗法

电阻抗法是近年发展起来的一项生物学技术，已经开始应用于食品微生物的检验。其原理是细菌在培养基内生长繁殖的过程中，将会使培养基中的具有电惰性的大分子物质（如碳水化合物、蛋白质和脂类等）代谢为具有电活性的小分子物质（如乳酸盐、醋酸盐等），这些离子态物质能增加培养基的导电性，使培养基的阻抗发生变化，通过检测培养基的电阻抗变化情况，判定细菌在培养基中的生长繁殖特性，即可检测出相应的细菌。

目前，电阻抗法已经应用于细菌总数、霉菌、酵母菌、大肠杆菌、沙门氏菌、金黄色葡萄球菌等的检测。如 AOAC991.38《食品中沙门氏菌电阻抗检测法》。

（七）生物传感器法

生物传感器（biosensor）是一种新兴的生物技术产品，在分析领域中具有极大的发展潜力和前景。生物传感器主要由生物识别元件和信号转换器两大部分组成，是对特定化学物质或生物活性物质具有选择性和可逆响应的分析装置。生物识别元件又称感受器，由具有分子识别能力的生物活性物质（如酶、微生物、动植物组织切片）构成。信号转换器（如热敏电阻、光纤等）是一个电化学、光学或热敏检测元件。当生物识别元件与待测物发生特异作用后，所得产物（或光、热等）通过信号转换器转变成可以输出的电信号、光信号等，从而达到分析检测的目的。

生物传感器具有结构紧凑、操作方便、检测迅速、选择性好、灵敏度高等特点，能够从微量的试样中测定出痕量物质等优点，因而在食品分析检测等领域有广阔的应用前景。

生物传感器按生物敏感材料的不同可分为酶传感器、免疫传感器、微生物传感器和细胞传感器等；按转换器的不同可分为电化学生物传感器、光生物传感器、声波生物传感器、仿生传感器和生物量传感器等；按生物反应的基本原理又可分为催化型和亲和型生物传感器。

生物传感器功能多样化、微型化、智能化、集成化、低成本、高灵敏性、高识别性和实用性特点，引起国内外高度重视。

项目实施

任务一　酸奶的制作

任务背景

酸奶是以牛奶、羊奶等为原料，经乳酸菌发酵而成的一种具有较高营养价值和特殊风味的发酵奶制品，是具有一定保健作用的食品。

酸奶制作的基本原理是通过乳酸菌发酵牛奶中的乳糖产生乳酸，乳酸使牛奶中酪蛋白变性凝固。而使整个牛奶呈凝乳状态。同时通过发酵还可形成酸奶特有的香味和风味。

器材准备

1. 菌种

一般选用嗜热链球菌（*Streptococcus thermophilus*）和保加利亚乳杆菌（*Lactobacillus bulgaricus*），本次任务直接采用市场销售的各种酸奶。

2. 原料

市场销售的无抗生素的鲜牛奶、蔗糖。

3. 仪器及相关用品

恒温水浴锅、恒温培养箱、冰箱、无菌血浆瓶（250mL）等。

操作方法

1. 调配原料

用市售鲜牛奶加入5%～6%蔗糖调匀即可。

2. 装瓶

在250mL的血浆瓶中装入牛奶200mL。

3. 消毒

将装有牛奶的血浆瓶置于80℃恒温水浴锅中用巴氏消毒法消毒15min，或者置于90℃水浴中消毒5min即可。

4. 冷却

将已消毒过的牛奶冷却至45℃。

5. 接种

以5%～10%接种量将市售酸奶接种入冷却至45℃的牛奶中，并充分摇匀。

6. 培养

把接种后的血浆瓶置于40～42℃温箱中培养3～4h（培养时间视凝奶情况而定）。

7. 后熟

酸奶在形成凝块后应在4～7℃的低温下保持24h以上，以获得酸奶的特有风味和较好的口感。

8. 感官评价

酸奶质量评定以品尝为标准，通常有凝块状态、表层光洁度、酸度及香味等数项指标，品尝时若有异味就可判定酸奶污染了杂菌。

结果报告

记录各批混菌发酵的酸奶品评结果，包括凝乳情况、口感、香味、异味、pH。

注意事项

在酸奶发酵及传代中应避免杂菌污染，特别是芽孢杆菌的污染，否则可导致酸奶产生异味。

任务二　甜酒酿的酿制

任务背景

甜酒酿，又名醪糟、甜米酒，是安徽一带极具盛名的风味小吃，距今天已有200余年历史。甜酒酿选用糯米和酒药配制酿成，具有芳香、甜润、助神等特点。

酿制甜酒酿的原理十分简单，即将煮熟的米饭经接种酒酿种曲后，在适宜的培养条件下让种曲中的根霉孢子萌发成菌丝体；经大量繁殖后通过淀粉酶的作用将淀粉转化为葡萄糖，此为根霉的糖化阶段。然后，再由根霉或种曲中所含的酵母菌或野生酵母菌继续将糖化后的部分葡萄糖转化为乙醇，经后熟使甜酒酿具有独特的甜醇口味。

器材准备

1. 菌种

"浓缩甜酒药"、"甜酒药"、"幽白药"或小曲。

2. 原料

糯米。

3. 仪器及相关用品

蒸锅、研钵，培养皿，试管，移液管、接种环等。

操作方法

1. 选择原料

酿制甜酒酿的原料常用糯米，选择时，力求用品质好、米质新鲜的糯米。

2. 淘洗和浸泡

将糯米淘洗干净后浸泡过夜，使米粒充分吸水，以利蒸煮时米粒分散和熟透均匀。

3. 蒸煮米饭

将浸泡吸足水分的糯米捞起，放在蒸锅内搁架的纱布上隔水蒸煮，至米饭完全熟透时为止。

4. 米饭降温

将蒸熟的米饭从锅内取出，在室温下摊开冷却至80℃左右待接种。

5. 接入种曲

按干糯米重量换算接种量。市售"甜酒药"每包能酿制3kg糯米；而沪产"浓缩甜酒药"每包可接1.5~2kg糯米。为使接种时种曲与米饭拌匀，可先将酒药块在研钵中捣碎，或再拌入一定数量的炒熟面粉后再与大量米饭混匀。

6. 装坛发酵

接种拌匀后的米饭可装坛子发酵（通常应在坛子的中轴留一散热孔道）。所用容器都应预先洗净，并用开水浇淋浸泡过，以杀死大部分杂菌。

7. 保温发酵

温度可控制在30℃左右，发酵初期可见米饭表面产生大量纵横交错的菌丝体，同时糯米饭的粘度逐渐下降，糖化液渐渐溢出和增多。若在发酵中米饭出现干燥时，可在培养18~24h补加一些凉开水。

8. 后熟发酵

酿制48h后的甜酒酿已初步成熟，但往往略带酸味。如在8~10℃条件下将它放置2~3d或更长一段时间进行后发酵，则可去尽酸味。

9. 质量评估

酿成的甜酒酿应是酒香浓郁、醪液充沛、清澈半透明和甜醇爽口的。

结果报告

从甜酒酿的外观（酒酿醅团块、醪液量及色泽和粘稠度等）和香味、口感等方面记录和评估自己实验的质量。

注意事项

淘洗的糯米要待充分吸水后隔水蒸煮熟透，使饭粒饱满分散，利于接种后的根霉孢子能在疏松通气的条件下良好地生长繁殖，使淀粉充分糖化。

任务三　食品菌落总数测定

方法依据

GB 4789.2—2010《食品安全国家标准　食品微生物学检验　菌落总数测定》。

器材准备

1. 检测样品

某食品样品。

2. 培养基

平板计数培养基（plate count agar，PCA）。

3. 试剂

磷酸盐缓冲液、无菌生理盐水、无菌 1mol/L NaOH 溶液、无菌 1mol/L HCl 溶液。

4. 仪器及相关用品

恒温培养箱、冰箱、恒温水浴箱、天平、均质器、振荡器、无菌吸管或微量移液器及吸头、无菌锥形瓶、无菌培养皿、pH 计或 pH 比色管或精密 pH 试纸、放大镜或（和）菌落计数器。

操作方法

参见"项目十一"中的"背景知识四"。

注意事项

①如果样品 pH 较低，建议使用磷酸盐缓冲液进行样品稀释，以免影响培养基的凝胶强度。

②每个样品从开始稀释到倾注最后一个平皿所用的时间不得超过 15min，主要为防止细菌增殖和产生片状菌落。

③样液与琼脂应充分混合，避免将混合物溅到平皿壁和皿盖上。

④皿内琼脂凝固后，不要长时间放置，然后倒置培养，可避免菌落蔓延生长。

⑤检样过程中应用稀释剂做空白对照，用以监测稀释液、培养基、平皿或吸

管可能存在的污染。同时，检样过程中应在工作台上打开一块空白平板计数培养基，其暴露时间应与检样时间相当，以了解样品在检验操作过程中有无受到来自环境的污染。

⑥检样（如奶粉、坚果等）稀释液有时带有食品颗粒，为避免与细菌菌落发生混淆，可作一检样稀释液与平板计数琼脂混合的平皿，不经培养，于4℃放置，以便在计数检样时用作对照。

⑦食品检样中的细菌细胞是以单个、成双、链状、葡萄状等形式存在，因而平板上出现在单个菌落既可以来源于单个细胞，也可来源于细胞堆，因而平板上所得的菌落数不应报告为活菌数，而应以菌数形成单位（CFU）报告。

⑧由于国家标准中特定的培养条件所限，因此检测得到的检测结果并不是样品中实际的活菌数，一些特殊营养要求的细菌、厌氧菌、微需氧菌以及非嗜中温菌均难以反映出来。

任务四　食品大肠菌群计数

方法依据

GB 4789.2—2010《食品安全国家标准　食品微生物学检验　大肠菌群计数》。

器材准备

1. 检测样品

某食品样品。

2. 培养基

月桂基硫酸盐胰蛋白胨肉汤（Lauryl Sulfate Tryptose，LST）、煌绿乳糖胆盐肉汤（Brilliant Green Lactose Bile，BGLB）、结晶紫中性红胆盐琼脂（Violet Red Bile Agar，VRBA）。

3. 溶液

磷酸盐缓冲液、无菌生理盐水、无菌1mol/L NaOH、无菌1mol/L HCl。

4. 仪器及相关用品

恒温培养箱，冰箱，恒温水浴箱，天平，均质器，振荡器，无菌吸管或微量移液器及吸头，无菌锥形瓶，无菌培养皿，pH计或pH比色管或精密pH试纸，放大镜或（和）菌落计数器。

操作方法

参见"项目十一"中的"背景知识五"。

项目思考

1. 试解释以下名词：腐败变质、菌落总数、大肠菌群。
2. 防止食品腐败时应遵循什么原则？

3. 列举一下你常见的污染源，说一说它们可能对食品产生污染的途径？

4. 制备酸乳时，获得最佳酸乳的关键是什么？

5. 配制甜酒酿的酒药中主要含何种微生物，其发酵原理是什么？

6. 食品中微生物指标检验的一般程序是什么？

7. 菌落总数的定义？能说成细菌总数吗？

8. 菌落总数检测的卫生学意义是什么？

9. 菌落总数检测的工作流程是什么？

10. 菌落总数检测所用培养基的中英文名称是什么？配制方法是什么？

11. CFU 的英文全称和中文译名是什么？

12. 如果进行饮料菌落总数测定时，当稀释液稀释度为 10^{-2} 时，2 个平行实验平板所生长菌落数分别为 212 和 238，当稀释液稀释度为 10^{-3} 时，2 个平行实验平板所生长菌落数分别为 66 和 78，试计算每毫升饮料中菌落总数为多少？

13. 试分析影响菌落总数准确性的主要因素有哪些？

14. 在菌落总数检测中做空白对照实验的目的是什么？

15. 假设你在测某一食品的菌落总数时，平板上的菌落出现长成片状菌苔现象，试分析原因？如何改进？

16. 假设你在测某一食品的菌落总数时，出现了高稀释度样品的菌落数大于低稀释度样品的菌落数，请分析可能是由哪些原因造成的？

17. 什么是大肠菌群？它包括哪些微生物？

18. 在食品卫生检验中大肠菌群中的细菌种类，一般并非是病原菌，为什么要选用大肠菌群作为食品被污染的指标？

19. 大肠菌群与粪大肠菌群、大肠杆菌、致泻性大肠埃希氏菌的异同点？

20. 大肠菌群检测的方法有哪些？各适用于什么情况？

21. MPN 英文全称和中文译名是什么？

22. 现有一批牛奶样品，请问将如何对它进行菌落总数的测定，试写出详细步骤。

项目十二　微生物技能在环保行业的应用

项目介绍

项目背景

环境是人类生存和发展的必要条件，环境保护是经济可持续发展的基础。微生物与环境之间存在密切关系，它们之间相互适应、相互影响。

一定的环境存在特定类群的微生物，环境质量的高低可利用存在微生物的种类和数量进行监测。环境的生物监测是利用生物对环境污染所发生的各种信息作为判断环境污染状况的一种手段。此外，微生物也能改变环境质量，病原微生物是造成环境污染、水源变质的主要原因，与此同时，微生物在自然界的物质转化过程中也起着不可替代的作用，可以充分利用环境微生物的生物净化、生物转化和生物催化等特性，进行污染治理、环境监测和可再生资源的利用，以此保护环境。

项目任务

任务一　空气中细菌总数的测定

任务二　自来水中菌落总数和大肠菌群的测定

任务三　活性污泥中生物相的观察

项目目标

知识目标

1. 能阐述微生物在土壤、水体、气体中的生态分布情况。
2. 能列举微生物间的相互关系有哪些，并能举例说明。
3. 能举例说明微生物与环境污染、环境治理、环境监测间的关系。
4. 能阐述环境中微生物的检测方法和判断标准。

能力目标

1. 能规范并熟练采集待检样品。

2. 能选用恰当方法检测空气中细菌的数量，并依此能正确判断空气质量。

3. 能规范检测某水样中的菌落总数和大肠菌群数，并依此能正确判断水质优劣。

4. 能正确测定活性污泥的沉降比、微生物的分布和数目，并能根据活性污泥状态及其生物相，正确推断污水生物处理系统的工作质量。

背景知识

一、自然界中微生物的分布

微生物种类繁多，适应环境能力强，因此广泛分布于自然界中，无论是土壤、水体、空气、动植物以及人体的外表面和内部的某些器官，甚至在一些极端环境中都存在微生物。

（一）土壤中的微生物

土壤能提供微生物需要的全部营养和环境条件，因而是自然界中微生物最适宜的生存环境和大本营，是微生物菌种资源的宝库。

岩石在风化过程中产生的矿质元素和微量元素，能满足多数自养微生物的生长需要，土壤中的有机物质为异养微生物提供了良好的碳源、氮源和能源，土壤中的水分也可以满足微生物的要求。土壤的 pH 接近中性，缓冲性也较强，适合大多数微生物生长。肥沃的土壤具有较好的团粒结构，空隙中充满着空气和水分，为好氧和厌氧微生物的生长提供了良好的环境。土壤的保温性能好，昼夜温差和季节温差的变化不大。在表土几毫米以下，微生物便可免于被阳光直射致死。

土壤中微生物的数量和种类都很多，包括细菌、放线菌、真菌、藻类和原生动物等类群。其中细菌最多，放线菌、真菌次之，藻类和原生动物等较少。

土壤的营养、温度和 pH 等条件对其中微生物的分布影响较大。有机物质含量丰富的黑土、草甸土、磷质石灰土和植被茂盛的暗棕土中，微生物的数量较多；而在西北干旱地区的棕钙土，华中、华南地区的红壤和砖红壤以及沿海地区的滨海盐土中，微生物的数量较少。

不同深度的土壤微生物的分布也不同。表层土的微生物数量少，因为这里缺水，受紫外线照射微生物容易死亡；在 5～20cm 土壤层中微生物数量最多；自 20cm 以下，微生物数量随土层深度增加而减少，至 1m 深处减少约 95%，至 2m 深处，因缺乏营养和氧气微生物极少。

土壤中微生物的数量、类群和分布还受到土壤结构、层次、耕作、灌溉和施肥等因素的影响，并随气候而出现季节性的规律性变化。冬季气温低，微生物数量明显减少；春季气温回升，植物的生长增加了根系的分泌物，微生物的数量迅速上升；夏季炎热，微生物数量也随之下降；秋天随着雨水来临和秋收后大量植物残体进入土壤，微生物数量又会大量增加。

（二）水体中的微生物

地球上有着广阔的海洋、江、河、湖泊等自然水域，水中含有不同数量的有机物和无机物，具备各种微生物生长、繁殖的基本条件。因此，水体是微生物广泛分布的第二个理想环境。

依照水体的化学组成，天然水体可大致分为淡水和海水两大类型。

1. 淡水微生物

淡水水体由陆地上的江河、湖泊、池塘、水库和小溪构成，其中的微生物多来自于土壤、空气、污水或动植物尸体等。尤其是土壤中的微生物，常常随同土壤被雨水冲刷进入江河、湖泊。

微生物在淡水水体中的分布受到环境条件的影响：营养物质影响最大，其次是温度、溶解氧等。水体内有机物质含量高，则微生物数量多；中温水体内微生物数量比低温水体内多；深层水中的厌氧微生物较多，而表层水内好氧微生物居多。

远离人类居住地区的湖泊、池塘和水库，有机物含量少，因而微生物数量也少。此时水体中的微生物以自养型种类为主，如硫细菌、铁细菌和含有光合色素的蓝细菌、绿硫细菌和紫硫细菌等；另外还有色杆菌属，无色杆菌属和微球菌属等腐生型细菌。霉菌中也有一些水生性种类，如水霉属和绵霉属的一些种可生长于腐烂的有机体上。藻类及一些原生动物常在水面生长，数量一般不大。

处于城镇等人口密集区的湖泊、河流以及下水道的污水中，由于流入了大量的人畜排泄物、生活污水和工业废水等，有机物的含量大增，微生物的数量可高达 $10^7 \sim 10^8$ 个/mL，这些微生物大多数是腐生型细菌和原生动物，其中数量较多的是无芽孢革兰氏阴性细菌，如变形杆菌属，大肠杆菌、产气肠杆菌和产碱杆菌等，有时甚至还含有伤寒、痢疾、霍乱及传染性肝炎等病原体。这种污水如不经净化处理不能饮用，也不宜作养殖用水。

2. 海水微生物

海洋水体的特点是有机质等营养物的含量低、盐含量高（一般为 3.2% ~ 4.0%）、温度低，因此，海洋微生物具有耐盐、耐压、嗜冷和低营养要求的特点。海水中常见的微生物有假单胞菌属、弧菌属、黄色杆菌属、五色杆菌属及芽孢杆菌属等。

由于水域广阔，海水中的微生物总量远远超过陆地微生物总量。一般在近海部位，由于受人类活动的影响比较大，水体中有着较多的有机物，所以含菌量可达 10^5 个/mL，在远海，因有机物浓度低，含菌量仅为 10 ~ 250 个/mL。

微生物在海水中的分布还与海水的深浅有关，距海面 0 ~ 10m 的深处，由于受阳光照射含菌量少；10m 以下至 25 ~ 50m 处的微生物数量较多，而且随着海水深度增加而增加；50m 以下微生物的数量随海水深度增加而减少；200m 以下，菌数更少。但在海底沉积物上，有大量各类微生物生存。

海水中微生物的水平分布除受内陆气候、雨量等影响外，还受潮汐的影响。由于潮汐的稀释，涨潮时含菌量明显减少，退潮时含菌量增加。

许多海洋细菌能发光，称为发光细菌。发光细菌在有氧存在时发光，对一些化学药剂与有毒物质较敏感，故可用于监测环境中的污染物。

（三）空气中的微生物

空气中没有微生物生长繁殖所需要的营养物质和充足的水分，还有日光中有害的紫外线的照射，因此空气不是微生物良好的生存场所，但空气中却飘浮着许多微生物。空气中的微生物主要有各种球菌、芽孢杆菌以及对干燥和射线有抵抗力的真菌孢子等，在医院附近的空气中还可能有病原菌，如结核分支杆菌、白喉棒杆菌等。这些微生物主要来源于土壤、水体、各种腐烂的有机物以及人和动植物体表，它们身小体轻，随着气流的运动被携带到空气中去，随空气流动到处传播。

微生物在空气中的分布很不均匀。空气中微生物的数目决定于尘埃的总量。尘埃量多的空气中，微生物也多。一般在畜舍、公共场所、医院、宿舍、城市街道等的空气中，微生物数量较多，在海洋、高山、森林地带、终年积雪的山脉或高纬度地带的空气中，微生物的数量则较少。由于尘埃的自然沉降，所以越近地面的空气，含菌量越高。

空气是人类与动植物赖以生存的重要环境要素之一，也是传播疾病的媒介。为了保证人类健康和饲养业的正常生产，防止疾病传播，必须控制空气中微生物的数量。此外，在工业生产、科学研究、医疗单位等，也要对空气中微生物的数量加以控制。

目前，还没有统一的空气细菌卫生标准。一般以室内 1m³ 空气中的细菌总数达为 500~1000 个以上作为空气严重污染的指标。表 12-1 是日本建议的评价空气清洁程度的标准。

表 12-1 以细菌总数评价空气的卫生标准

清洁程度	细菌总数/（个/m³）	清洁程度	细菌总数/（个/m³）
最清洁的空气（有空调）	1~2	临界环境	约150
清洁空气	<30	轻度污染	<300
普通空气	31~125	严重污染	>301

根据 GB/T 18883—2002《室内空气质量标准》，室内最高菌落总数为 2500CFU/m³。使用的测定方法为撞击法（impacting method），即采用撞击式空气微生物采样器，通过狭缝或小孔而产生高速气流，使悬浮在空气中的带菌粒子撞击到营养琼脂平板上，经37℃，48h 培养后，计算出每立方米空气中所含的细

菌菌落数的采样测定方法。

空气净化是获得洁净空气的保证。最好的措施是环境绿化,搞好室内外的环境卫生。有特殊需要的行业部门需要采用专门的生物洁净技术净化空气,多采用具有高效过滤器的空气调节除菌设备,具有调节室温和提供无菌空气的双重功能。凡需进行空气消毒的场所,如手术室、病房、微生物接种室或培养室等处可用紫外线消毒或甲醛等药物熏蒸。

(四)极端环境中的微生物

存在于地球的某些局部地区、绝大多数微生物所不能生长的特殊环境称为极端环境。极端环境主要有高温、低温、高酸、高碱、高盐、高压或高辐射强度等环境。在极端环境下生活的微生物如嗜热菌、嗜冷菌、嗜酸菌、嗜碱菌、嗜盐菌、嗜压菌或耐辐射菌等,被称为极端环境微生物或极端微生物。极端环境下微生物的研究,对开发新的微生物资源具有重要的意义。

拓展知识窗

人体的正常菌群

在人体的皮肤、黏膜与外界相通的各种腔道(如口腔、鼻咽腔、肠道、生殖泌尿道)等部位,均存在着对人体无害的庞大的微生物群,包括大量停留在机体中的原籍菌和外籍菌(过路菌),其数量高达 10^{14},约为人体总细胞数的 10 倍。

生活在健康动物各部位、数量大、种类比较稳定、一般能发挥有益作用的微生物菌群,称为正常菌群。任何一种自然界的生物,如果体内连一个微生物细胞都没有是不可能的,除非采取特殊的办法繁殖。这些寄生菌群在正常情况下与宿主相安无事,互相适应,而且各种微生物之间也相互制约,而保持一个彼此共存的状态。

多汗的地方,例如胳肢窝和脚趾缝里微生物也多,通常所说的汗臭味就是由微生物分解汗液造成的。婴儿臀部常容易出现湿疹,这不是因为尿本身刺激皮肤所致,而是由于细菌在残留尿液中生长并产生氨气引起的。因为氨气对皮肤有强烈刺激性。当长期不洗澡或洗脸不认真时,就可能由细菌或霉菌在身上或脸上引起皮疹,发炎,继而流出大量的脓和污物。皮肤大面积烧伤或黏膜破损时,葡萄球菌便会侵袭创伤面而大量繁殖,引起创伤发炎溃烂;当机体着凉或疲劳过度时,在健康人的呼吸道一定能分离到的,造成典型肺炎的肺炎链球菌便会引起咽炎和扁桃体炎。龋齿是牙齿腐坏的一种常见形式,可能主要是由于正常菌群的稳定性被破坏而使某些厌氧细菌造成的。

人体的正常菌群生理作用:

①营养作用:在肠道可降解未消化的食物残渣,有利于机体进一步吸收,同

时亦可合成各种维生素，如维生素B、叶酸、泛酸及维生素K等。

②免疫调节作用：能产生多种抗原物质，刺激机体免疫应答，使免疫系统经常保持活跃状态，在抗感染上有重要作用，是非特异性免疫功能的不可缺少的组成部分。

③定植抵抗力作用：主要是通过争夺营养物质和空间位置，产生代谢产物等来杀伤侵入的有害细菌。比如，皮肤上的痤疮丙酸杆菌，能产生抗菌性脂类，抑制金黄色葡萄球菌和溶血性链球菌的生长；口腔中的唾液链球菌能产生过氧化氢，可杀死白喉杆菌和脑膜炎球菌等。

④生物屏障作用：在人体皮肤、黏膜表面特定部位的正常菌群，通过黏附和繁殖能形成一层自然菌膜，是一种非特异性的保护膜，有利于抗拒致病微生物的侵袭及定植，所以人们把正常菌群视为机体防止外来菌侵入的生物屏障。

二、环境中微生物的相互作用

在自然环境中，许多不同的微生物共同生活，相互之间存在着复杂的关系。微生物用于处理环境中的污染物时，往往也是通过多种微生物、甚至原生动物的共同作用完成的。因此研究不同微生物之间的相互作用具有非常重要的意义。微生物之间的相互作用可以根据一种微生物是否因为另一种微生物的存在而受益、受害或不受影响进行分类，一般认为，微生物间的相互关系有共生关系、互生关系、拮抗关系、竞争关系、捕食关系、寄生关系等。

（一）共生关系（symbiosis）

共生是指两种生物共同生活在一起，相互依赖，在生理代谢中相互分工协作、相依为命，不能独立生存，这种关系称为共生关系，其特征是具有共生体。特点："相依为命"，难分难解，合二为一。

例如，地衣就是微生物间共生的典型代表。地衣是由菌藻共生或菌菌共生，前者是真菌真菌与绿藻共生，后者是真菌与蓝细菌（旧称蓝藻）共生，地衣中的真菌一般都属于子囊菌。藻类或蓝细菌进行光合作用，为真菌提供有机营养；而真菌则以其产生的有机酸去分解岩石中的某些成分，为藻类或蓝细菌提供所必需的矿质元素。根瘤菌与豆科植物共生形成根瘤共生体。根瘤菌固定大气中的氮气，为植物提供氮素养料；而豆科植物根的分泌物能刺激根瘤菌的生长，同时，还为根瘤菌提供稳定的生长条件。微生物与动物共生的例子也很多，如牛、羊、鹿、骆驼和长颈鹿等反刍动物与瘤胃微生物的共生。

（二）互生关系（syntrophism）

互生是指两种可以单独生活的生物，当它们生活在一起时，一方为另一方提供有利的生活条件或双方互为有利。特点："和睦相处"，可分可合，合比分好。

例如，在土壤中，纤维素分解菌与好氧性自生固氮菌生活在一起时，后者可将固定的有机氮化物供给前者；而前者分解纤维素产生的有机酸可作为后者的碳源和能源，两者相互为对方创造有利的条件，促进了各自的生长繁殖。在废水生物处理过程中，普遍存在着互生关系。氧化塘系统就是利用细菌和藻类的互生关系处理污水、废水的系统，将有机物分解为 CO_2、NH_3、H_2O、PO_4^{3-}、SO_4^{2-}，为藻类提供碳源、氮源、磷源和硫源等，藻类利用上述营养通过光合作用生长繁殖，释放的氧气供给细菌。

（三）拮抗关系（antagonism）

拮抗关系是指一种微生物在其生命活动过程中，产生某种代谢产物或改变环境条件，从而抑制另一种（或一类）微生物的生长繁殖，甚至杀死其他微生物的现象。特点："排除异己"。

根据拮抗作用的选择性，可将微生物间的拮抗关系分为非特异性拮抗关系和特异性拮抗关系两种。例如：在制造泡菜、青贮饲料过程中，乳酸杆菌能产生大量乳酸，导致环境 pH 下降，从而抑制了其他微生物的生长发育，这是一种非特异拮抗关系，这种抑制作用没有特定专一性，对不耐酸的细菌均有抑制作用。青霉在生命活动过程中，能产生青霉素，它具有选择性地抑制或杀死革兰氏阳性菌的作用，这就是一种特异性拮抗关系。

（四）捕食关系（predatism、predation）

捕食又称猎食，一般指一种大型的生物直接捕捉、吞食另一种小型生物以满足其营养需要的相互关系。

例如，在废水生物处理系统中，原生动物捕食细菌、真菌和藻类，大原生动物吞食小原生动物，微型后生动物又以原生动物、细菌、真菌、藻类等为食。原生动物、微型后生动物的捕食作用使出水中的游离菌数量大大降低，这对提高出水水质很有益。

（五）寄生关系（parasitism）

寄生关系一般是指一种小型生物生活在另一种较大型生物的体内或体表，从中摄取营养得以生长繁殖，同时使后者蒙受损害甚至被杀死的现象。前者称为寄生物，后者称为寄主或宿主。特点："损人利己"。有些寄生物一旦离开寄主就不能生长繁殖，这类寄生物称为专性寄生物；有些寄生物在脱离寄主以后营腐生生活，这些寄生物称为兼性寄生物。

在微生物中，噬菌体寄生于细菌是常见的寄生现象。此外，细菌与真菌，真菌与真菌之间也存在着寄生关系。土壤中有些细菌侵入真菌体内生长繁殖，最终杀死寄主真菌，造成真菌菌丝溶解。微生物寄生于植物之中，常引起植物病害，其中以真菌病害最为普遍，约占95%，受侵染的植物会发生腐烂、溃疡、根腐、叶腐、叶斑、萎蔫、过度生长等症状。

（六）竞争关系（competition）

竞争是指生活在同一环境中的两种微生物，对营养物质、溶解氧、生活空间等共同要求的环境因子的相互争夺、相互受到不利的影响。

微生物群体密度大，代谢强度大，竞争十分激烈。在一个小环境内，不同的时间会出现不同的优势种群，优势微生物在某种环境下能最有效地适应当时的环境，但环境一旦改变，就可能被另外的微生物替代，形成新的优势种群。微生物种群的交替改变，对于土壤和水体中各种物质的分解具有重要的作用。微生物所需要的共同营养越缺乏，竞争就越激烈。竞争的结果使某些微生物处于局部优势，另外的微生物处于劣势。但处于劣势的微生物并未完全死亡，仍有少数细胞存活，当环境变得适合于劣势微生物生长时，劣势微生物繁殖加快，它有可能变成优势菌。

三、微生物与环境污染

微生物因种群数量大、体积小、繁殖快、适应性强等特点遍布于空气、水、土壤等环境中。这些微生物对环境中的物质循环必不可少，多数无害，但是部分微生物及其代谢产物可以造成对环境的污染。

（一）环境中的病原微生物

能使人、禽畜与植物致病的微生物统称为病原微生物或致病微生物。

空气因营养物质贫乏，理化条件多变，不是微生物的天然生境，但却是传播微生物的良好介质。空气中的病原微生物是指存在于空气中或可通过空气传播、引起疾病的病原微生物。空气中的病原微生物主要有绿脓杆菌、结核分枝杆菌、破伤风杆菌、百日咳杆菌、白喉杆菌、溶血链球菌、金黄色葡萄菌、肝炎杆菌、脑膜炎球菌、感冒病毒、流行性感冒病菌、麻疹病毒、SARS 冠状病毒等。存在于空气中的病原微生物主要来自于各种污染源，如土壤尘埃、人畜的呼吸道等，其种类与数量因环境不同而有所差别。2002—2003 年，在全球范围暴发流行的严重急性呼吸系统综合征（SARS），传染源主要是 SARS 患者，SARS 病毒在密闭的环境中易于传播，主要通过近距离飞沫和接触患者鼻咽分泌物传播，因此有家庭成员、医护人员集聚发病现象。

水中的病原微生物指存在于水中或可通过水传播引起疾病的病原微生物。水体极易受到病原微生物污染，常成为人和动植物疾病的传播媒介，引起传染病的流行。水中的病原微生物主要来源于人畜粪便等排泄物，常见有沙门氏菌、志贺氏菌、伤寒杆菌、痢疾杆菌、致病性大肠杆菌、鼠疫杆菌、霍乱弧菌、脊髓灰质炎病毒、甲型肝炎病毒等。水携带的病原微生物可以通过多种途径进入人体，这包括直接饮用、接触和吸入。饮水不洁所造成的传染病在发展中国家十分普遍，接触污染水体会引起皮肤和眼睛的疾病，吸入带有病原微生物的水珠会导致呼吸道传染病。防治水中病原微生物污染的主要措施是加强对污水和饮用水的处理。对于医院、屠宰场、畜牧场等部门的污水，必须严格管理，处理达标后才能允许排放。饮用水必须符合水质标准。

土壤中的病原微生物主要来源有以下三个方面：用未经彻底无害化处理的人畜粪便施肥；用未经处理的生活污水、医院污水和含有病原体的工业废水进行农田灌溉或利用其污泥施肥；病畜尸体处理不当。其中以传染病医院未经消毒处理的污水和污物危害最大。土壤中的病原微生物主要有粪链球菌、沙门氏菌、志贺氏菌、结核杆菌、霍乱弧菌、致病性大肠杆菌、炭疽杆菌、破伤风杆菌、肠道病毒等。土壤中的病原微生物不仅可造成对土壤的污染，严重地危害植物，造成农业减产，还可从地面污染源迁移到地下水和地表水。病原微生物可随饮水、食品和尘埃进入人体，引起人体感染。防止土壤病原微生物污染的主要的措施是对施入土壤的人畜粪便及污泥等进行无害化灭菌处理。

（二）水体富营养化（eutrophication）

水体富营养化是指大量氮、磷等营养物质进入水体，引起蓝细菌、微小藻类及其他浮游生物恶性增殖，水体生态平衡破坏，最终导致水质急剧下降的一种污染现象。富营养化发生在海洋中称作赤潮（red tide），发生在淡水中称作水华（water bloom）。

在富营养化阶段，水体中出现最多的微生物主要是蓝细菌和微小藻类。湖泊发生水华时常以蓝藻纲为主，如微囊藻、鱼腥藻、颤藻等蓝细菌，除此以外，某些甲藻、鞭毛藻、硅藻、栅藻也是常常过度繁殖的种类。引起海洋赤潮的主要藻种多属甲藻纲，常见的有裸甲藻属、膝沟藻属、多甲藻属等。水体在气温较高的夏季较易发生富营养化，因为藻类属于中温性微小浮游生物，阳光照射是藻类旺盛繁殖的必要条件。

水体富营养化破坏了水体自然生态平衡，它不仅给渔业等生产造成重大经济损失，而且还会危害人类健康。

水体富营养化的防治措施，最根本的是要严格限制含氮、磷物质任意排入水体。对于已发生富营养化的水体，则应采取综合治理措施，如化学药剂控制法、生物学控制法、搅动水层法、打捞藻类法等。其中生物学手段至关重要，即应用原位生物修复技术对富营养化水体进行脱氮除磷，筛选拮抗生物（如藻类病原菌或噬菌体），杀灭富营养化水体中的有害微生物等。

水体富营养化的监测应着重于水域各种环境要素的特征变化，如水化学环境（温度、盐度、溶解氧、营养盐、维生素、铁、锰等）、海域以及大气物理状况（水色、透明度、气温、气压等）、污染物种类及数量、浮游生物的种类、优势种和海水中的叶绿素浓度等，特别掌握富营养化微生物的类群特征及数量变化。为了及时、准确预测和防治水体富营养化，人们制定了一些判断富营养化的指标。一般认为，水体形成富营养化的指标是水体含氮量大于 $0.2 \sim 0.3 mg/L$，含磷量大于 $0.01 mg/L$，生化需氧量（BOD_5）大于 $10 mg/L$，在淡水中细菌总数达到 $10^4 CFU/mL$，标志藻类生长的叶绿素 a 质量浓度大于 $10\mu g/L$。

四、微生物与环境治理

微生物种类繁多，代谢类型多样，自然界所有的有机物几乎都能被微生物降解与转化。许多人工合成的新化合物易引起新的环境污染，微生物具有适应性强、易变异等特点，可随环境变化产生新的自发突变株，也可能通过形成诱导酶、生成新的酶系，具备新的代谢功能以适应新的环境，从而降解和转化那些陌生的化合物。因此，微生物具有降解、转化物质的巨大潜力。环境保护的主要目的是消除污染和保护生态环境，微生物在这两方面都具有重要的作用。

（一）微生物与污水处理

污水处理的方法有物理法、化学法和生物法。各种方法都有其特点，可以相互配合、相互补充。目前普遍使用生物法或生物法与其他方法结合，全世界总排水量约65%都是用生物法处理，城市污水生物法处理的水量则高达95%，微生物在废水处理中已经发挥了巨大作用。

虽然用于废水处理的生物反应器及工艺流程的类型很多，但其基本原理都是充分发挥各种微生物的代谢作用，对废水中的污染物进行转移和转化，将其转化为微生物的细胞物质以及简单形式的无机物。

我国现有的污水处理厂采用的生物处理法主要有活性污泥法、生物膜法、稳定塘法、土地处理法和厌氧微生物处理法等。此外，国外为提高废水处理的效率和降低运行成本，采用现代生物技术手段对强化生物降解作用的环保制剂进行了研究开发与应用，这是目前废水生物处理技术最具发展潜力的方向之一。

1. 活性污泥法

活性污泥是指微生物利用废水中的有机物进行生长与繁殖所形成的絮凝体，另外还包含一些无机物和分解中的有机物。好氧微生物是活性污泥中的主体生物，其中又以细菌最多，同时还有酵母菌、放线菌、霉菌、原生动物和后生动物等，如图 12 - 1 所示。

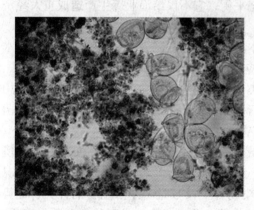

图 12 - 1　活性污泥镜检照片

活性污泥法就是利用含有大量好氧微生物的活性污泥，在强力通气的条件下使污水净化的生物学方法。此法的工作原理就是在有机废水中通过曝气供氧，促进微生物生长形成活性污泥，利用活性污泥的吸附、氧化分解、凝聚和沉降性能，来净化废水中的有机污染物。在处理过程中，有机降解是依赖活性污泥的吸附与氧化分解能力，而泥水分离则是利用活性污泥的凝聚和沉降性能。普通活性污泥法处理系统示意图如图

12-2所示，主要由初沉池、曝气池（又名好氧反应池、生物反应器）、二沉池组成。

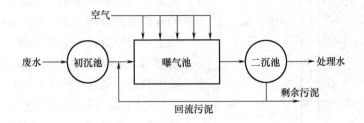

图12-2 普通活性污泥法处理系统

活性污泥法及其衍生改良工艺是处理城市污水最广泛使用的方法。目前我国已建及在建的城市污水处理厂所采用的工艺中，活性污泥法为主流，占到90%以上。

活性污泥是污水生物处理系统的主体，污泥的数量、活性和沉降性直接与生物处理系统的工作效能密切相关。污泥中的生物相（种类、丰度、状态）是赋予污泥活性的关键因素，污泥生物相较为复杂，以细菌和原生动物为主，也有真菌、后生动物等。某些细菌能分泌胶粘物质形成菌胶团，进而组成污泥絮绒体（绒粒）。当水质条件或曝气池操作条件发生变化时，生物相也会随之变化。一般认为，原生动物固着型纤毛虫占优势时，污水处理系统运转正常；后生动物轮虫大量出现则意味着污泥已经老化；缓慢游动或匍匐前进的生物出现时，说明污泥正在恢复正常状态；丝状菌占据优势，甚至伸出絮状体外，则是污泥膨胀的象征。发育良好的污泥具有一定形状，结构稠密，沉降性能好。因此，观察活性污泥絮体及其生物相，可初步判断生物处理系统的运转状况，有助于及时采取调控措施，保证生物处理系统稳定运行。

污水处理中的特殊微生物随污水性质不同，需要筛选、培养特殊的微生物，组建各种优势菌群，以处理相应的污水。例如处理含氰（腈）废水，需要筛选产生氰解酶和丙烯腈水解酶的细菌。

2. 生物膜法

生物膜是指附着或固定于特定固体（称为载体或填料）上的结构复杂的微生物共生体。与活性污泥相比，生物膜为微生物提供了更稳定的生存环境，在单位体积生物膜中所含的微生物的种类更多，数量更高、比表面积更大，因而生物膜具有更强的吸附能力和降解能力。

生物膜法就是利用在固体载体表面附着生长的微生物所形成的生物膜来处理废水的一类方法，又称为生物过滤法、固着生长法。生物膜法对废水净化作用原理如图12-3所示。生物膜法对废水的净化过程是生物膜对废水中污染物的吸附、污染物从废水向生物膜内的传递和微生物对污染物的氧化分解过程。

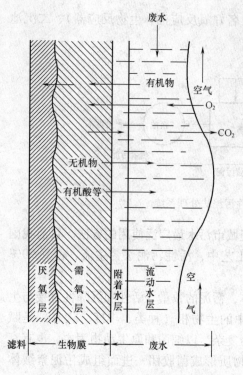

图 12 - 3　生物膜对废水的净化作用

生物膜一般呈蓬松的絮状结构，微孔较多，表面积很大，因此具有很强的吸附作用，有利于微生物进一步对吸附的有机物的降解。由于膜中的微生物不断生长繁殖致使膜逐渐加厚，当生物膜增加到一定厚度时，受到水力的冲刷而发生剥落。剥落可使生物膜得到更新。

生物膜中的微生物包括好氧菌、厌氧菌和兼性厌氧菌。生物膜外表层的微生物一般为好氧菌，因而称为好氧层；生物膜的内层因氧的扩散受到影响而供氧不足，厌氧菌大量繁殖称为厌氧层，兼性厌氧菌处于好氧层和厌氧层的中间。

目前，生物膜法较多应用于特殊行业的废水处理中，如印染、医药、农药、食品、制革等工业废水的处理。和活性污泥法相比较，生物膜法具有速度快、效率高、动力消耗较小，无需污泥回流、运转管理较方便等特点，因而具有广阔的发展前景。

3. 氧化塘

氧化塘也称稳定塘或生物塘，是利用自然生态系统净化污水的大面积、敞开式的污水处理池塘。氧化塘法是应用最早、最简单、负荷最低的一种生物处理方法，是一种模拟自然界湖泊、池塘等静态水域自净作用的废水处理方法，如图12 - 4所示。

图 12 - 4　氧化塘外观图

氧化塘法的作用原理是利用细菌和藻类的共生关系来降解水中的有机污染物，使水得以净化。氧化塘法作用原理如图 12-5 所示。水中污染物主要由塘中的细菌氧化分解，形成各种无机物，如 NH_4^+、PO_4^{3-}、CO_2 等，藻类可利用这些无机物作养料，通过光合作用释放大量氧气，供好氧微生物所用。此外在氧化塘底层，还存在厌氧微生物的活动，通过无氧呼吸降解污染物。只要这个过程的各个环节保持良好的平衡，此生态系统就能相对稳定，污水得以不断净化。

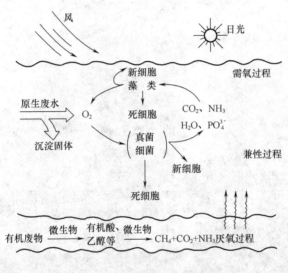

图 12-5　氧化塘工作示意图

氧化塘污水处理技术的特点是构筑简单，不需要特殊的技术，投资少，操作容易；但是处理同量污水同活性污泥法和活性膜相比，此法具有占地面积大、效率低、时间长的特点，因此只适用于轻度污染且较少量的污水处理。目前，瑞典、美国等四十多个国家都采用稳定塘系统处理造纸、制糖、纺织印染、制革、食品等工业废水。

4. 厌氧生物处理法

厌氧微生物处理法是在厌氧条件下或缺氧条件下，利用厌氧性微生物（包括兼性微生物）分解污水中的有机物，有机物最终被转化为甲烷、二氧化碳、水及少量硫化氢和氨，此方法也称厌氧消化或厌氧发酵法。

与好氧生物处理法相比，厌氧生物处理法具有以下优点：能耗低，不需供氧，运转费用低，可处理高浓度的有机物，有机物容积负荷大，反应时间短（由原来数天、数十天缩短至数十小时，甚至数小时），产物的可利用性高，可获得清洁能源如甲烷、菌体蛋白或有用的有机物如乙醇。

厌氧生物处理技术存在的主要缺陷是出水水质难以达到直接排放标准，即有机物的降解具有不彻底性，还需作进一步处理。

厌氧生物处理法主要用于处理农业和生活废弃物或污水厂的剩余污泥，也可用于工业废水处理。

5. 废水处理的环境生物制剂

用于废水处理的生物制剂包括微生物菌剂、生物吸附剂、微生物絮凝剂、生物工程菌种等。污水处理厂投菌剂现场照片见图12-6。

图12-6 污水处理厂投菌剂现场

（1）微生物菌剂　微生物菌剂是由细菌、酵母菌、光合菌、放线菌等几十种微生物按一定比例构建的生物聚合体，它们互利共生，厌氧好氧兼存，处于一个复杂而又稳定的微生态体系中，其活菌含量为 $1 \times 10^9 \sim 2 \times 10^9$ 个/mL。不同的微生物菌剂是针对不同水质筛选出的针对性优势菌种，经过优化比例，复合培养得到的，最后加入营养物质制成的。

（2）生物吸附剂　目前用于生物吸附剂的材料有藻类、细菌、真菌等。自1979年起，美国、加拿大就利用藻类作生物吸附剂处理含金属离子的矿山废水。真菌生物吸附剂主要应用于放射性元素、重金属及碱土金属的处理。

（3）微生物絮凝剂　微生物絮凝剂是由微生物产生的絮凝活性的次生代谢产物，是通过细菌、放线菌、真菌等微生物的发酵培养、浸取、精制而得到的含

微生物实用技能训练

蛋白质和多聚糖类生物聚合体的微生物制剂。微生物絮凝剂主要包括利用微生物细胞壁提取物絮凝剂、利用微生物细胞代谢产物的絮凝剂和直接利用微生物细胞的絮凝剂。美国、日本、英国、德国、芬兰、韩国、中国等国家的学者对絮凝剂的开发都进行了大量的研究，迄今已发现的絮凝性微生物达 25 种以上，但目前的研究还主要停留在实验室阶段，要达到大规模的工业应用，还需进行深入的研究，实现大规模产业化的主要问题是如何降低生产成本。

（4）生物工程菌　运用现代生物技术手段如基因工程、细胞工程等构建生物工程菌，运用于环境污染治理起始于 20 世纪 80 年代，此技术能提高微生物的降解速率，拓宽底物的专一性范围，维持低浓度下的代谢活性，增强降解微生物耐受不良环境因素的能力，改善有机污染物降解过程中的生物催化稳定性等。采用的方法是从环境中筛选分离出特异性的菌种，利用基因工程或细胞工程手段，实现质粒转移，基因重组，原生质体融合，构建出具有特殊降解功能的生物工程菌。如 1983 年 Stewart 将分解纤维素和木质素的基因组建到酵母菌体中，用于处理有机废水，生产乙醇。

（二）微生物与固体废弃物处理

固体废弃物的生物治理技术，是指依靠自然界广泛分布的微生物的作用，通过生物转化，将固体废物中易于生物降解的有机组分转化为腐殖质肥料、沼气或其他转化产品，如饲料蛋白、乙醇或糖类，从而达到固体废弃物无害化的一种处理方法。

该方法主要适用于固体废物中的有机物，因此处理之前应尽可能对固体废物做预处理，使其中的有机物富集起来，以利于集中处理。这一技术的最大优点是可以回收利用最后产品，达到固体废物的资源化利用。

固体废弃物的生物治理技术主要包括堆肥法和填埋技术。

1. 堆肥法

堆肥法是指在人工控制条件下，依靠自然界广泛存在的真菌、放线菌、细菌等微生物或蚯蚓等动物，使固体废物中可生物降解的有机物分解转化为比较稳定的腐殖质的生物化学过程。适用于堆肥化处理的废物主要有城市垃圾、粪便、城市和某些工业废水处理过程中产生的污泥、农林废物等。

堆肥法的优点是可使垃圾达到无害化和资源化；缺点是占地面积较大，卫生条件较差，处理费用也相应高。

现代化的堆肥工艺，特别是城市垃圾堆肥工艺大多是好氧堆肥，即以好氧菌为主对废物进行氧化、吸收与分解。厌氧堆肥工艺堆制温度低，成品肥中氮素保留较多，无害化处理所需时间较长，有机废物分解不够充分，且异味强烈，但此法简便、省工，在不急需用肥或劳力紧张的情况下可以采用。

2. 卫生填埋法

卫生填埋法始于 20 世纪 60 年代，它是在传统的堆放基础上，从环境免受二次污染的角度出发，而发展起来的一种较好的固体废弃物处理法。它利用凹地或平地等各种天然屏障或工程屏障，经防渗、排水、导气等防护措施处理后，将垃圾分区，按填埋单元进行堆放，在填埋单元通过微生物的活动实现有机废弃物的降解。卫生填埋法的优点是投资少、见效快、容量大，一次性处理，无需补充处理，因此广为各国采用。卫生填埋厂实景图见图 12 - 7，工作流程见图 12 - 8。

图 12 - 7　卫生填埋厂实景图

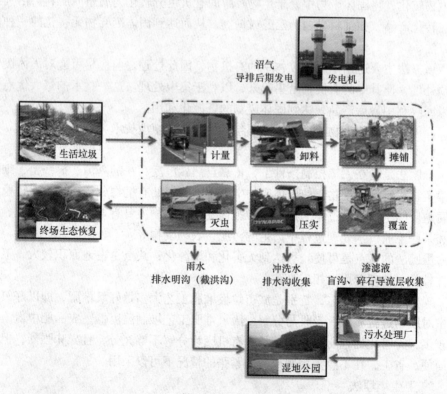

图 12 - 8　卫生填埋厂工作流程图

微生物实用技能训练

卫生填埋法主要有厌氧、好氧和半好氧三种。目前，厌氧填埋操作简单，施工费用低，可回收沼气，而被广泛采用，但降解垃圾不彻底且时间长，有时长达数十年。好氧和半好氧填埋技术使固体废弃物的分解速度快，垃圾稳定化时间短，近年来日益受到各国的重视，但由于其工艺要求较复杂，费用较高，故尚处于研究阶段。

（三）微生物与废气净化

目前，对于高浓度废气大多采用吸收法、吸附法、焚烧法、氧化法等物理化学法处理，而此类方法对于低浓度的废气（＜3mg/L）净化处理难度较大，生物处理法以其高效、运行费用低、设备及操作简单、无二次污染等特点显示出明显的优越性。

大气污染物生物净化的实质也是利用微生物代谢作用将废气中污染物分解，转化为无害或少害的物质。但是，由于大气具有营养物缺乏和水分不足的特点，不是微生物生活的良好场所，因而微生物氧化分解污染物难以在气相中进行。因此，废气的生物处理要经过两个阶段：一是污染物由气相转入液相或固相表面，二是污染物在液相或固相表面被微生物降解。目前常用的大气污染物生物净化法有生物过滤法、生物吸收法和生物滴滤法三种类型。

20 世纪 80 年代，德国、日本、荷兰等国家将废气生物净化装置投入工业运行，而我国在这方面的工作尚处于起步阶段，许多工作只停留在实验室水平，与国外有较大差距，尚待发展。

（四）污染环境的生物修复

生物修复，也称生物整治、生物恢复、生态修复或生态恢复，是指利用处理系统中的生物，主要是微生物，催化降解土壤和水体中的有机污染物或使其转化为无害物质的过程，从而使污染生态环境修复为正常生态环境的工程技术体系，这种技术的最大特点是可以对大面积的污染环境进行治理。与化学、物理修复方法相比，生物修复技术具有以下优点：污染物可在原地被降解清除，修复时间较短，操作简便，对周围环境干扰少，费用低，无二次污染。

从 20 世纪 80 年代中期起，欧洲各发达国家就对生物修复进行了初步研究，并完成了一些环境处理工程，该技术的萌芽阶段主要应用于环境中石油烃污染的治理，结果表明生物修复技术是可行、有效和优越的。目前德国、丹麦、荷兰在此领域处于领先地位。近年来，根据不同环境的污染特点，又研究开发出以微生物为主，联合动植物，并配合物理、化学措施的综合修复技术。

目前我国微生物技术在环境修复上的应用还处在起步阶段，我们对于微生物的研究开发利用还是冰山一角，随着我国经济的进一步发展，我国将面临越来越严峻的环境污染问题，所以进一步深入研究微生物的环境修复功能不仅具有很大潜力，而且还具有重要意义。微生物处理技术必将为我国的环境修复提供更多可行、可用、有效的方法。

目前用于生物修复的高效降解菌大多是多种微生物混合而成的复合菌群，其中不少已被商业化制成产品。另外，现代生物技术为基因工程菌的构建打下了坚实的基础，可通过采用基因工程的手段将降解多种污染物的降解基因转入到一种微生物细胞中，使其具有广谱降解能力，或者通过增加微生物细胞内降解基因的拷贝数来增加其降解能力。

拓展知识窗

石油污染生物修复案例

石油是链烷烃、环烷烃、芳香烃及少量非烃化合物的复杂混合物，是古代未能进行降解的有机物质积累，经地质变迁而成的。当今世界石油工业飞速发展，在石油的开采、运输、加工过程中都可能对环境产生污染。全世界每年有 10 亿吨原油经海上运输，其中约有 320 万吨因泄漏污染海洋，同时油库、输油管泄漏造成土壤污染事件也时有发生。20 世纪 80 年代以来生物修复技术开始应用于石油污染的治理。微生物降解是石油污染去除的主要途径，治理方法主要有加入高降解能力的菌株、改变环境因子和促进微生物代谢能力。

1989 年，美国油轮 Exxon Valdez 撞上了在阿拉斯加的威廉王子湾的礁石，泄漏原油 42000m^3，在 5h 内污染了 2100km 的海岸线，这是美国历史上最大的一起泄漏事故。事故发生后，由于常规的净化方法已不起作用，美国国家环保局与 Exxon 公司随后开始了著名的 "阿拉斯加研究计划"，主要采用生物修复技术来消除溢油的污染，这也是到目前为止规模最大的生物修复工程。修复工程采取了以下措施：添加氮、磷、硫等营养物，加入了两种亲油菌，定时翻耕海岸土壤以增加氧气供应等方法。结果极大地促进了石油降解微生物的生长，原油的降解速度提高 6~9 倍，16 个月内降解率达 60%~90%，营养物的加入也并未对海水养分、藻类生长造成影响。至 1992 年，原油污染基本清除，治理时间由原先估计的 10~20 年缩短至 2~3 年。

五、微生物与环境监测

环境监测是测定代表环境质量的各种指标数据的过程，包括环境化学分析、物理测定和生物监测。生物监测是利用生物对环境污染所发生的各种信息作为判断环境污染状况的一种手段。环境中的微生物是环境污染的直接承担者，环境状况的变化都会对微生物的群落结构和生态功能产生影响，因此可以用微生物来指示环境污染。

（一）粪便污染指示菌

粪便污染指示菌的存在是水体受过粪便污染的指标。根据对正常人粪便中微生物的分析结果，采用大肠菌群作为指标较为合适。大肠菌群是指一大群与大肠杆菌相似的好氧及兼性厌氧的革兰氏阴性无芽孢杆菌，在37℃、48h内发酵乳糖产酸产气，包括肠杆菌科的埃希氏菌属、柠檬酸杆菌属、产气肠杆菌属、克雷伯氏菌属等。测定大肠菌群的常用方法有发酵法和滤膜法两种。

（二）水体污染指示生物带

一般的生物多适宜于清洁的水体，但是有的生物则适宜于某种程度污染的水体。在各种不同污染程度的水体中，各有其一定的生物种类和组成。根据水域中的动、植物和微生物区系，可推测该水域中的污染状况，污水生物带便是通过以上检测而确定的。通常把水体划分为多污带、中污带和寡污带。

（三）致突变物与致癌物的微生物检测

环境污染物的遗传学效应主要体现在污染物的致突变作用，致突变作用是致癌与致畸变的根本原因。具有致突变作用或怀疑具有致突变作用的化合物数量巨大，发展快速准确的检测手段十分必要。微生物生长快符合快速检测的要求，微生物监测被公认为对致突变物质最好的初步筛选方法。应用于致突变的微生物有鼠伤寒沙门氏菌、大肠埃希氏菌、枯草芽孢杆菌、酿酒酵母、构巢曲霉等。目前以沙门氏菌致突变试验应用最广。

（四）发光细菌检测法

发光细菌是一种非致病性细菌，在正常的生理条件下能发出400nm的蓝绿光，发光现象是细菌新陈代谢过程中的正常表现。当环境条件不良或有毒物质存在时，细菌的发光能力受到影响而减弱，毒物浓度与发光强度呈负相关性关系。通过灵敏的光电测定装置，检查毒物作用下发光细菌的发光强度变化可以评价待测定物质的毒性。其中研究和应用最多的为明亮发光杆菌（*Photobacterium phosphereum*）。

项目实施

任务一　空气中细菌总数的测定

方法依据

GB/T 18204.1—2000《公共场所空气微生物检验方法　细菌总数测定》。

器材准备

1. 培养基

营养琼脂培养基。

2. 仪器及相关用品

撞击式空气微生物采样器（图 12 - 9）、高压蒸气灭菌锅、恒温培养箱、冰箱、平皿等。

2级撞击器
橡胶管
流量调节钮
电源开关
流量计
定时器
三脚架

图 12 - 9　撞击式空气微生物采样器

操作方法

1. 撞击法（impacting method）

采用撞击式空气微生物采样器采样，通过抽气动力作用，使空气通过狭缝或小孔而产生高速气流，从而使悬浮在空气中的带菌粒子撞击到营养琼脂平板上，经37℃、48h培养后，计算每立方米空气中所含的细菌菌落数的采样测定方法。

选择撞击式空气微生物采样器的基本要求：对空气中细菌捕获率达95%，操作简单，携带方便，性能稳定，便于消毒。

选择有代表性的位置设置采样点。将采样器消毒，按仪器使用说明进行采样。

样品采完后，将带菌营养琼脂平板置36℃±1℃恒温箱中，培养48h，计数菌落数，并根据采样器的流量和采样时间，换算成每立方米空气中的菌落数。以每立方米菌落数（CFU/m³）报告结果。

2. 自然沉降法（natural sinking method）

自然沉降法是指直径9cm的营养琼脂平板在采样点暴露5min，经37℃、48h培养后，计数生长的细菌菌落数的采样测定方法。

设置采样点时，应根据现场的大小，选择有代表性的位置作为空气细菌检测的采样点。通常设置5个采样点，即室内墙角对角线交点为一采样点，该交点与四墙角连线的中点为另外4个采样点。采样高度为1.2～1.5m。采样点应远离墙壁1m以上，并避开空调、门窗等空气流通处。

将营养琼脂平板置于采样点处，打开皿盖，暴露5min，盖上皿盖，翻转平板，置36℃±1℃恒温箱中，培养48h，计数每块平板上生长的菌落数，求出全部采样点的平均菌落数。以每平皿菌落数（CFU/皿）报告结果。

微生物实用技能训练

任务二　自来水中菌落总数和大肠菌群的测定

方法依据

GB/T 5750.12—2006《生活饮用水标准检验方法　微生物指标》。

器材准备

1. 培养基

营养琼脂培养基、乳糖蛋白胨培养液、二倍浓缩乳糖蛋白胨培养液、伊红美蓝培养基等。

2. 试剂

革兰氏染色液、灭菌生理盐水。

3. 仪器及相关用品

高压蒸汽灭菌锅、恒温培养箱、冰箱、显微镜、小导管、革兰氏染液等。

操作方法

1. 水样采集

先将自来水龙头用火焰烧灼3min消毒，再开放水龙头使水流5min后，以灭菌三角烧瓶接取水样，以待分析。

2. 菌落总数测定

（1）生活饮用水接种和培养　以无菌操作方法用灭菌吸管吸取1mL充分混匀的水样，注入灭菌平皿中，倾注约15mL已融化并冷却到45℃左右的营养琼脂培养基，并立即旋摇平皿，使水样与培养基充分混匀。每次检验时应做一平行接种，同时另用一个平皿只倾注营养琼脂培养基作为空白对照。待冷却凝固后，翻转平皿，使底面向上，置于36℃±1℃培养箱内培养48h，进行菌落计数，即为水样1mL中的菌落总数。

（2）水源水接种和培养　以无菌操作方法吸取1mL充分混匀的水样，注入盛有9mL灭菌生理盐水的试管中，混匀成1:10稀释液。吸取1:10的稀释液1mL注入盛有9mL灭菌生理盐水的试管中，混匀成1:100稀释液。按同法依次稀释成1:1000、1:10000稀释液等备用。如此递增稀释一次，必须更换一支1mL灭菌吸管。用灭菌吸管取未稀释的水样和2～3个适宜稀释度的水样1mL，分别注入灭菌平皿内。以下操作同生活饮用水的检验步骤。

（3）菌落计数及报告方法　做平皿菌落计数时，可用眼睛直接观察，必要时用放大镜检查，以防遗漏。在记下各平皿的菌落数后，应求出同稀释度的平均菌落数，供下一步计算时应用。在求同稀释度的平均数时，若其中一个平皿有较大片状菌落生长时，则不宜采用，而应以无片状菌落生长的平皿作为该稀释度的平均菌落数。若片状菌落不到平皿的一半，而其余一半中菌落数分布又很均匀，则可将此半皿计数后乘2以代表全皿菌落数。然后再求该稀释度的平均菌落数。

（4）不同稀释度的选择及报告方法

①首先选择平均菌落数在 30~300 之间者进行计算，若只有一个稀释度的平均菌落数符合此范围时，则将该菌落数乘以稀释倍数报告之，见表 12-2 中实例 1。

②若有两个稀释度，其生长的菌落数均在 30~300 之间，则视二者之比值来决定，若其比值小于 2 应报告两者的平均数，如表 12-2 中实例 2。若大于 2 则报告其中稀释度较小的菌落总数，如表 12-2 中实例 3。若等于 2 也报告其中稀释度较小的菌落数，见表 12-2 中实例 4。

③若所有稀释度的平均菌落数均大于 300，则应按稀释度最高的平均菌落数乘以稀释倍数报告之，见表 12-2 中实例 5。

④若所有稀释度的平均菌落数均小于 30，则应以按稀释度最低的平均菌落数乘以稀释倍数报告之，见表 12-2 中实例 6。

⑤若所有稀释度的平均菌落数均不在 30~300 之间，则应以最接近 30 或 300 的平均菌落数乘以稀释倍数报告之，见表 12-2 中实例 7。

⑥若所有稀释度的平板上均无菌落生长，则以未检出报告之。

⑦如果所有平板上都菌落密布，不要用"多不可计"报告，而应在稀释度最大的平板上，任意数其中 2 个平板每 $1cm^2$ 中的菌落数，除以 2 求出每 $1cm^2$ 内平均菌落数，乘以皿底面积 $63.6cm^2$，再乘以其稀释倍数作报告。

⑧菌落计数的报告：菌落数在 100 以内时则按实有数报告，大于 100 时，采用两位有效数字，在两位有效数字后面的数值，以四舍五入方法计算，为了缩短数字后面的零数也可用 10 的指数来表示，见表 12-2 "报告方式"栏。

表 12-2　　　　　　　　　　稀释度选择及菌落总数报告方式

实例	不同稀释度的平均菌落数			两个稀释度菌落数之比	菌落总数/（CFU/mL）	报告方式/（CFU/mL）
	10^{-1}	10^{-2}	10^{-3}			
1	1365	164	20	—	16400	16000 或 1.6×10^4
2	2760	295	46	1.6	37750	38000 或 3.8×10^4
3	2890	271	60	2.2	27100	27000 或 2.7×10^4
4	150	30	8	2	1500	1500 或 1.5×10^3
5	多不可计	1650	513	—	513000	510000 或 5.1×10^5
6	27	11	5	—	270	270 或 2.7×10^2
7	无法计数	305	12	—	30500	31000 或 3.1×10^4

3. 总大肠菌群（total coliforms）测定——多管发酵法

（1）乳糖发酵试验　取 10mL 水样接种到 10mL 双料乳糖蛋白胨培养液中，取 1mL 水样接种到 10mL 单料乳糖蛋白胨培养液中，另取 1mL 水样注入到 9mL 灭菌生理盐水中，混匀后吸取 1mL（即 0.1mL 水样）注入至 10mL 单料乳糖蛋白胨培养液中，每一稀释度接种 5 管。对已处理过的出厂自来水，需经常检验或每天检验一次的，可直接种 5 份 10mL 水样双料培养基，每份接种 10mL 水样。

检验水源水时，如污染较严重，应加大稀释度，可接种 1、0.1、0.01mL 甚至 0.1、0.01、0.001mL，每个稀释度接种 5 管，每个水样共接种 15 管。接种 1mL 以下水样时，必须做 10 倍递增稀释后，取 1mL 接种，每递增稀释一次，换用 1 支 1mL 灭菌刻度吸管。

将接种管置 36℃±1℃ 培养箱内，培养 24h±2h，观察其产酸产气的情况。如所有乳糖蛋白胨培养管都不产气产酸，则可报告为总大肠菌群阴性；如有产酸产气者，则按下列步骤进行。

（2）分离培养 将产酸产气的发酵管分别转种在伊红美蓝琼脂平板上，于 36℃±1℃ 培养箱内培养 18～24h，观察菌落形态，挑取符合下列特征的菌落（深紫黑色、具有金属光泽的菌落；紫黑色、不带；略带金属光泽的菌落，淡紫红色、中心较深的菌落）作革兰氏染色、镜检和证实试验。

（3）证实试验 经上述染色镜检为革兰氏阴性无芽孢杆菌，同时接种乳糖蛋白胨培养液，置 36℃±1℃ 培养箱中培养 24h±2h，有产酸产气者，即证实有总大肠菌群存在。

（4）结果报告 根据证实为总大肠菌群阳性的管数，查 MPN（most probable number，最可能数）检索表，报告每 100mL 水样中的总大肠菌群最可能数（MPN）值。5 管法结果见表 12-3，15 管法结果见表 12-4。稀释样品查表后所得结果应乘稀释倍数。

如所有乳糖发酵管均阴性时，可报告总大肠菌群未检出。

表 12-3 用 5 份 10mL 水样时各种阳性和阴性结果组合时的最可能数（MPN）

5 个 10mL 管中阳性管数	最可能数/MPN	5 个 10mL 管中阳性管数	最可能数/MPN
0	<2.2	3	9.2
1	2.2	4	16.0
2	5.1	5	>16

表 12 - 4 　　　　　　　　　　　总大肠菌群 MPN 检索表

接种量/mL			总大肠菌群/	接种量/mL			总大肠菌群/
10	1	0.1	(MPN/100mL)	10	1	0.1	(MPN/100mL)
0	0	0	<2	1	0	0	2
0	0	1	2	1	0	1	4
0	0	2	4	1	0	2	6
0	0	3	5	1	0	3	8
0	0	4	7	1	0	4	10
0	0	5	9	1	0	5	12
0	1	0	2	1	1	0	4
0	1	1	4	1	1	1	6
0	1	2	6	1	1	2	8
0	1	3	7	1	1	3	10
0	1	4	9	1	1	4	12
0	1	5	11	1	1	5	14
0	2	0	4	1	2	0	6
0	2	1	6	1	2	1	8
0	2	2	7	1	2	2	10
0	2	3	9	1	2	3	12
0	2	4	11	1	2	4	15
0	2	5	13	1	2	5	17
0	3	0	6	1	3	0	8
0	3	1	7	1	3	1	10
0	3	2	9	1	3	2	12
0	3	3	11	1	3	3	15
0	3	4	13	1	3	4	17
0	3	5	15	1	3	5	19
0	4	0	8	1	4	0	11
0	4	1	9	1	4	1	13
0	4	2	11	1	4	2	15
0	4	3	13	1	4	3	17
0	4	4	15	1	4	4	19
0	4	5	17	1	4	5	22
0	5	0	9	1	5	0	13
0	5	1	11	1	5	1	15
0	5	2	13	1	5	2	17
0	5	3	15	1	5	3	19
0	5	4	17	1	5	4	22
0	5	5	19	1	5	5	24

续表

接种量/mL			总大肠菌群/	接种量/mL			总大肠菌群/
10	1	0.1	（MPN/100mL）	10	1	0.1	（MPN/100mL）
2	0	0	5	3	0	0	8
2	0	1	7	3	0	1	11
2	0	2	9	3	0	2	13
2	0	3	12	3	0	3	16
2	0	4	14	3	0	4	20
2	0	5	16	3	0	5	23
2	1	0	7	3	1	0	11
2	1	1	9	3	1	1	14
2	1	2	12	3	1	2	17
2	1	3	14	3	1	3	20
2	1	4	17	3	1	4	23
2	1	5	19	3	1	5	27
2	2	0	9	3	2	0	14
2	2	1	12	3	2	1	17
2	2	2	14	3	2	2	20
2	2	3	17	3	2	3	24
2	2	4	19	3	2	4	27
2	2	5	22	3	2	5	31
2	3	0	12	3	3	0	17
2	3	1	14	3	3	1	21
2	3	2	17	3	3	2	24
2	3	3	20	3	3	3	28
2	3	4	22	3	3	4	32
2	3	5	25	3	3	5	36
2	4	0	15	3	4	0	21
2	4	1	17	3	4	1	24
2	4	2	20	3	4	2	28
2	4	3	23	3	4	3	32
2	4	4	25	3	4	4	36
2	4	5	28	3	4	5	40
2	5	0	17	3	5	0	25
2	5	1	20	3	5	1	29
2	5	2	23	3	5	2	32
2	5	3	26	3	5	3	37
2	5	4	29	3	5	4	41
2	5	5	32	3	5	5	45

续表

接种量/mL			总大肠菌群/ (MPN/100mL)	接种量/mL			总大肠菌群/ (MPN/100mL)
10	1	0.1		10	1	0.1	
4	0	0	13	5	0	0	23
4	0	1	17	5	0	1	31
4	0	2	21	5	0	2	43
4	0	3	25	5	0	3	8
4	0	4	30	5	0	4	76
4	0	5	36	5	0	5	95
4	1	0	17	5	1	0	33
4	1	1	21	5	1	1	46
4	1	2	25	5	1	2	63
4	1	3	31	5	1	3	84
4	1	4	36	5	1	4	110
4	1	5	42	5	1	5	130
4	2	0	22	5	2	0	49
4	2	1	26	5	2	1	70
4	2	2	32	5	2	2	94
4	2	3	38	5	2	3	120
4	2	4	44	5	2	4	150
4	2	5	50	5	2	5	180
4	3	0	27	5	3	0	79
4	3	1	33	5	3	1	110
4	3	2	39	5	3	2	140
4	3	3	45	5	3	3	180
4	3	4	52	5	3	4	210
4	3	5	59	5	3	5	250
4	4	0	34	5	4	0	130
4	4	1	40	5	4	1	170
4	4	2	47	5	4	2	220
4	4	3	54	5	4	3	280
4	4	4	62	5	4	4	350
4	4	5	69	5	4	5	430
4	5	0	41	5	5	0	240
4	5	1	48	5	5	1	350
4	5	2	56	5	5	2	540
4	5	3	64	5	5	3	920
4	5	4	72	5	5	4	1600
4	5	5	81	5	5	5	>1600

注：总接种量55.5mL，其中5份10mL水样，5份1mL水样，5份0.1mL水样。

任务三　活性污泥中生物相的观察

器材准备

1. 样品

取自城市污水处理厂的活性污泥。

2. 染液

石炭酸复红染色液。

3. 仪器及相关用品

显微镜、微型动物计数板、香柏油、二甲苯、擦镜纸、目镜测微尺、镜台测微尺、载玻片、盖玻片、吸水纸、酒精灯、火柴、接种环、镊子、滴管量、量筒等。

操作方法

1. 测定污泥沉降比（SV_{30}）

肉眼观察，取曝气池的混合液置于100mL量筒内，直接观察活性污泥在量筒中呈现的絮绒体外观及沉降性能。沉降性能用沉降10min后的污泥体积表示。

2. 观察活性污泥生物相

（1）样品准备　取曝气池中的活性污泥。若曝气池混合液中的活性污泥较少，可先沉淀浓缩；若污泥较多，可先加水稀释再观察。

（2）制作

①制备水浸片：用滴管取制好的污泥混合液一滴，放在洁净的载玻片中央，盖上盖玻片，制成活性污泥标本。加盖玻片时，先使盖玻片的一边接触样液，然后轻轻放下，以免产生气泡，影响观察。

②制备染色片：用滴管取制好的污泥混合液一滴，放在洁净的载玻片中央，自然干燥（或在酒精灯上稍微加热干燥），固定，加石炭酸复红染色液染色1min，水洗，用吸水纸吸干。

（3）水浸片观察

①低倍镜观察：观察活性污泥及其生物相全貌，注意污泥絮粒大小，结构松紧程度；观察菌胶团细菌和丝状细菌的分布比例和生长状况；观察微型动物的种类、形态及其活动状况。

②高倍镜观察：观察活性污泥中菌胶团与污泥絮粒之间的联系；观察菌胶团细菌和丝状细菌的形态特征，注意两者之间的相对数量；观察微型动物的结构特征，注意微型动物的外形和内部结构。

（4）染色片观察

①低倍镜观察：在视野中找到丝状细菌并移至中央。

②高倍镜观察：观察丝状细菌的形态特征

③油镜观察：观察丝状细菌的假分支和衣鞘，菌体在衣鞘内的排列情况，菌

体内的贮藏物质

3. 污泥絮粒大小测定

①制作样片：用滴管取制好的曝气池混合液 1 滴，放在洁净的载玻片中央。

②校正目镜测微尺。

③测定絮粒直径：随机取视野中 50 颗絮粒，用经校正的目镜测微尺测量絮粒直径。

④污泥絮粒分级：按平均直径，污泥絮粒可分成大粒污泥（絮粒平均直径 > 500μm）、中粒污泥（絮粒平均直径 150～500μm）、细粒污泥（絮粒平均直径 < 150μm）三个粒级。根据絮粒直径，计算三个粒级所占的比例。

4. 污泥絮粒形状和结构分析

（1）制作样片　用滴管取制好的污泥混合液一滴，放在洁净的载玻片中央。

（2）观察絮粒形状和结构　随机取视野中 50 颗絮粒，用低倍或高倍镜观察污泥絮粒的形状和结构。

（3）污泥絮粒分型　按形状和结构，污泥絮粒可分成三种类型：圆形紧密絮粒（圆形或近似圆形，菌胶团排列致密，沉降性较好）、不规则疏松絮粒（形状不规则，菌胶团排列疏松，沉降性较差）、不规则松散絮粒（形状无规则，絮粒边缘与悬液界限不清晰，沉降性极差）。根据观察结果，分析三种类型所占的比例。

5. 污泥絮粒中丝状细菌数量测定

（1）制作样片　用滴管取制好的污泥混合液 1 滴，放在洁净的载玻片中央，盖上盖玻片，制成活性污泥标本。

（2）标本镜检　随机选择视野，用低倍、高倍和油镜观察污泥絮粒中的丝状细菌数量。

（3）丝状细菌数量分级　按活性污泥中丝状细菌与菌胶团细菌的比例，将丝状细菌分成五个等级：0 级（污泥絮粒中几乎看不到丝状细菌）、±级（污泥絮粒中可见少量丝状细菌）、+级（污泥絮粒中存在一定数量的丝状细菌，但总量少于菌胶团细菌）、++级（污泥絮粒中存在大量丝状细菌，总量与菌胶团细菌大致相等）、+++级（污泥絮粒以丝状细菌为骨架，数量超过菌胶团细菌）。根据观察结果，判断样品所属的丝状细菌数量等级。

6. 微型动物计数

（1）取样　用洁净滴管，取 1 滴（1/20mL）污泥混合液到计数板中央的方格内，加上一块洁净的大号盖玻片，使其四周正好搁在计数板凸起的边框上，如图 12-10 所示。

（2）计数　所加的污泥混合液不一定布满 100 个小方格，用低倍镜计数时，只要计数存在污泥混合液的小方格。遇到群体，则须将群体中的个体逐个计数。

微生物实用技能训练

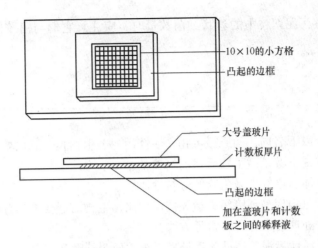

图 12-10　微型动物计数板

（3）计算　假设在稀释 1 倍的 1 滴污泥混合液中，测得钟虫 50 只，则每毫升活性污泥混合液含钟虫数为：$50 \times 20 \times 2 = 2000$（只）。

7. 评价分析

根据观察情况，评价污水生物处理装置中活性污泥的质量及其运行情况。

结果报告

1. 将活性污泥镜检和计数结果填入表 12-5。

表 12-5　　　　　　　　　　　活性污泥镜检和计数结果

项目	结果
絮体形态（圆形、不规则形）	
絮体结构（开放、封闭）	
絮体紧密度（紧密、疏松）	
丝状菌数量（0、±、+、++、+++）	
游离细菌（几乎不见、少、多）	
优势种动物名称及状态描述	
其他动物种名称	
每滴稀释液中的动物数	
每毫升混合液中的动物数	

2. 绘出所见原生动物和微型后生动物形态图。

3. 试对污水厂活性污泥质量作出初步评价。

注意事项

1. 如果用油镜观察，最好将污泥絮体制成染色片。

2. 在观察污泥絮粒的形态和大小时，可先加水稀释或用水洗涤，否则絮粒粘连在一起，不易测定。

3. 在观察污泥絮粒中的丝状细菌数量时，应注意它们与菌胶团细菌的相对比例。

项目思考

1. 试解释以下名词：病原微生物、活性污泥、生物膜、氧化塘。
2. 为什么说土壤是微生物天然的培养基？
3. 简述水体、空气中微生物的分布规律。
4. 与化学、物理等环境污染治理技术相比，生物治理技术具有哪些特点？
5. 生物法处理废水有哪些常见方法？
6. 什么是活性污泥？活性污泥处理系统主要包括哪几部分？
7. 活性污泥中的生物相如何指示水体的状态？
8. 什么是生物膜？用于废水处理的生物膜法具有哪些特点？
9. 什么是氧化塘？氧化塘污水处理技术具有哪些特点？
10. 用于废水处理的环境生物制剂有哪些种类？
11. 固体垃圾生物处理的主要类型有哪些？各有何特点？
12. 废气生物净化的原理是什么？
13. 什么是生物修复？与化学、物理修复方法相比，生物修复技术具有哪些优点？
14. 我国现行国家标准《生活饮用水卫生标准》中对微生物指标有哪些规定？

微生物实用技能训练

项目十三　微生物技能在医药行业的应用

项目介绍

项目背景

随着微生物学基础理论和实验技术的发展，微生物在医药领域的应用越来越广。目前已广泛利用微生物发酵制备各种药物，如抗生素、酶、酶抑制剂、维生素、氨基酸等。每批药品在出厂前除做常规检验外，还要进行微生物学的检验。根据药品的剂型不同，有无菌制剂的无菌检验，口服及外用药物的细菌总数测定、霉菌及酵母菌总数测定以及致病菌检验等。

项目任务

任务一　注射剂的无菌检验

任务二　口服液中细菌总数、霉菌和酵母菌总数的检查

项目目标

知识目标

1. 能阐述微生物技术在医药领域的应用和发展趋势。
2. 能列举常见的微生物药物。
3. 能列举无菌制剂进行无菌检验的基本原理和工作流程。
4. 能阐述药品中微生物限量检验的意义、基本原理和程序。
5. 能列举常用剂型的微生物限度标准。

能力目标

1. 能对无菌制剂进行无菌检验，并能对结果进行正确判断与分析。
2. 能对口服及外用类药品进行细菌总数和霉菌及酵母菌总数的检测，并能对结果进行正确判断与分析。

背景知识

一、环境中的病原微生物

微生物因种群数量大、体积小、繁殖快、适应性强等特点遍布于空气、水、土壤等环境中。这些微生物对环境中的物质循环必不可少，多数无害，但是部分微生物及其代谢产物可以造成对环境的污染。能使人、禽畜与植物致病的微生物统称为病原微生物或致病微生物。

（一）空气中病原微生物

空气中病原微生物的传播途径有以下三种。

（1）尘埃　来源于人们活动过程所产生的尘埃粒子中，往往附着有多种病原微生物。较大的尘埃可迅速落到地面，随清扫或通风而传播；直径在 10 μm 以下的较小尘埃，可较长时间悬浮于空气中。

（2）飞沫　人们咳嗽与打喷嚏时，可有无数细小飞沫喷出，其直径小于 5 μm 占 95% 以上，可长期飘浮于空气中。较小的飞沫喷出后，水分迅速蒸发而形成飞沫核。飞沫核比飞沫小滴更小，因而所含细菌较少，但扩散距离更远。病原微生物在飞沫核或飞沫小滴内存活时间及数量，受飞沫中的营养物及外界因素如温度、湿度、风力、人口密度等的影响。流感病毒是引起世界性、周期性流感大流行的病原体。1889 年、1918 年、1957 年、1968 年均有很严重的世界性大流行，其中 1918 年全球共有 2000 万人死于流感，以后每隔数年即有流感在广大区域内流行。2002 年至 2003 年在全球范围暴发流行的严重急性呼吸系统综合征，即 SARS，传染源主要是 SARS 患者。SARS 病毒在密闭的环境中易于传播，主要通过近距离飞沫和接触患者鼻咽分泌物传播，因此有家庭成员、医护人员集聚发病现象。

（3）污水喷灌所形成的气溶胶　如果污水中存在病原微生物，在喷灌时所形成的气溶胶中可以带菌，污染空气、传播疾病。有实验证明，在上浮而后破裂的气泡表面上所含菌数要比原污水中所含菌数多 10 ~ 1000 倍。由于污水处理和污灌存在着潜在危险，有的国家在污水曝气池上用塑料薄膜覆盖，有的改喷灌为低层滴灌并掩以薄膜，以减少含病原菌气溶胶的传播。同时，污水灌溉前经过适当消毒处理也是十分必要的。

拓展知识窗

流感不同于普通感冒

流感病毒是引起世界性、周期性流感大流行的病原体，它的传播力极强。流

微生物实用技能训练

感的全身症状如头痛、发热、畏寒、四肢酸痛等较重，同时伴有鼻塞、流涕、咽喉干痛、眼结膜充血等局部症状。小儿常伴有腹痛、腹泻、呕吐等消化道症状。血常规检查，中性粒细胞显著减少，淋巴细胞数升高。全球每年流感病例为6～12亿例，死亡50万～100万人，其中重症流感病例300万～500万例，病死率8%～10%。1889年、1918年、1957年、1968年均有很严重的世界性大流行，其中1918～1919年暴发的"西班牙流感"，亦称猪型（现写成H1N1）流感，造成5.5亿人发病，2000万～4000万人死亡。

普通感冒，俗称伤风感冒，通常由环境温度的变化及人体自身抵抗力下降所引起，一年四季均可发病，以咽痛、咳嗽、胸闷等局部症状为主，全身症状较轻，如不伴有合并感染，普通感冒的血常规检查正常，无广泛传播性。普通感冒的传染率只有10%，而流感的传染率为50%。

因流感是由病毒感染所致，目前尚无特异、有效的治疗方法，大多采用对症治疗。

由于无特效治疗药物，流感的预防日益受到重视，通过接种流感疫苗预防流感已逐渐被广大群众所接受。

流感疫苗是针对流感的特异性预防制剂，接种后，可使机体产生特异性抗流感病毒抗体，能有效抵御流感病毒的侵袭，从而达到预防流感的目的。由于流感病毒基因的高变异性，造成每年流感病毒流行株的不同，因此预防流感须每年接种当年生产的疫苗。需要指出的是，流感疫苗的接种只能预防流感病毒所引起的流感，不能预防普通感冒。

防治空气病原微生物污染的措施有如下几种。

①室内通风：借助气流稀释或排除室内的病原微生物，是防治呼吸道感染的有效方法。如影剧院、礼堂、会议室等人员拥挤的场所均应采取此措施。

②空气过滤：对空气清洁程度要求高的场所，如手术室、无菌实验室等，可采用过滤器过滤空气，以除去带菌尘埃。

③空气消毒：采用紫外线照射或化学药品（如甲醛、乙酸、次氯酸钠、过氧乙酸等）消毒等措施杀灭空气中的微生物。

（二）水中的病原微生物

水体中由于垃圾、人畜粪便以及某些工农业废弃物的排入，有机物含量高，微生物得以大量繁殖，致使污水中的微生物可达10^7～10^8个/mL。水体极易受到病原微生物污染，常成为人和动植物疾病的传播媒介，引起传染病的流行。

水携带的病原微生物可以通过多种途径进入人体，这包括直接饮用、接触和吸入。饮水不洁所造成的传染病在发展中国家十分普遍；接触污染水体会引起皮肤、眼睛疾病；吸入带有病原微生物的水珠会导致呼吸道传染病。

防治水中病原微生物污染的主要措施是加强对污水和饮用水的处理。对于医院、屠宰场、畜牧场等部门的污水，必须严格管理，处理达标后才能允许排放。饮用水必须符合水质标准。

（三）土壤中的病原微生物

见项目十二中的"背景知识"。

二、微生物药物

微生物品种繁多、代谢多样、可塑性强，是研制新药取之不尽的宝库。微生物药物是指微生物次级代谢产物中具有生理活性的物质。自 20 世纪 40 年代青霉素问世以来，已有 150 多种微生物药物用于临床。

微生物在其生命活动过程中产生的极其微量的、对微生物本身的生命活动没有明显作用，而对其他生物体往往具有不同生理活性作用的一类物质称为微生物的次级代谢产物。人们主要通过不同的分离培养技术，让不同来源的细菌、放线菌和霉菌产生多种多样的次级代谢产物，然后再通过各种筛选技术和分析、检测技术，寻找、发现其中新的具有各种生理活性的次级代谢产物。这些小分子次级代谢产物往往用化学方法难以合成，或即使能够在实验室得以合成也较难以实现产业化。将这些小分子物质作为先导化合物，再通过化学等修饰方法，即可得到具有应用价值的药物，即微生物药物。

微生物药物既包括传统的抗生素，也包括非抗菌的生理活性物质，如特异性的酶抑制剂、酶制剂、免疫调节剂、受体拮抗剂和抗氧剂等。此外，利用"工程菌"作为制药工业的发酵产生菌可生产出更多低成本、高质量的药物。总之，微生物的多样性及其代谢产物的多样性和新颖性使微生物药物在医药方面具有广阔的应用前景。

现对几种典型的微生物药物举例说明如下。

（一）抗生素

抗生素是生物在其生命活动过程中所产生的，能在低微浓度下有选择地抑制或影响他种生物功能的有机物质。如青霉菌产生的青霉素、灰色链霉菌产生的链霉素。

根据抗生素的作用对象不同，可将其分为五类：①抗革兰氏阳性细菌的抗生素，如青霉素、红霉素等；②抗革兰氏阴性细菌的抗生素，如链霉素、多黏菌素等；③抗真菌的抗生素，如灰黄霉素、制霉菌素等；④抗病毒的抗生素，如四环霉素；⑤抗癌的抗生素，如丝裂霉素、阿霉素等。

抗生素是一种重要的化学治疗剂，其作用不仅是抑制或杀灭微生物，有的还用于临床治疗肿瘤、疾病的早期诊断等，有些抗生素还具有其他生物活性，如利福霉素具有降低胆固醇的功能、红霉素能诱导胃的运动性、瑞斯托霉素能促进血小板凝固等，抗生素对保障人类健康起到重要作用。目前从自然界发现和分离的抗生素已达到 1 万多种，实际应用于生产和医疗上的仅为一百多种，其开发前景广阔。

（二）微生物酶制剂

医药方面常用的微生物酶制剂有如下几种。

（1）促消化酶类　能够治疗消化不良、急慢性肠胃炎、食欲不振等疾病的酶制剂，如蛋白酶、淀粉酶、脂肪酶、纤维素酶等。

（2）消炎酶类　具有抗菌、抗病毒、抗炎症和促进组织修复等作用的酶制剂，如溶菌酶。

（3）抗肿瘤酶类　能治疗某些肿瘤的酶制剂，如大肠杆菌产生的天冬酰胺酶就是一种抗白血病的药物，它的主要作用是水解天冬酰胺成为天冬胺酸和氨。

（4）血液相关酶类　由乙型溶血性链球菌产生的链激酶和链道酶，临床上习惯上称为"双链酶"。链激酶能激活血浆中的溶纤维蛋白酶原转变成溶纤维蛋白酶，链道酶可以溶解纤维蛋白凝块，"双链酶"用于治疗脑血栓及溶解其他部分的血凝块。

（5）其他药用酶类　临床上用的其他的药用酶类还有很多种，如葡萄糖酶能防止龋齿；青霉素酶能分解青霉素，能治疗青霉素引起的过敏反应，也可以用于青霉素类药物的无菌检验。

（三）微生物酶抑制剂

酶抑制剂是一类主要由微生物产生的小分子生物活性物质，能抑制酶的活性，增强机体免疫力，调节代谢，以达到治疗某些疾病的目的，也可用于某些抗药性细菌感染的治疗。

目前发现由微生物产生的酶抑制剂有几十种，如抑肽素是一种由链霉菌产生的蛋白酶抑制剂，可以用来治疗胃溃疡，它能与胃蛋白酶形成复合物从而抑制胃蛋白酶的作用。

（四）微生物态制剂

微生物态制剂是在微生态学理论指导下，调整生态保持微生态平衡，提高宿主健康水平或增进健康状态的生理性活菌制品及其代谢产物，如益生菌、益生元、合生素等。目前应用于微生态的细菌主要有乳杆菌、双歧杆菌、肠杆菌、大肠埃希氏菌、蜡样芽孢杆菌等。

（五）生物制品

生物制品是人工免疫中用于预防治疗和诊断传染病的来自生物体的各种制剂的总称。可分为疫苗、类毒素、免疫血清、细胞免疫制剂和免疫调节剂。预防制品主要是疫苗，包括菌苗和疫苗内毒素。治疗制品多数是用细菌、病毒和生物素免疫动物制备的抗血清或抗毒素及人特异丙种球蛋白。

（六）干扰素

干扰素（interferon，IFN）是人体细胞分泌的一种活性糖蛋白，具有广泛的抗病毒、抗肿瘤和免疫调节活性，是人体防御系统的重要组成部分，现已临床用于人类流行感冒、带状疱疹、乙型肝炎和癌症治疗，如骨瘤、乳癌等。早期，干扰素是用病毒诱导人白细胞产生的，产量低，价格高；现在，可利用基因工程技术在大肠杆菌和酿酒酵母中表达，工业发酵进行生产。

三、药物制剂的微生物学检查

（一）无菌检查法

无菌检查法系用于检查药典要求无菌的生物制品、医疗器具、原料、辅料及其他品种是否无菌的一种方法。若供试品符合无菌检查法的规定，仅表明了供试品在该检验条件下未发现微生物污染。检查项目包括需气菌、厌气菌及真菌检查。

无菌检查应在环境洁净度万级下的局部洁净度百级的单向流空气区域内或隔离系统中进行，其全过程应严格遵守无菌操作，防止微生物污染，但所采取的措施不得影响供试品中微生物的检出。环境洁净度应经验证。日常检验需对试验环境进行监控。

（二）微生物限度检查法

微生物限度检查法系检查非规定灭菌制剂及其原料、辅料受微生物污染程度的方法。微生物限度检查法可用于判断非规定灭菌制剂及原料、辅料是否符合药典的规定，也可用于指导制剂、原料、辅料的微生物质量标准的制定，及指导生产过程中间产品微生物质量的监控。检查项目包括细菌数、霉菌数、酵母菌数及控制菌检查。

细菌总数的测定是以无菌操作法，将被检药品经稀释后与培养基混匀，制成药物培养基混合平板，倒置于37℃的恒温箱中培养2d，数平板上的菌落数（每个菌落代表一个细菌），求出每克或每毫升供试品中所含的细菌总数，以此来判断被检药物被细菌污染的程度。

霉菌及酵母菌总数的测定是检测每克或每毫升被检药品中所含的活的霉菌和酵母菌数量，以判断被检药品被真菌污染的程度。其检测方法与细菌总数的检测方法基本相同，但培养基采用的是适合霉菌生长的改良马丁培养基，在25~28℃恒温箱中培养72h。

大肠埃希菌来源于人和动物的粪便，因此常作为粪便污染的指标。在被检药品中如果检出大肠杆菌，则表明该药已被粪便污染，一旦被患者服用，就有可能被肠道致病菌和寄生虫卵等感染。因此，大肠埃希菌被列为重要的卫生指标菌，规定口服药品中不得检出大肠埃希菌。大肠埃希菌的检验程序如图13-1所示。

供试品

↓

稀释

↓

胆盐乳糖增菌液

37℃ | 18~24h

↓

MacC平板或EMB平板

37℃ | 18~24h

↓

纯培养

37℃ | 18~24h

↓

镜检

↓

IMVC试验   乳糖发酵

↓

报告结果

图13-1　大肠埃希菌
检验程序

项目实施

任务一 注射剂的无菌检验

方法依据

《中华人民共和国药典》（2010年版二部）附录ⅫA 无菌检查法。

器材准备

1. 供试品

待检注射剂。

2. 菌株

枯草芽孢杆菌（*Bacillus subtilis*，作为需氧菌对照）、生孢梭菌（*Clostridium sporogenes*，作为厌氧菌对照）、白色念珠菌（*Candida albicans*，作为真菌对照）。

3. 培养基

需氧菌培养基（营养肉汤培养基）、厌氧菌培养基（硫乙醇酸盐流体培养基）、真菌培养基（改良马丁培养基）。

4. 仪器及相关用品

培养箱、无菌注射器、吸管、小砂轮、酒精棉球、试管、三角瓶等。

操作方法

（1）任意抽取待检制剂（供试品）2支，用小砂轮轻锉安瓿颈部，用酒精棉球对安瓿颈部消毒，干后将颈部打开。

（2）用无菌注射器取药液，分别加入需氧菌、厌氧菌、霉菌的培养基中，混匀。每种培养基各接种两管。接种的剂量和培养基用量如表13-1所示。

表13-1   待检无菌制剂接种量和培养基用量

药量类型/mL	每支取量/mL	培养基用量/mL
2 以下	0.5	15
2~20	1.0	15
20 以上	5.0	40

（3）用3支无菌吸管分别取上述三种阳性对照菌菌液各1mL，分别接种于需氧菌、厌氧菌、霉菌培养基中，作为阳性对照。

（4）将上述试验管和对照管按药典规定的温度及时间进行培养，如表13-2所示。

表 13 – 2　　　　　无菌检验用培养基的类型、数量、培养温度及培养时间

培养基类型	培养温度/℃	培养时间/d	培养基数量/支	
			测试管	对照管
需氧培养基	30 ~ 37	5	2	2
厌氧培养基	30 ~ 37	5	2	2
真菌培养基	20 ~ 28	7	2	2

（5）结果判定　取出上述各试验管进行观察，先看对照管，再看试验管。当阳性对照各管变浑浊，并经涂片、染色、镜检证实确有菌生长时，观察各试验管。观察需氧菌、厌氧菌、霉菌的试验管，如澄清或虽显浑浊但经证实无菌生长时。应判为供试品合格。如浑浊并确认有菌生长，应进行复试。

复试时被检药物及培养基量均需加倍。若复试后仍有相同菌生长，可确认该被检注射剂无菌检验不合格。若复试后有不同的菌生长，应再做一次实验，若仍有菌生长，即可判定该被检注射剂无菌检验不合格。

任务二　口服液中细菌总数、霉菌和酵母菌总数的检查

方法依据

《中华人民共和国药典》（2010 年版二部）附录ⅩⅠJ　微生物限度检查法。

器材准备

1. 供试品

待检某口服溶液。

2. 培养基

营养琼脂培养基、改良马丁培养基、玫瑰红钠培养基。

3. 试剂

0.9% 氯化钠溶液。

4. 仪器及相关用品

电热恒温培养箱、电热恒温水温箱、紫外灯（波长 365nm）、试管、刻度吸管、量筒、三角瓶、培养皿、试管架、注射器、针头、注射器盒、研钵等。

操作方法

1. 制备药悬液和逐级稀释管

取一定量（10g 或 10mL）的待检药品，置于无菌研钵中，以无菌 0.9% 氯化钠溶液研磨成浆，然后移入烧瓶内中溶液，使之成为 10^{-1} 药悬液，然后再稀释成为同比例的稀释液（10^{-1}、10^{-3}）稀释管。如为肠溶胶囊剂则直接称取后溶于 45℃ 的烧瓶稀释液中则可成为 10^{-1} 药悬液。

2. 注平板、倒培养基

用灭菌移液管（每一稀释度用 1 支）分别吸取不同稀释度的稀释液 1mL，置

于每一个无菌平皿中，（每一稀释度做2~3个平皿）再于每一个平皿中倾注定量的融化并冷却至45℃营养琼脂（营养琼脂培养基用于细菌计数，改良马丁培养基用于霉菌和酵母菌计数），并均匀混合。

3. 做阴性对照检查

另取稀释液1mL，分别置于4~6个无菌平皿中后，倒入营养琼脂和改良马丁培养基各2份，混合待凝固后培养做阴性对照检查。

4. 培养

待凝固后将平皿倒置放于30~35℃培养48h（霉菌、酵母菌用25~28℃培养72h）后，计算培养基上生长的菌落数。阴性对照结果应不得长菌。

5. 菌落计数

培养后取平板进行菌落计数。一般计数时，平皿中细菌菌落数以30~300个，霉菌菌落数以30~100个之间的稀释级为宜，再将平均菌落数乘以稀释倍数，即可得每1g或每1mL被检药物中的细菌总数与霉菌总数。如超过一定的限量即可认为不合格。细菌点数时24、48h分别计数，通常以48h为准；而霉菌和酵母点数时48、72h分别计数。通常以72h为准，通常各自只点各自的菌数，在特殊的情况下才同时点数。如液体制剂同时点数霉菌与酵母菌，含蜂蜜及王浆的合剂分别计数测定，合并计数。菌落蔓延生长成片不宜计数。

6. 计数报告

（1）若只是一个稀释度，菌落均数在30~300个之间，即乘以稀释倍数报告。

（2）若两个稀释度，菌落均数在30~300个，则求出两者每克或每毫升总数之比值。

比值＝高稀释度的菌落均数×稀释倍数/低稀释度的菌落均数×稀释倍数

凡比值小于2时，以两级的菌落均数报告，若大于2时，以低稀释度的菌落均数×稀释倍数报告。

（3）若所有稀释度菌落均数大于300个，取稀释度最高的菌落均数乘以稀释倍数报告，或行当增加稀释级后重测。

（4）若所有稀释度菌落均数30~300个之间，一个稀释度大于300个，相邻稀释度小于30时，则以最接近30~300个的菌落均数乘以稀释倍数报告。

（5）若所有稀释度菌落均数少于30个，取最低稀释度的菌落均数乘稀释倍数报告。但若应用原液为供试液，当1:10的稀释液与原液的平均平板菌落数相等或大于时应以培养基稀释法测定，按测定结果报告菌数。

培养基稀释法：吸取供试液（原液或1:10的稀释液）1mL，注入5个平皿内（每皿0.2mL，总量1mL）。共做三份，共15个平皿。每皿倾注约15mL，混匀，按规定温度与时限培养后计数。取3组（每组为5个平皿）数据平均值乘以稀释倍数报告。

（6）若各稀释度的平均平板菌落数均无菌落生长或测定数在 10 个以下时，报告菌落为小于 10 个。

药物的细菌总数、霉菌和酵母总数检测结果如超过生物限度的规定，允许从同一批号样品中抽样，复试 2 次，以 3 次结果平均值报告。

拓展知识窗

微生物在医疗保健战线上的六大战役

一、外科消毒术的建立

巴斯德的"胚种学说"的建立，为外科消毒术的发展奠定了坚实的理论基础。英国爱丁堡医院的外科医生 J. Lister（1827—1912 年）根据巴斯德提出的细菌是腐败的真正原因的分析，在 1865 年 8 月 12 日试验了用石炭酸消毒的新型外科手术，结果取得了奇迹般的成功。据统计，1864 年时在法国巴黎的医院中，外科手术的死亡率高达 53.6%，英国的一般医院为 80%，其中最好的爱丁堡医院，外科手术的死亡率亦高达 45%。因此，当时的外科医生常被称为"刽子手"。当 J. Lister 发明外科消毒术后，1868 年，爱丁堡医院的外科手术死亡率已降低到 15% 左右。

二、寻找人畜病原菌

在 19 世纪 70 年代至 20 世纪初的 30 年间，由于研究微生物的许多独特方法的相继建立，大量危害人畜的烈性传染病的病原菌终于被一一分离出来了，例如炭疽芽孢杆菌（1877 年）、麻风分枝杆菌（1874 年）、肺炎链球菌（1880 年）、伤寒沙门氏菌（1880 年）、结核分枝杆菌（1882 年）、逗号弧菌（1883 年）、破伤风梭菌（1884 年）、鼠疫耶尔森氏菌（1894 年）、痢疾志贺氏菌（1898 年）等。

三、免疫防治法的应用

种痘最早起源自我国宋朝真宗年间（998—1022 年）的人痘。1796 年，英国医生 E. Jenner 首次为一男孩接种牛痘苗并取得很大的成功，从此，种牛痘就成为预防天花最有效的措施了。19 世纪末，L. Pasteur、P. Ehrlich 和 von Behring 等陆续发明了预防或治疗各种细菌性传染病的菌苗、疫苗、类毒素及抗血清等。1923 年法国的 A. Calmette 和 C. Guerin 通过了 13 年的不懈努力，终于发明了减毒牛型结核杆菌制成的卡介苗（BCG）。此后，生物制品的研究获得了蓬勃的发展。目前，正在积极开展各种高效化学组分疫苗、单克隆抗体、嵌合抗体和双功能抗体等的研究。

四、化学治疗剂的发明

为了抑制或杀死潜伏于人或动物体内部的病原菌，就必须寻找一类对病原菌有强大毒力而对其宿主基本无毒的药物，这就是化学治疗剂。

1909 年，德国医生和化学家 P. Ehrlich（1854—1915 年）经过艰苦的努力，终于合成了能消灭人体血液中梅毒螺旋体的化学治疗剂"606"（砷凡纳明），这是人类在合成化学治疗剂战斗中的第一次胜利，它打开了化学治疗领域的大门，鼓舞着无数科学家去寻找更多、更有效的化学治疗剂。又经过 20 多年的艰苦奋斗，至 1935 年，另一个德国医生 G. Domagk 及其同事终于传出了又一个振奋人心的喜讯，一个能治疗链球菌感染的新的化学治疗剂——一种红色染料"百浪多息"发明了，同年稍后，法国 Trefouel 证明了它的抑菌机制是在体内可释放出有效的抑菌成分磺胺。此后适用于治疗各种感染的磺胺类化合物就生产出来，对许多病原菌有很高的疗效。例如，在 19 世纪中叶，进巴黎产科医院分娩的妇女，因患产褥热而致死的人数就达到 1/19，1935 年还未使用磺胺药时，产褥热的死亡率为 105/10 万人，而至 1941 年时，则减少至 20/10 万人了。此后，化学治疗剂的研究获得了很大的发展。

五、抗生素治疗的兴起

1929 年英国细菌学家 A. Fleming 发现第一个有实用意义的抗生素——青霉素。从 1943 年起，青霉素已得到日益广泛的应用。在青霉素的巨大医疗效益的促进下，各国微生物学家就掀起了一个广泛寻找土壤中拮抗性微生物的热潮。1944 年，美国微生物学家 S. Waksman 从近 1 万株土壤放线菌中，找到了疗效显著的链霉素，接着氯霉素、金霉素、土霉素、红霉素、新霉素、万古霉素、卡那霉素和庆大霉素等相继发现。1978 年时已找到过 5128 种抗生素，而据 1984 年的统计则达到了 9000 多种。至今，抗生素已成为各国药物生产中最重要的产品。

六、用遗传工程和生物工程技术生产生化药物

利用微生物作为各种不同生物目的基因的受体，由微生物来生产各种生化药物，其中除抗微生物药物外，还包括治疗各类其他疾病的药物，例如疫苗（病毒衣壳蛋白、细胞组分疫苗等）、抗体、干扰素、胰岛素、激素以及其他各种多肽类药物等。

通过上述的六大"战役"，人类在与病原微生物的斗争中已取得了极其辉煌的战果。首先，细菌性传染病已从人类死亡率的首位退居到四五位以后（不同国家、不同地区有所不同）；其次，人类平均寿命大大提高；第三，曾经猖獗一时的天花已在 1979 年 10 月 26 日由 WHO（世界卫生组织）宣布在地球上绝迹；最后，生活在文明社会的每一个人几乎毫无例外地都或多或少获得过抗生素的治疗。

项目思考

1. 请解释以下名词：病原微生物、微生物药物、抗生素、无菌检查法、阳性对照、阴性对照、微生物限度检查法。

2. 试列举 5 种以上常见的微生物药物。

3. 简述药品染菌的可能原因。

4. 哪些药品需要进行无菌检查？

5. 药品无菌检验中为什么要做阳性对照试验？无菌检查中所用到的阳性对照菌有哪些？

6. 药品无菌检验中阳性对照试验出现阴性结果时应如何处理？试说明原因。

7. 药品微生物限度检查项目包括哪些内容？

8. 药品微生物限度测定中，不同微生物培养的温度和时间分别是多少？

9. 若一批产品细菌检查超出微生物限度标准，你认为应从哪几个方面查找原因？

附　录

附录一　染色液的配制

1. 石炭酸复红染色液

A 液：碱性复红 0.3g，95% 乙醇 10mL。

B 液：石炭酸（苯酚）5.0g，蒸馏水 95mL。

制法：将碱性复红在研钵中研细，逐渐加入 95% 乙醇，继续研磨使其溶解，配成 A 液。将石炭酸溶解于蒸馏水中，配成 B 液。混合 A 液和 B 液即成。

2. 吕氏碱性美蓝染液（亚甲基蓝染液，次甲基蓝染液、甲烯蓝染液）

A 液：美蓝 0.3g，95% 乙醇 30mL。

B 液：KOH0.01g，蒸馏水 100mL。

制法：分别配制 A 液和 B 液，配好后混合即可。可长期保存。

3. 草酸铵结晶紫染液

A 液：结晶紫 2.0g，95% 乙醇 20mL。

B 液：草酸铵 0.8g，蒸馏水 80mL。

制法：分别配制 A 液和 B 液，配好后混合，静置 24h 后过滤即成。此液不易保存，如有沉淀出现，需重新配制。

4. 卢戈氏碘液

碘 1.0g，碘化钾 2.0g，蒸馏水 300mL。

制法：先将碘化钾溶于少量蒸馏水中，然后加入碘使之完全溶解，再加蒸馏水至 300mL 即成。配成后贮于棕色瓶内备用，如变为浅黄色即不能使用。

5. 番红染液（沙黄染液）

番红 2.5g，95% 乙醇 100mL，溶解后可贮存于密闭的棕色瓶中，用时取 10mL 与 90mL 蒸馏水混匀即可。

6. 芽孢染色液

（1）5% 孔雀绿水溶液　孔雀绿 5g，蒸馏水 100mL。

制法：将孔雀绿在研钵中研细，加入少许 95% 乙醇溶解，再加蒸馏水。

（2）0.5% 番红染色液　番红 0.5g，95% 乙醇 100mL。

7. 荚膜染色液

（1）黑色素水溶液（用于荚膜的背景染色）　水溶性黑色素 5.0g，蒸馏水 100mL，福尔马林（40% 甲醛）0.5mL。

制法：将黑色素在蒸馏水中煮沸 5min，冷却后加入防腐剂福尔马林。

（2）墨汁染色液（用于荚膜的背景染色）　国产绘图墨汁 40mL，甘油 2mL，液体石炭酸 2mL。

制法：选用上海墨水厂生产的"沪光绘图墨水"染色效果较好。先将墨汁用多层纱布过滤，加甘油混匀后，水浴加热，再加石炭酸搅匀，冷却后备用。

（3）1% 结晶紫水溶液　结晶紫 1g，蒸馏水 100mL。

（4）20% 硫酸铜水溶液　硫酸铜 20g，蒸馏水 100mL。

8. 鞭毛染色液

（1）硝酸银鞭毛染色液

A 液：单宁酸 5.0g，$FeCl_3$ 1.5g，蒸馏水 100mL，福尔马林（15% 甲醛）2.0mL，1% NaOH 1.0mL。制法：先将单宁酸和 $FeCl_3$ 溶解于蒸馏水中，后加入 1% 氢氧化钠溶液和 15% 甲醛溶液。A 液在冰箱中可保存 3～7d，时间过长会产生沉淀，使用前需用滤纸过滤。

B 液：$AgNO_3$ 2.0g，蒸馏水 100mL。制法：待 $AgNO_3$ 溶解后，在 90mL $AgNO_3$ 溶液中滴加浓 NH_4OH，至出现沉淀后，继续滴加 NH_4OH 至沉淀刚刚溶解成为澄清溶液为止，再将其余 10mL $AgNO_3$ 溶液慢慢滴入，至出现轻微而稳定的薄雾状沉淀为止，此为关键性操作，应特别小心。滴加氢氧化铵和剩余 $AgNO_3$ 回滴时，要边滴边充分摇荡，染液当天配，当天使用，2～3d 基本无效。

（2）利夫森氏鞭毛染色液（Leifson 鞭毛染色液）

A 液：碱性复红 1.2g，95% 乙醇 100mL。

B 液：单宁酸 3.0g，蒸馏水 100mL。

C 液：NaCl 1.5g，蒸馏水 100mL。

制法：临用前将 A 液、B 液、C 液等量混合均匀后使用。三种溶液分别于室温下保存，可保存几周；若分别置冰箱中保存，可保存数月。混合液装于密封瓶内，置冰箱中几周仍可使用。

（3）改良 Leifson 鞭毛染色液

A 液：20% 单宁酸 2.0g。

B 液：饱和钾明矾液（20%）2.0mL。

C 液：5% 石炭酸 2.0mL。

D 液：碱性复红酒精（95%）饱和液 1.5mL。

制法：将以上各液于染色前 1～3d，按 B 加到 A 中，C 加到 AB 混合液中，D 加到 ABC 混合液中的顺序，混合均匀，立即过滤 15～20 次，2～3d 内使用效果较好。

9. 乳酸石炭酸棉蓝染液

石炭酸20g，乳酸20mL，甘油40mL，棉蓝（苯胺蓝）0.05g，蒸馏水20mL。

制法：将石炭酸加入蒸馏水中，加热溶解，加入乳酸和甘油，最后加棉蓝，使其溶解即成。

附录二　实验用培养基的配制

1. 牛肉膏蛋白胨培养基——用于细菌培养

配方：牛肉膏 3g，蛋白胨 10g，NaCl 5g，琼脂 20g，蒸馏水 1L，pH7.4~7.6，121℃湿热灭菌 20min。

2. LB（Luria - Bertani）培养基——用于细菌培养

配方：双蒸馏水 950mL，胰蛋白胨 10g，NaCl 10g，酵母提取物 5g，蒸馏水 1L，pH 7.0，121℃湿热灭菌 30min。

制法：待培养基融化后冷却 55~60℃时加入氨苄青霉素（80~100mg/L）。

3. 高氏 1 号培养基（淀粉琼脂培养基）——用于放线菌培养

配方：可溶性淀粉 20g，KNO_3 1g，NaCl 0.5g，$K_2HPO_4 \cdot 3H_2O$ 0.5g，$MgSO_4 \cdot 7H_2O$ 0.5g，$FeSO_4 \cdot 7H_2O$ 0.01g，琼脂 20g，蒸馏水 1L，pH7.4~7.6，121℃湿热灭菌 20min。

制法：应小心溶解淀粉，不要成团，采用方法是先用少量冷水将其调成糊状，再将其加至少于所需水量的沸水中，继续加热，边热边搅拌，至其完全溶解，再加入培养基的其他成分。按配方先称取可溶性淀粉，放入小烧杯中，并用少量冷水将淀粉调成糊状，再加入少于所需水量的沸水中，继续加热，使可溶性淀粉完全溶化。然后再称取其他各成分，并依次溶化，对微量成分 $FeSO_4 \cdot 7H_2O$ 可先配成高浓度的贮备液，按比例换算后再加入。待所有试剂完全溶解后，补充水分到所需的总体积。配制固体培养基时，将称好的琼脂放入已溶的试剂中，在加热融化，最后补充所损失的水分。

4. YEPD 培养基——用于真菌培养

配方：酵母膏 10g，蛋白胨 20g，葡萄糖 20g，琼脂 20g，蒸馏水 1L，pH 自然，115℃湿热灭菌 20min。

5. 马铃薯培养基（PDA 培养基）——用于真菌培养

配方：马铃薯 200g，蔗糖（或葡萄糖）20g，琼脂 20g，蒸馏水 1L，pH 自然，121℃湿热灭菌 20min。

制法：马铃薯去皮，切块煮沸 30min，然后用双层纱布过滤，再加糖及琼脂，熔化后补充水至 1L。霉菌用蔗糖，酵母菌用葡萄糖。

6. 马丁氏（Martin）培养基——用于真菌培养

配方：K_2HPO_4 1g，$MgSO_4 \cdot 7H_2O$ 0.5g，蛋白胨 5g，葡萄糖 10g，1/3000 孟加拉红水溶液 100mL，蒸馏水 1L，pH 自然，121℃湿热灭菌 30min。

制法：待培养基融化后冷却 55~60℃时加入 0.03% 链霉稀释液 10mL，即临用前使培养基中含链霉素（30μg/mL）。

微生物实用技能训练

7. 豆芽汁葡萄糖培养基——用于真菌培养

配方：黄豆芽 100g，葡萄糖（或蔗糖）50g，琼脂 20g，蒸馏水 1L，pH 自然，121℃湿热灭菌 20min。

制法：称新鲜黄豆芽 100g，置于烧杯中，再加入 1L 水，小火煮沸 30min，用纱布过滤，补足失水，即制成 10%豆芽汁；配制时，按每 1L 10%豆芽汁加入 50g 葡萄糖（或蔗糖），煮沸后加入 20g 琼脂，继续加热融化，补足失水。

8. 察氏（Czapek）培养基（蔗糖硝酸钠培养基）——用于霉菌培养

配方：蔗糖 30g，$NaNO_3$ 2g，K_2HPO_4 1g，$MgSO_4 \cdot 7H_2O$ 0.5g，KCl 0.5g，$FeSO_4 \cdot 7H_2O$ 0.01g，蒸馏水 1L，pH7.0~7.2，121℃湿热灭菌 20min。

9. 麦氏（McCLary）培养基（醋酸钠培养基）

配方：葡萄糖 1g，KCl 1.8g，酵母膏 2.5g，醋酸钠 8.2g，琼脂 20g，蒸馏水 1L，115℃湿热灭菌 15min。

10. 葡萄糖蛋白胨水培养基——用于乙酰甲基甲醇（V.P.）和甲基红（M.R.）试验

配方：蛋白胨 5g，葡萄糖 5g，K_2HPO_4 2g，蒸馏水 1L，pH7.2，115℃湿热灭菌 20min。

11. 蛋白胨水培养基——用于吲哚试验

配方：蛋白胨 10g，NaCl 5g，蒸馏水 1L，pH7.2~7.4，121℃湿热灭菌 20min。

12. 糖发酵培养基——用于细菌糖发酵试验

配方：蛋白胨 0.2g，NaCl 0.5g，K_2HPO_4 0.02g，水 100mL，溴麝香草酚蓝（1%水溶液）0.3mL，糖类 1g，蒸馏水 1L，115℃湿热灭菌 20min。

制法：分别称取蛋白胨和 NaCl 溶于热水中，调 pH 至 7.4，再加入溴麝香草酚蓝（先用少量 95%乙醇溶解后，再加水配成 1%水溶液），加入糖类，分装试管，装量 4~5cm 高，并倒放入一杜氏小管（管口向下，管内充满培养液）。灭菌时注意适当延长煮沸时间，尽量把冷空气排尽以使杜氏小管内不残存气泡。常用的糖类有葡萄糖、蔗糖、甘露糖、麦芽糖、乳糖、半乳糖等，后两种糖的用量常加大为 1.5%。

13. 淀粉培养基——用于淀粉水解实验

配方：蛋白胨 10g，NaCl 5g，牛肉膏 5g，可溶性淀粉 2g，琼脂 20g，蒸馏水 1L，121℃湿热灭菌 20min。

14. 油脂培养基——用于脂肪水解实验

配方：蛋白胨 10g，牛肉膏 5g，NaCl 5g，香油或花生油 10g，1.6%中性红水溶液 1mL，琼脂 20g，蒸馏水 1L，pH7.2，121℃湿热灭菌 20min。

制法：油、琼脂和水先加热；调好 pH 后，再加入中性红；分装时，需不断搅拌，使有均匀分布于培养基中；不能使用变质油。

15. 明胶培养基——用于明胶液化实验

配方：牛肉膏蛋白胨液 100mL，明胶 12 ~ 18g，蒸馏水 1L，pH7.2 ~ 7.4，121℃湿热灭菌 30min。

16. 柠檬酸铁铵半固体培养基——用于硫化氢生成实验

配方：蛋白胨 20g，氯化钠 5g，柠檬酸铁铵 0.5g，硫代硫酸钠 0.5g，琼脂 5 ~ 8g，蒸馏水 1L，pH7.2，121℃湿热灭菌 20min。

17. 中性红培养基——用于厌氧菌培养

配方：葡萄糖 40g，胰蛋白胨 6g，酵母膏 2g，牛肉膏 2g，醋酸铵 3g，KH_2PO_4 5g，中性红 0.2g，$MgSO_4 \cdot 7H_2O$ 0.2g，$FeSO_4 \cdot 7H_2O$ 0.01g，蒸馏水 1L，pH6.2，121℃湿热灭菌 30min。

18. 平板计培养基数（plate count agar，PCA）——用于食品菌落总数测定

配方：胰蛋白胨 5g，酵母浸膏 2.5g，葡萄糖 1g，琼脂 15g，蒸馏水 1L，pH7.0 ± 0.2，121℃湿热灭菌 15min。

19. 月桂基硫酸盐胰蛋白胨肉汤（Lauryl Sulfate Tryptose，LST）——用于食品大肠菌群测定

配方：胰蛋白胨或胰酪胨 20.0g，氯化钠 5.0g，乳糖 5.0g，磷酸氢二钾 2.75g，磷酸二氢钾 2.75g，月桂基硫酸钠 0.1g，蒸馏水 1L，pH6.8 ± 0.2，121℃湿热灭菌 15min。

制法：将上述成分溶解于蒸馏水中，调节 pH，分装到有玻璃小导管的试管中，每管 10mL。

20. 煌绿乳糖胆盐肉汤（Brilliant Green Lactose Bile，BGLB）——用于食品大肠菌群测定

配方：蛋白胨 10.0g，乳糖 10.0g，牛胆粉（oxgall 或 oxbile）溶液 200mL，0.1% 煌绿水溶液 13.3mL，蒸馏水 800mL，pH7.2 ± 0.1，121℃湿热灭菌 15min。

制法：将蛋白胨、乳糖溶于约 500mL 蒸馏水中，加入牛胆粉溶液 200mL（将 20.0g 脱水牛胆粉溶于 200mL 蒸馏水中），调节 pH 至 7.0 ~ 7.5，用蒸馏水稀释到 975mL，调节 pH，再加入 0.1% 煌绿水溶液 13.3mL，用蒸馏水补足到 1L，用棉花过滤后，分装到有玻璃小导管的试管中，每管 10mL。

21. 结晶紫中性红胆盐琼脂（Violet Red Bile Agar，VRBA）——用于食品大肠菌群测定

配方：蛋白胨 7.0g，酵母膏 3.0g，乳糖 10.0g，氯化钠 5.0g，胆盐或 3 号胆盐 1.5g，中性红 0.03g，结晶紫 0.002g，琼脂 20g，蒸馏水 1L，pH7.4 ± 0.1，煮沸 2min 灭菌。

制法：将上述成分溶于蒸馏水中，静置几分钟，充分搅拌，调节 pH，煮沸 2min。使用前临时制备，不得超过 3h。

22. 营养琼脂——用于室内空气中菌落总数检验

配方：蛋白胨20g，牛肉浸膏3g，氯化钠5g，琼脂20g，蒸馏水1L，pH7.4，121℃湿热灭菌20min。

23. 营养琼脂——用于饮用水中菌落总数检验

配方：蛋白胨10g，牛肉膏3g，氯化钠5g，蒸馏水1L，pH7.4~7.6，121℃湿热灭菌20min。

24. 乳糖蛋白胨培养液——用于饮用水中大肠菌群测定

配方：蛋白胨10g，牛肉膏3g，乳糖5g，NaCl 5g，蒸馏水1L，1.6%溴甲酚紫乙醇溶液1mL，pH7.2~7.4，115℃湿热灭菌20min。

制法：分将蛋白胨、牛肉膏、乳糖及氯化钠溶于蒸馏水中，调整pH，再加入1mL 1.6%溴甲酚紫乙醇溶液1mL，充分混匀，装试管（10mL/管），并放入倒置杜氏小管，灭菌，贮存于冷暗处备用。二倍浓缩乳糖蛋白陈培养液就是按上述乳糖蛋白陈培养液，除蒸馏水外，其他成分量加倍。

25. 伊红美蓝培养基（EMB培养基）——用于饮用水中大肠菌群测定

配方：蛋白胨10g，乳糖10g，K₂HPO₄ 2g，琼脂20g，2%伊红水溶液20mL，0.5%美蓝（亚甲蓝）水溶液13mL，蒸馏水1L，pH7.2，115℃湿热灭菌20min。

制法：先将蛋白胨、K₂HPO₄和琼脂混匀，加热溶解后，调pH至7.2，然后加入乳糖，混匀后分装，灭菌。临用时加热融化培养基，冷却后加入已分别灭菌的伊红和美蓝水溶液，充分混匀，防止产生气泡，制平板备用。

26. 营养肉汤培养基（需氧菌培养基）——用于药品和生物制品的无菌检查

配方：胨10.0g，氯化钠5.0g，牛肉浸出粉3.0g，蒸馏水1L，pH7.2±0.2，121℃湿热灭菌20min。

27. 硫乙醇酸盐流体培养基（Thioglycollate medium，厌氧菌培养基）——用于药品和生物制品的无菌检查

配方：酪胨（胰酶水解）15.0g，酵母浸出粉5.0g，葡萄糖5.0g，氯化钠2.5g，L-胱氨酸0.5g，新配制的0.1%刃天青溶液1.0mL，硫乙醇酸钠0.5g，琼脂0.75g，蒸馏水1L，pH7.1±0.2，121℃湿热灭菌15min。

制法：除葡萄糖和刃天青溶液外，取上述成分混合，微温溶解，煮沸，滤清；加入葡萄糖和刃天青溶液，摇匀，调节pH；分装至适宜的容器中，其装量与容器高度的比例应符合培养结束后培养基氧化层（粉红色）不超过培养基深度的1/2，灭菌。在供试品接种前，培养基氧化层的高度不得超过培养基深度的1/5，否则，须经100℃水浴加热至粉红色消失（不超过20min），迅速冷却，只限加热一次，并防止被污染。

28. 改良马丁培养基（modified Martin medium，真菌培养基）——用于药品和生物制品无菌检验

配方：蛋白胨5.0g，磷酸氢二钾1.0g，硫酸镁0.5g，酵母粉2.0g，葡萄糖

20.0g，pH6.4±0.2，pH6.4±0.2，115℃湿热灭菌20min。

29. 营养琼脂——用于药品和生物制品微生物限度检测中细菌计数

配方：胨10.0g，氯化钠5.0g，牛肉浸出粉3.0g，琼脂20g，蒸馏水1L，pH7.2±0.2，121℃湿热灭菌20min。

30. 玫瑰红钠琼脂培养基——用于药品和生物制品微生物限度检测中酵母菌和霉菌计数

配方：胨5g，玫瑰红钠0.0133g，葡萄糖10g，硫酸镁0.5g，磷酸二氢钾1g，琼脂20g，蒸馏水1L，121℃湿热灭菌20min。

31. 酵母浸出粉胨葡萄糖琼脂培养基（YPD）——用于药品和生物制品微生物限度检测中酵母菌计数

配方：胨10g，葡萄糖20g，酵母浸出粉5g，琼脂20g，蒸馏水1L，121℃湿热灭菌20min。

32. MRS培养基——用于培养乳酸杆菌

配方：葡萄糖20g（或10g），蛋白胨10g，牛肉膏10g，酵母膏（或干粉）5g，柠檬酸二铵2g（或柠檬酸钠5g），磷酸氢二钾2g，乙酸钠5g，硫酸镁0.58g（或0.2g），硫酸锰0.25g（或0.05g），吐温-80 1mL，琼脂20g，蒸馏水1L，pH6.2～6.4，若培养乳酸球菌则应调节pH6.8～7.0。115℃湿热灭菌灭菌20min。

制法：将硫酸镁、硫酸锰、葡萄糖、吐温-80以外的各成分溶解，冷却至50℃，以醋酸调节pH6.2～6.4或pH6.8～7.0，而后加入硫酸镁和硫酸锰，最后加入葡萄糖和吐温-80，分装三角瓶中，按量加入2%琼脂，灭菌。

33. 改良MRS琼脂培养基——用于培养、分离、计数乳酸菌

配方1：在1L MRS培养基中加入5g乳酪蛋白水解物，蛋白胨加量减至5g，其他成分不变。

配方2：在1L MRS培养基中加入3～4g玉米浆，0.3～0.4g半胱氨酸盐酸盐，其他成分不变。

注：若分离乳酸菌应在改良MRS琼脂培养基中；临用时加入2%～3% CaCO₃（事先用硫酸纸包好灭菌）；若待分离样品污染真菌还应加入0.15%纳他霉素（事先用2mL 0.1mol/L NaOH溶液溶解）或加入0.2%山梨酸或0.5%山梨酸钾。若计数乳酸菌还应加入80μg/mL TTC（红四氮唑）指示剂。

34. 脱脂乳培养基——用于培养活化乳酸菌

配方：鲜牛奶或脱脂乳粉。

制法：将鲜牛奶煮沸后，以100℃水浴20～30min，待冷后，装入三角瓶内，静置于冰箱内冷却过夜后，脂肪即可上浮。用虹吸法或吸管吸出底部脱脂乳，以除去上层脂肪。也可将牛奶以3000r/min离心1h，除去表面脂肪。若制备10%或15%复原脱脂乳，可将10g或15g脱脂乳粉溶于100mL水中即可。分装试管或三角瓶内。115℃湿热灭菌20min，4℃保存备用。

附录三　实验用试剂的配制

1. 磷酸盐缓冲液

储备液的制备：34g 磷酸二氢钾溶解于 500mL 蒸馏水中，用 1mol/L NaOH 溶液（约 175mL）调整 pH 至 7.2，再用蒸馏水稀释至 1000mL，121℃高压灭菌 15min，于冰箱中储存。

稀释液的制备：取 1.25mL 储备液，用蒸馏水稀释至 1L，分装，121℃高压灭菌 15min。

2. 0.85% 生理盐水

8.5g NaCl 溶解于 1L 蒸馏水中，分装，121℃高压灭菌 15min。

3. 0.1% 蛋白胨水

称取 1g 蛋白胨溶解于 1L 蒸馏水中，微温溶解，滤清，pH7.1±0.2，分装，121℃高压灭菌 15min。蛋白胨水对细菌细胞有更好地保护作用，不会因为在稀释过程中使检样中原已受损伤的细菌细胞导致死亡。

4. 氯化钠——蛋白胨缓冲液

称取磷酸二氢钾 3.56g、磷酸氢二钠 7.23g、氯化钠 4.30g、蛋白胨 1.0g 溶解于 1L 蒸馏水中，微温溶解，滤清，pH7.0，分装，灭菌。

5. 1mol/L NaOH 溶液

氢氧化钠 40g，用蒸馏水稀释至 1L。

6. 1mol/L HCl 溶液

浓 HCl 90mL，用蒸馏水稀释至 1L。

7. 甲基红试剂

甲基红 0.1g，95% 乙醇 760mL，蒸馏水 100mL。

8. 奈氏试剂

称取 10g 碘化汞和 7g 碘化钾溶于 10mL 水中，另将 24.4g KOH 溶于内有 70mL 水的 100mL 容量瓶中，并冷却至室温。将上述碘化汞和碘化钾溶液慢慢注入容量瓶中，边加边摇动。加水至刻度，摇匀，放置 2d 后使用。试剂应保存在棕色玻璃瓶中，置暗处。奈氏试剂是一种显色剂，主要用来测定氨或者铵盐。

9. 吲哚试剂

对二甲基氨基苯甲醛 8g，95% 乙醇 760mL，浓 HCl 160mL。

10. 0.5% 的酚酞指示剂

称取酚酞 0.5g，溶解于 100mL 50% 或 60% 的乙醇溶液中。

变色范围 pH8.2～10.0，颜色由无色变红色。

11. 甲基红指示剂

称取 0.04g 甲基红，溶解于 60mL 95% 乙醇中，然后加入 40mL 蒸馏水。

变色范围 pH4.2～6.3，颜色由红色变黄色。

参 考 文 献

[1] 岑沛霖，蔡谨. 工业微生物学 [M]. 2 版. 北京：化学工业出版社，2008

[2] 王家玲. 环境微生物学 [M]. 2 版. 北京：高等教育出版社，2004

[3] 周群英，高廷耀. 环境工程微生物学 [M]. 2 版. 北京：高等教育出版社，2004

[4] 沈萍. 微生物学 [M]. 北京：高等教育出版社，2000

[5] 周德庆. 微生物学教程 [M]. 北京：高等教育出版社，1993

[6] 翁连海. 食品微生物基础与应用 [M]. 北京：高等教育出版社，2005

[7] 杨汝德. 现代工业微生物学教程 [M]. 北京：高等教育出版社，2005

[8] 国家药典委员会. 中华人民共和国药典 [M]. 2010 年版. 北京：中国医药科技出版社，2010

[9] 刘荣臻. 微生物学检验 [M]. 北京：高等教育出版社，2007

[10] 刘海春，臧玉红. 环境微生物 [M]. 北京：高等教育出版社，2008

[11] 沈萍，范秀容，李广武. 微生物学实验 [M]. 3 版. 北京：高等教育出版社，1999

[12] 周凤霞、高兴盛. 工业微生物学 [M]. 北京：化学工业出版社，2006

[13] 陈剑虹. 工业微生物实验技术 [M]. 北京：化学工业出版社，2006

[14] 孔繁翔. 环境生物学 [M]. 北京：高等教育出版社，2000

[15] 周凤霞，白京生. 环境微生物 [M]. 北京：化学工业出版社，2003

[16] 陈剑虹. 环境工程微生物学 [M]. 武汉：武汉理工大学出版社，2009

[17] 沈萍，陈向东. 微生物学实验 [M]. 4 版. 北京：高等教育出版社，2007

[18] 刘慧. 现代食品微生物学实验技术 [M]. 北京：中国轻工业出版社，2006

[19] 杜连祥. 工业微生物学实验技术 [M]. 天津：天津科学技术出版社，1992

[20] 诸葛健，王正祥. 工业微生物实验技术手册 [M]. 北京：中国轻工业出版社，1994

[21] 中国科学院微生物研究所. 菌种保藏手册 [M]. 北京：科学出版社，1980

[22] 国家微生物资源平台. 微生物菌种资源收集、整理、保藏技术规程汇编 [M]. 北京：中国农业科学技术出版社，2011

[23] 王海平，黄和升. 控制微生物引起食品腐败变质的措施 [J]. 农产品加工. 2009 (11)：55-56

[24] 李建政. 环境工程微生物学. 北京：化学工业出版社，2003